# TECHNOLOGIE DER TEXTILFASERN

HERAUSGEGEBEN VON

PROF. DR. R. O. HERZOG † UND DR. F. OBERLIES

VI. BAND, 1. TEIL

## DIE SEIDENSPINNER

BEARBEITET VON

FR. BOCK UND L. PIGORINI

BERLIN
VERLAG VON JULIUS SPRINGER
1938

# DIE SEIDENSPINNER

## IHRE ZOOLOGIE, BIOLOGIE UND ZUCHT

BEARBEITET VON

DR. FR. BOCK UND DR. L. PIGORINI
SOFIA PADUA

MIT 144 TEXTABBILDUNGEN

BERLIN
VERLAG VON JULIUS SPRINGER
1938

ISBN-13:978-3-642-89418-3 e-ISBN-13:978-3-642-91274-0
DOI: 10.1007/978-3-642-91274-0


SOFTCOVER REPRINT OF TEH HARDCOVER 1ST EDITION 1938

# Vorwort.

Das Buch wendet sich an Leser, die an der Technologie der Textilfasern allgemein interessiert sind. Es gibt einen ausführlichen Überblick über die Geschichte und den gegenwärtigen Stand des Seidenbaues. Außer dem echten Seidenspinner sind auch alle anderen Tiere berücksichtigt, die für die Seidengewinnung von Wichtigkeit sind; die Lebensweise dieser Tiere und die Methoden zur Gewinnung ihrer Seide werden beschrieben. Die Zuchtmethoden für den echten Seidenspinner sind in einem besonderen Abschnitt von einem italienischen Fachmann bearbeitet. Den Hauptteil des Bandes bildet die von zahlreichen Originalabbildungen — meist Mikrophotographien — begleitete Darstellung der Lebensweise, des äußeren und inneren Baues, der Entwicklung und Physiologie des echten Seidenspinners. Das vorliegende Buch, das die Kenntnis der züchterisch-biologischen Grundlagen vermittelt, ist für alle, die sich mit Seidenbau und Seidenverarbeitung beschäftigen, von grundlegender Bedeutung.

Die Auswahl der Abbildungen, für deren vorzügliche Wiedergabe ich dem Verlag besonders dankbar bin, und die Abfassung des Textes wurden so vorgenommen, daß sie dem zoologischen Laien verständlich sind; durch Einflechtungen eigener Beobachtungen und durch die Darstellung der Biologie des echten Seidenspinners wurde jedoch versucht, auch den Ansprüchen der Fachzoologen gerecht zu werden. Wegen ihrer leichten Züchtbarkeit ist die Seidenspinnerraupe in neuerer Zeit häufig für Laboratoriumsversuche verwandt worden, und eine Fülle ungeklärter Fragen der Entwicklungsphysiologie gerade des Seidenspinners stellt der Forschung manche dankbare Aufgabe. Hier sind die Beziehungen zwischen Wissenschaft und Praxis, die beide im vorliegenden Buche berücksichtigt werden, besonders eng.

Eine moderne zusammenfassende Darstellung der Biologie der Seidenspinner in deutscher Sprache fehlt bisher, erscheint aber auch im Hinblick auf die durch den Vierjahresplan unterstützten Bestrebungen, den Seidenbau in Deutschland wieder zu beleben, bedeutungsvoll. Die genaue Kenntnis der seideliefernden Tiere, zu der dieses Buch einen Beitrag liefern soll, ist aber hierfür eine notwendige Grundlage.

Paderborn, im Oktober 1938.

**Fr. Bock.**

# Inhaltsverzeichnis.

Seite

## Zoologie und Biologie der Seidenspinner.

Von **Fr. Bock**, Sofia.

## Zucht der Seidenspinner.

Von **L. Pigorini**, Padua.

# Zoologie und Biologie der Seidenspinner.

Von **Dr. Fr. Bock,** Sofia.

## I. Geschichtliches.

Der Seidenspinner und die Honigbiene sind diejenigen Insekten, mit denen sich die Menschheit am längsten eingehend befaßt. Der Seidenspinner ist noch mehr als die Honigbiene zu einem Haustier geworden, das ohne künstliche Aufzucht durch den Menschen nicht mehr existenzfähig ist. Auf Grund der weiten Verbreitung der Bienenarten ist die Entstehung der Bienenzucht wohl kaum an eine bestimmte Urheimat gebunden. Ganz anders bei der Kultur des Seidenspinners. Diese war Jahrtausende hindurch das streng gehütete Geheimnis Chinas und bedeutete für dieses Land eine Quelle ungeheuren Reichtums. Aber auch die Völker Asiens zwischen dem fernen Osten und den Mittelmeerländern verdienten durch die Seidenzucht der Chinesen, da sie sich den Transport durch Asien hindurch von den Abnehmern teuer bezahlen ließen. So hatten auch sie ein denkbar großes Interesse an der Wahrung des Geheimnisses und ließen es gerne zu, wenn z. B. bei den Römern die merkwürdigsten Vorstellungen über die Entstehung der Seide auftauchten. So blieb die Kultur des Seidenspinners ein langgehegtes Geheimnis des Orients, selbst als sie schon über die Grenzen Chinas hinaus bekannt war.

### China.

In China selbst scheint sie schon um 3000 v. Chr. bestanden zu haben. Nach Seitz[1] und Horn[2] sollen die Seidenraupen anfänglich nicht wegen ihrer Kokons gepflegt worden sein, sondern um aus ihren Spinndrüsen Saiten zu ziehen, welche für Guitarren und als Angelschnüre benutzt wurden. Noch heute werden ja in ähnlicher Weise die Spinndrüsen gewisser Raupen (besonders von *Eriogyna* (*Saturnia*) *pyretorum* Westw.) (S. 27) unter dem Namen „Seidendarm", „cut gut", „silk-worm gut" oder „fils de Florence" verwendet. Die noch heute übliche Art, den Seidenkokon abzuhaspeln, soll im 27. Jahrhundert v. Chr. unter dem Kaiser Huang-Ti, dem sagenumwobenen Gründer der chinesischen Nation, durch die Kaiserin Si-lung-shi (Hsi-ling-shih) oder durch die kaiserliche Prinzessin Lui-tseu ersonnen worden sein. Auf Befehl von Huang-Ti wurde dem Volke die Zucht der Seidenraupen und die Behandlung der Fäden und Kokons gelehrt, „damit es Kleider erhielte und man im Reiche nicht mehr von Hautrissen und Frostbeulen litte" (Franke 1913)[3]. Als in der Mitte des 3. Jahrtausends v. Chr. die Wassermengen der Sintflut die Tiefebene Chinas wieder freigaben, war es Aufgabe der chinesischen Regierung unter dem Kaiser Yäu (Yao), die in die Hochländer

[1] Seitz, A.: Bombycidae. In A. Seitz: Die Großschmetterlinge der Erde. Bd. 10. Stuttgart: Verlag Alfr. Kernen 1922.
[2] Horn, W.: Über die Geschichte der ältesten Entomologie usw. In III. Internat. Entomol. Kongreß. Bd. II. Zürich 1925.
[3] Franke, O.: Kêng Tschi-T'u. Ackerbau und Seidengewinnung in China. Abhandlg. des Hamburger Kolonial-Institutes, Reihe B., Bd. 8. Hamburg 1913.

geflüchtete und geängstigte Menschheit in die morastige Niederung zurückzuführen und die dortigen Wohnsitze für sie wieder anziehend zu machen. Eine geregelte Feldbestellung ließ der Boden aber noch nicht zu, so daß man sich der Kultivierung des Maulbeerbaumes und der Seidenzucht bediente, um der Bevölkerung eine wirtschaftlich produktive Beschäftigung zu geben.

Die Wiege des Seidenbaues ist nach Giraud [1] am Hoang-Ho, in der jetzigen Provinz Shantung zu suchen. Wie der Ackerbau, so stand auch der Seidenbau unter der besonderen Obhut des kaiserlichen Hauses. Die Seidenraupenzucht war eine ausschließliche Beschäftigung der Frauen, und ihre Förderung kam somit der Kaiserin zu. Die Beteiligung der Kaiserin am Seidenbau wurde später zur bloßen Zeremonie. Es kann hier auf diese Verhältnisse nicht näher eingegangen werden. In dem interessanten Werk von Franke [2] (1913) ist ausführlich darüber berichtet worden. Die Kenntnisse über geschichtliche Einzelheiten und über die alten chinesischen Methoden sind sehr lückenhaft. Letztere dürften sich jedoch bei der konservativen Art der Chinesen, wie auch Bodenheimer [3] annimmt, im Laufe der Jahrtausende wenig geändert haben.

Die Verwendung von Seidenstoffen, sei es für Fahnen oder Schirme, sei es für Kleidungsstücke, blieb lange Jahrhunderte hindurch das ausschließliche Recht des Herrscherhauses und des Adels. Je nach der Rangordnung wurde verschiedenartig gefärbte Seide getragen (z. B. der Kaiser: gelbe Seide; die höchsten Offiziere: blaue Seide usw.). Selbst 2000 Jahre später, also zu Konfucius' Zeiten (551 bis 479 v. Chr.), galt die Seide als Zeichen der Vornehmheit, obwohl sie billiger als Leinen war. Nachher jedoch wurde der Gebrauch von seidenen Stoffen allgemein und volkstümlich, so daß lange Zeit hindurch — bis zum 13. Jahrhundert n. Chr. — alle Naturalsteuer in Seide erhoben wurde. Infolge der völligen Abgeschiedenheit Chinas blieb der Seidenbau fast bis zum Beginn unserer Zeitrechnung Monopol dieses Landes.

Andere Völker Asiens kannten einen planmäßigen Seidenbau jahrhundertelang nicht, obwohl ihnen — wie den Völkern Indiens — seideliefernde Raupenarten in Fülle zur Verfügung standen. Wohl fanden die Produkte solcher wilden Seidenspinnerarten Verwendung. Das Rohmaterial wurde aber bloß durch Verzupfen der Kokons, also nicht durch Abhaspeln gewonnen. Der Unterschied in der Qualität der echten chinesischen Seide gegenüber war so beträchtlich, daß nach Silbermanns[4] Darstellung die fremden Käufer der chinesischen Seide gar nicht ahnten, daß es sich auch hierbei um ein Produkt einer Seidenraupe handelte.

### Japan.

Erst um 200 v. Chr. gelangte die Kenntnis des Seidenbaues durch chinesische Auswanderer nach Korea und von dort 500 Jahre später, ebenfalls durch Auswanderer, nach Japan, und zwar zuerst zur Insel Kiu-Schiu (Silbermann [4], Giraud[1]). Nach Bolle[5] ist für die Einführung der Seidenzucht in Japan die Tatsache von Bedeutung gewesen, daß im 3. Jahrhundert japanische Stämme unter der Kaiserin Jingu-Kogo in Korea einfielen. Die Seidenzucht wurde auch hier von den Mitgliedern des kaiserlichen Hauses außerordentlich gefördert und fand bald im Volk Verbreitung. Das erste japanische Gesetzbuch aus dem Jahre 605 n. Chr. bestimmt, daß für die Zeit der Feldarbeit und Seidenraupenzucht das

[1] Giraud, J. B.: Les origines de la soie, son histoire chez les peuples de l'orient. Lyon 1883.
[2] Zitiert S. 1.
[3] Bodenheimer, F. S.: Materialien zur Geschichte der Entomologie bis Linné. 2 Bde. Berlin: W. Junk 1928 und 1929.
[4] Silbermann, H.: Die Seide. 2 Bde. Verlag G. Küthmann 1897.
[5] Bolle, J.: Der Seidenbau in Japan. Budapest: A. Hartleben 1898.

Volk vom Frondienst zu befreien ist. Der Seidenbau Japans hat bekanntlich im Laufe der Jahrhunderte einen bedeutenden Umfang erreicht. Es fehlte allerdings nicht an gefährlichen Rückschlägen, so infolge der Konkurrenz durch die im 9. Jahrhundert eingeführte Baumwolle und durch die langen inneren Kämpfe vom 12.—16. Jahrhundert. Im 18. Jahrhundert wurde (nach Bolle[1]) der Seidenbau um das Vierfache gesteigert. Einen neuen Antrieb empfing der japanische Seidenbau dadurch, daß gegen Mitte des 19. Jahrhunderts das Inselreich den Fremden und dem Welthandel die Tore öffnete (1853 der Hafen Nagasaki, 1860 der Hafen Yokohama), während vorher das Land durch besondere Maßnahmen von der Außenwelt völlig abgesperrt blieb. 1859 brachte Japan 330 000 kg Rohseide auf den Londoner Markt; 1860: 466 260 kg und 1863 bereits 1,8 Mill. kg. Auf Einzelheiten der weiteren Entwicklung des Seidenbaues in Japan wird im Zusammenhang mit der Darlegung der europäischen Verhältnisse noch eingegangen.

### Europa.

Erklärlicherweise gelangten echte Seidenstoffe nach Europa erst gegen Beginn unserer Zeitrechnung. Die Bombykia-Seide Westasiens soll schon zu homerischer Zeit durch die Phönizier nach Europa gebracht worden sein. Zur Zeit des Aristoteles bestand auf der Insel Kos die regelmäßige Kultur des Seidenspinners *Pachypasa otus* Drury (S. 27). Mit echten Seidenstoffen wurde in Rom während der ersten Jahrhunderte n. Chr. ein ungeheurer Luxus getrieben. Über die Herkunft dieses Stoffes war man sich jedoch völlig im Unklaren. Meist sah man in der Seide ein pflanzliches Produkt, ähnlich wie in der Baumwolle. Die Verarbeitung der Seide bis zu den fertigen und meist schon gefärbten Geweben erfolgte auch nach der Eröffnung des Handels mit Europa jahrhundertelang auf asiatischem Boden. Nach dem 2. Jahrhundert n. Chr. wurde diese jedoch nicht mehr nur in China, sondern auch in babylonischen und phönizischen Webereien vorgenommen. Die Seide selbst war außerordentlich teuer, der Transport zu Wasser oder zu Land war ja in jenen Zeiten auch sehr mühselig und gefahrvoll.

Das Innere Chinas selbst und damit die Kenntnis des Seidenbaues blieben den Fremden verschlossen. Auf die Ausfuhr von Seidenspinnereiern stand Todesstrafe. Daß die Kenntnis vom Seidenbau nach Japan kam, ist für die weitere Ausbreitung des Seidenbaues völlig gleichgültig, da auch das Inselreich von aller übrigen Welt gänzlich abgeschlossen war. Doch blieb der Seidenbau schließlich nicht Alleinbesitz der Chinesen; dieses wird wesentlich der Tatsache zugeschrieben, daß es im 4. Jahrhundert n. Chr. einer chinesischen Prinzessin gelang, in den Blüten ihres Kopfputzes Seidenspinnereier über die Grenze zu schmuggeln. Sie konnte dadurch die Seidenzucht in Chotan (Ostturkestan), der Heimat ihres Gemahls, einführen. Von Chotan aus aber verbreitete sich die Seidenzucht über ganz Zentralasien und schließlich bis nach Europa.

In Europa entstand die erste Seidenkultur 552 in Byzanz unter dem Kaiser Justinian. Vor dieser Zeit dürfte der echte Seidenspinner in Europa unbekannt gewesen sein. Zwei persische Mönche, mit den Plänen des Kaisers vertraut, sollen in hohlen Bambusstöcken Seidenspinnereier nach Europa gebracht haben, die sie aus ihrer Heimat, vielleicht aber auch aus Chotan entführten; in diesen Ländern war das Geheimnis der Seidenzucht unter Todesstrafe geschützt. Der byzantinische Seidenbau entwickelte sich nach Überwindung einiger Schwierigkeiten rasch zu hoher Blüte und wurde später nach Kos verlegt, wo nun die letzten Reste der Kultur des koischen Seidenspinners *Pachypasa otus* Drury verschwanden. Byzanz aber blieb jahrhundertelang (7.—11. Jahrhundert) der wich-

[1] Zitiert S. 2.

tigste und größte Seidenmarkt Europas. Zu gleicher Zeit erreichte in dieser Stadt die Purpurfärberei Weltruhm.

Für die weitere Verbreitung der Seidenzucht in Europa ist Byzanz nicht von besonderer Bedeutung gewesen. Es waren vielmehr die Araber, die auf ihren Eroberungszügen dem Abendland die Kenntnis des Seidenbaues brachten. Die Araber kamen mit der Seidenkultur durch die Unterwerfung persischer Provinzen in Berührung, wohin wiederum durch die Vermittlung Chotans die Kenntnisse der chinesischen Seidenbaumethoden und -kultur gelangt waren. Durch das siegreiche Vordringen der Araber breitete sich der Seidenbau zunächst über Nordafrika aus (Berberei, Tripolis, Algerien, Marokko) und gelangte von dort auf die Pyrenäenhalbinsel und von Gabes über Sizilien nach Italien. Nach Sizilien kam die Seidenzucht Ende des 10. oder Anfang des 11. Jahrhunderts (Marletta[1]), vielleicht (nach Tambor[2]) schon im 8. und 9. Jahrhundert. Auch in Kalabrien soll schon (nach Fr. Michel, zit. aus Silbermann[3]) im 9. Jahrhundert Seidenbau betrieben worden sein. Roger II. von Sizilien dürfte daher wohl nicht — wie Bodenheimer[4] annimmt — der eigentliche Gründer des Seidenbaues in Unteritalien sein, obwohl er zweifellos durch seinen siegreichen Feldzug gegen Byzanz (1146) die Ausbreitung des Seidenbaues wesentlich förderte, besonders da er mehrere Tausend Gefangene aus Byzanz fortführte. In der Republik Venedig wurde der Seidenbau Anfang des 13. Jahrhunderts eingeführt. Allgemeine Verbreitung fand er aber erst zu Ausgang des 16. und im 17. Jahrhundert. Die italienische Kunstweberei in Seide hatte gegen Ende des Mittelalters die allergrößte Bedeutung. Nachdem aber später Lyon und Tours in dieser Hinsicht führend wurden, erreichte die Erzeugung des Rohmaterials selbst, also die Seidenzucht, eine besondere Blüte. Italien ist für den Seidenbau das wichtigste Land Europas geworden.

In Spanien stand der Seidenbau eine Zeitlang in hoher Blüte. Schon im 10. Jahrhundert konnten aus Andalusien Seidenstoffe ausgeführt werden. Murzia, Malaga und Granada waren Mittelpunkte der Seidenzucht. Der Arbeit von Dammmüller[5] (1929) ist zu entnehmen, daß im 14.—15. Jahrhundert in Andalusien über eine Million Menschen in der Seidenindustrie beschäftigt waren. Infolge des Einflusses der Mauren behielt die spanische Seidenweberei auf europäischem Boden am längsten orientalischen Einschlag. Nach der Entdeckung Amerikas erschlossen sich für Spanien neue Quellen von Reichtümern, was den ständigen Rückgang der Seidenindustrie zur Folge hatte. Der Seidenbau selbst überdauerte diese Krisen, erfuhr jedoch nicht den Aufschwung wie in Italien und anderen Ländern.

Klimatisch in gleicher Weise für die Seidenzucht günstig wie Italien sind manche Bezirke Frankreichs. Am frühesten, vielleicht schon im 13. Jahrhundert, fand die Seidenzucht Eingang in der Provence. Aber erst unter Heinrich IV. (1589—1610) gelangte der Seidenbau zu wirklicher Blüte, um sich später, im 18. Jahrhundert, im Süden Frankreichs endgültig zu befestigen. Hinsichtlich der Gewinnung von Seidenkokons stand Frankreich bis vor wenigen Jahren in Europa an zweiter Stelle, wird aber jetzt darin von Bulgarien und Griechenland übertroffen.

---

[1] Marletta, F.: L'arte della seta a Catania nei secoli XV.—XVII. In: Arch. storico per la Sicilia orientale, 2. Ser., Jahrg. 2, 1926.
[2] Tambor, H.: Seidenbau und Seidenindustrie in Italien. Berlin: Julius Springer 1929.
[3] Zitiert S. 2.
[4] Zitiert S. 2.
[5] Dammmüller, Fr.: Die spanische Landwirtschaft. Dissertation. Breslau 1929.

## Deutschland.

Die Versuche, Seidenzucht in Deutschland einzuführen, sind bisher nie von bleibendem Erfolg gewesen. Infolge der regen Beziehungen zwischen Deutschland und Italien während des ganzen Mittelalters lernten die Deutschen sehr bald Seidenstoffe kennen. Die Seidenzucht heimisch zu machen, wurde aber erst im 16. Jahrhundert versucht. Gegen Ende dieses Jahrhunderts bestanden in verschiedenen Gegenden Deutschlands kleinere Seidenkulturen, so in Brandenburg, in Rothenburg o. d. Tauber, in Stuttgart. In Bayern wurden unter Kurfürst Max I. (1598 bis 1651) größere Maulbeerpflanzungen angelegt. Der dreißigjährige Krieg vernichtete alle Versuche einer Seidenzucht. Erst gegen Ende des 17. und Anfang des 18. Jahrhunderts setzten erneute Versuche ein, die durch die Zuwanderung der Réfugiés erheblich gefördert wurden. In Bayern erlangte der Seidenbau unter Max III. (1745—1777) eine gewisse Verbreitung. In der Pfalz hatte die Seidenzucht Ende des 18. Jahrhunderts sogar eine bescheidene Bedeutung. Großer Volkstümlichkeit erfreute sie sich aber anscheinend damals nicht. Es wurden viele Seidenzüchter und -haspler aus dem Auslande herzugezogen. Die Bauern wurden zum Teil zum Anbau von Maulbeerbäumen gezwungen. Ihr Mißmut stieg aber unter der Regierung Karl Theodors so sehr, daß sie nach einigen Mißernten die Maulbeerbaumkulturen mutwillig beschädigten. Gegen Anfang des 19. Jahrhunderts war nach Karl[1] der Maulbeerbaum in der Pfalz fast ganz verschwunden. In den zwanziger und dreißiger Jahren des vorigen Jahrhunderts erfuhr der Seidenbau in Bayern unter König Maximilian und König Ludwig I. eine Wiedergeburt. Trotz des anfänglich großen Eifers — für das Jahr 1832 werden in Bayern 4 Millionen Maulbeerbäume angegeben — und trotz des Interesses weiterer Kreise (Gründung von Seidenbau-Vereinen) hatte auch dieser Versuch ein ebenso schnelles wie klägliches Ende. 1845 wurden in Bayern bloß noch 8006 Maulbeerbäume gezählt.

In Baden gehen ernsthafte Bestrebungen zur Einführung des Seidenbaues auf 1740 zurück. Besonders in den österreichischen Gebieten gelangte der Seidenbau — durch den Druck der Wiener Regierung — zu einer kurzen Blütezeit. Aber in den sechziger Jahren verschwand er fast völlig. Im 19. Jahrhundert angestellte Versuche ließen bis gegen 1860 an einzelnen Orten einen Seidenbau entstehen.

Im 18. Jahrhundert wurden auch in Sachsen und Preußen Maulbeerpflanzungen größeren Stils angelegt. Aber offenbar war der Seidenbau in Deutschland früher wenig volkstümlich, wie auch das eben angeführte Schicksal der Seidenzucht in der Pfalz lehrt. Es ist daher verständlich, daß gewisse Erfolge nur dann erreicht wurden, wenn von der Regierung zielbewußt die Seidenzucht gefördert wurde. So bekam sie in Preußen durch die Initiative Friedrichs des Großen einige Bedeutung. Im Jahre 1786 wurden 7000 kg Seide in Preußen produziert, was Peter den Großen in seinem Lande zur Nachahmung veranlaßte. In Brandenburg ursprünglich auf die Kurmark beschränkt, faßte der Seidenbau auch in Pommern, in der Neumark, bei Magdeburg und bei Halberstadt Fuß und nahm in dem nunmehr Preußen angegliederten Schlesien einen Aufschwung um mehr als das Zehnfache (Pax[2]). Nach dem Tode des großen Preußenkönigs ging jedoch die Seidenzucht mehr und mehr zurück und verschwand bis zu den Freiheitskriegen ganz. Zu einer groß angelegten Seidenkultur ist es bis zum Weltkriege in Preußen wie in Deutschland nicht mehr gekommen, wenngleich immer wieder Versuche in dieser Hinsicht gemacht wurden. Im Weltkriege selbst und unmittelbar nachher wurde aus begreiflichen Gründen die Frage eines

[1] Karl, W.: Seidenbau und Seidenindustrie. In: Prometheus. 30. Bd., 1919.
[2] Pax, F.: Die Seidenraupenzucht in Schlesien. In: Schles. Ztg. 175. Jahrg. Nr. 199, 1916.

deutschen Seidenbaues wiederholt erörtert (Maas[1], Bolle[2], Lucks[3], Seitz[4], Tänzer[5]). In dieser schweren Zeit lebte der Seidenbau, wenn auch in bescheidenem Maße, in privaten Unternehmungen fort. Es kam zu Gründungen von Vereinen, wie „Reichsbund deutscher Seidenbauer", „Arbeitsgemeinschaft zur Hebung des deutschen Seidenbaues e. V." usw. In neuester Zeit ist die Reichsfachgruppe Seidenbauer e. V. mit Erfolg bemüht, den Seidenbau in Deutschland neu zu beleben (s. S. 10).

Ohne auf weitere geschichtliche Einzelheiten einzugehen, muß hier noch kurz erwähnt werden, daß in sämtlichen Ländern Europas mehr oder weniger erfolgreiche Versuche unternommen wurden, die Seidenzucht einzuführen. Selbst Holland, Schweden und England machten keine Ausnahme. Wegen weiterer geschichtlicher Daten sei auf die vorzügliche Darstellung bei Silbermann[6] verwiesen. Über den heutigen Stand in einzelnen Ländern wird noch an späterer Stelle eingegangen.

### Der Einfluß der Pebrine.

Von besonderer, wenn auch trauriger Bedeutung für die europäische Seidenzucht waren die sechziger und siebziger Jahre des vorigen Jahrhunderts. In dieser Zeit schien der Ausbruch der Fleckkrankheit (Pebrine), welche gegen 1852 zuerst in Südfrankreich auftrat, den europäischen Seidenbau vernichten zu wollen. In Europa blieben von der Seuche bloß die Schweizer Kantone Tessin und Graubünden und die Insel Sardinien verschont. Die Krankheit breitete sich vom Westen immer weiter nach Osten aus und kam erst in Zentralasien zum Stillstand. In Italien sank die jährliche Kokonernte von 55—65 Mill. kg auf 26,4 Mill. kg im Jahre 1865 herab. Frankreich hatte 1865 nur noch eine Kokonausbeute von 6 Mill. kg im Gegensatz zu etwa jährlich 30 Mill. kg in den fünfziger Jahren. Besondere Maßnahmen bei der Zucht (Pasteursches Zellensystem) ließen die Seuche allmählich abklingen, wodurch die Seidenproduktion sich wieder erholte, aber in den meisten Ländern die frühere Höhe nicht wieder erreichte; während der Krankheitsjahre wurden Seidenspinnereier in großen Mengen aus Japan nach Europa eingeführt. Japan hatte ja gerade begonnen, sich dem Welthandel zu öffnen. Das anfänglich dort noch immer bestehende strenge Verbot, Seidensamen[7] auszuführen, mußte 1864 von der Regierung aufgehoben werden. 1865 wurden etwa 61 250 kg, also rund 8 Milliarden Spinnereier aus Japan ausgeführt. Durch diesen regen Verkehr zwischen Europa und Japan belebte sich die Seidenkultur in Japan ganz bedeutend. Gleichzeitig begann aber Ostasien (Japan, China und Britisch-Indien), auch Rohseide nach Europa in den Handel zu bringen. 1851 waren auf der Ausstellung in London die ersten Proben ostasiatischer Seide zu sehen. Die durch die Pebrine entstandene Seidenkrisis in Europa förderte die Einfuhr ostasiatischer Seide nach Europa, die durch die Eröffnung des Suezkanales im Jahre 1869 weiterhin sehr begünstigt wurde.

---

[1] Maas, O.: Bemerkungen zur Einführung der Seidenzucht in Deutschland nach eigenen Erfahrungen und Biologie des Seidenspinners. In: Z. angew. Entomol. Bd. 3, 1916.

[2] Bolle, J.: Die Bedingungen für das Gedeihen der Seidenzucht. In: Z. angew. Entomol. Bd. 3, 1916.

[3] Lucks, R.: Neue Wege der Seidenraupenzucht. Schrift. naturforschend. Gesellsch. N. F. 14. Bd., 1917.

[4] Seitz, A.: Die Seidenzucht in Deutschland. Stuttgart: A. Kernen 1918.

[5] Tänzer, E.: Die Probleme des deutschen Seidenbaus. In: Z. angew. Entomol. 13. Bd., 1928.

[6] Zitiert S. 2.

[7] Die vom zoologischen Standpunkt aus unrichtige Bezeichnung „Seidensamen" für die Eier des Seidenspinners wird von Züchtern und in der Seidenzuchtliteratur mit Vorliebe gebraucht, so daß sie auch hier gelegentlich angewandt wird.

Indien hatte schon vorher einen erheblichen Anteil an der Ausfuhr nach Europa. Im Jahre 1812 wurden 445000 kg Rohseide ausgeführt, die Zahl stieg ständig und erreichte in den siebziger Jahren 900 000 kg. Infolge der chinesischen und japanischen Konkurrenz und anderer Ursachen verlor Indien jedoch alle Bedeutung auf dem europäisch-amerikanischen Seidenmarkt.

China führte von 1860—1863 durchschnittlich jährlich 2,7 Mill. kg Rohseide nach Europa aus; 1870 war ein Rückgang zu verzeichnen, der sich jedoch in späteren Jahren wieder ausglich. Die rückläufige Bewegung ist besonders darauf zurückzuführen, daß die Rohseide nicht den Ansprüchen der europäischen und amerikanischen Seidenindustrie entsprach, andererseits die Chinesen in ihrer konservativen Art nicht dazu zu bewegen waren, durch Modernisierung des Seidenbaues und der Haspeleien sich diesen Forderungen anzupassen. Aus dem gleichen Grunde, verstärkt durch die politischen Wirren, ist auch heutzutage die Seidenproduktion Chinas nicht auf der Höhe, die der Leistungsfähigkeit des Landes entsprechen würde.

So konnte denn Japan zu Beginn des 20. Jahrhunderts China in der Höhe der Rohseidenausfuhr überflügeln. Dieses Land steht daher heute an erster Stelle aller seideproduzierenden Länder. Nach dem ersten, riesigen Anstieg — durch die Pebrine-Seuche in Europa begünstigt — erfolgte jedoch ebenfalls um 1870 eine rückläufige Bewegung. Veranlaßt durch die außerordentlich günstige Konjunktur, suchten die japanischen Erzeuger und Händler die Menge zu steigern, was jedoch nur auf Kosten der Qualität und nicht immer mit redlichen Mitteln geschah. Das Vertrauen zur ostasiatischen Seide schwand daher. Energische Maßnahmen der japanischen Regierung geboten diesem Treiben Einhalt.

Inzwischen hatte jedoch der italienische Seidenbau sich von der Pebrine erholt, so daß er seine frühere Bedeutung wieder erreichen konnte. Dennoch hat seit jener Zeit der italienische Seidenbau einen schweren Stand. Die ostasiatische Seide drückte den Preis sehr erheblich, der Seidenbau blieb nicht mehr in dem Maße rentabel wie vorher. Die Qualität der ostasiatischen Seide war zwar geringer als die der italienischen, aber die Mode stellte sich rasch auf diese Tatsache um. Die Landwirtschaft Italiens machte zugleich Ende des vorigen Jahrhunderts eine Wandlung durch. Vorher war Weizenbau vorherrschend. Gezwungen durch die Konkurrenz Amerikas im Weizenhandel befaßte sich die italienische Landwirtschaft nunmehr intensiv mit dem Anbau von Wein, Sauerfrüchten und Ölbäumen. Während der Weizenbau in den Monaten Mai, Juni und Juli, der Hauptarbeitszeit der Seidenzucht, kaum eine Arbeitskraft erfordert, benötigt die Kultur von Wein und Sauerfrüchten zu jener Zeit gerade intensive Bearbeitung. Die Seidenzucht verlor hierdurch an allgemeiner Verbreitung, und gerade in den Bezirken, die, wie Süditalien und Sizilien, am längsten Seidenbau betrieben, ging dieser ganz oder fast ganz ein. Der Seidenbau hat sich daher auf bestimmte Gebiete (besonders Venetien und Lombardei) konzentriert. Es verbietet sich, an dieser Stelle weiter auf diese interessante wirtschaftliche Entwicklung einzugehen. Zur genaueren Orientierung sei auf die vorzügliche Darlegung dieser Beziehungen durch Tambor[1] hingewiesen. Es ist jedenfalls zu vermuten, daß durch die oben angeführten Faktoren und durch die Preissenkung für Seide und die steigenden Lebensansprüche der Bewohner der Seidenbau in Italien sich auf die Dauer nicht wird halten können. Aus gleichen Gründen dürfte sich auch der Seidenbau der anderen Länder Europas nicht mehr zu der Höhe und Bedeutung emporgeschwungen haben, die er vor dem Auftreten der Pebrine hatte. Der Weltkrieg hat diese Entwicklung nach Tambor auch in Italien noch beschleunigt.

[1] Zitiert S. 4.

### Afrika.

In den Gebieten außerhalb Eurasiens hat der Seidenbau auf die Dauer nicht Fuß fassen können. An die Nordküste Afrikas haben die Mohammedaner den Seidenbau gebracht (S. 4). In den afrikanischen Kolonien, so auch dem früheren Deutsch-Ostafrika, wurde jedoch ohne Erfolg versucht, den Seidenbau Ende des vorigen Jahrhunderts einzuführen (Meinecke und v. Bülow[1]).

### Amerika und Australien.

Nordamerika, wo stellenweise der Maulbeerbaum heimisch ist (z. B. in Virginien), kennt durch Vermittlung Englands den Seidenbau seit Anfang des 17. Jahrhunderts. Nach anfänglichen Erfolgen ging jedoch bald — mit dem Aufhören der Verteilung von Prämien — die Seidenzucht bis zur Bedeutungslosigkeit zurück. Mexiko erfreute sich vorübergehend im 18. Jahrhundert einer stattlichen Seidenkultur.

In Südamerika (Hafner[2]) und Australien sind seit der Mitte des letzten Jahrhunderts Versuche im Gange, eine Seidenkultur einzuführen. Auch für Samoa waren solche Versuche seitens der deutschen Verwaltung geplant (v. Bülow[1]).

### Wichtigste Produktionsländer.

Trotz aller Versuche, den Seidenbau in den verschiedensten Erdteilen und Ländern einzuführen, ist er im wesentlichen auf einem bestimmten, scharf umgrenzten Streifen der Erde beschränkt geblieben (Abb. 1). Dieser umfaßt eine

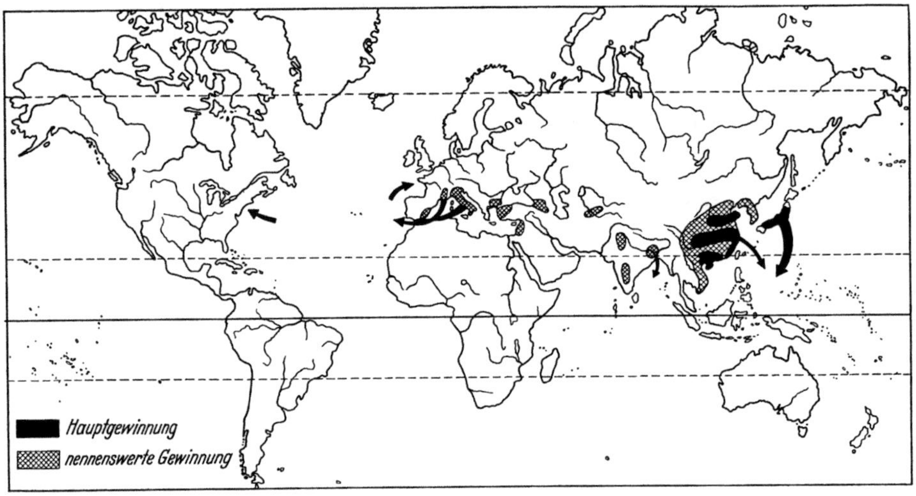


Abb. 1. Verbreitung des Seidenbaues. — Nach S. Passarge (1926).

klimatisch besonders begünstigte Zone, die im Osten eine optimale Lage nahe dem 36., im wärmeren Westen nahe dem 45. nördlichen Breitengrade hat. Südlich und nördlich dieser Breite nimmt der Seidenbau schnell ab (Seitz[3]). In Europa liegen in oder nahe der optimalen Zone Norditalien, Südfrankreich, Spanien und

[1] Meinecke, G. und W. v. Bülow: Seidenzucht in den Kolonien. Berlin: Deutsch. Kolonial-Verlag 1901.

[2] Hafner, F. u. G.: Die Zucht der Seidenraupe in Brasilien. Sao Paulo, Edance. (ohne Jahr).

[3] Zitiert S. 1.

Teile der Balkanhalbinsel. Nach der Menge der geernteten Seidenkokons geordnet sind als wichtigste europäische Seidenbauländer zu nennen: Italien (etwa 30 000 Tonnen), Bulgarien, Griechenland, Frankreich, Jugoslawien, Ungarn, Spanien, Rumänien und Zypern. Rußland, das 1931 20 000 Tonnen Seidenkokons erntete, hat in Transkaukasien gute Seidenbaugebiete.

Die wichtigsten Seidenländer der Erde sind China und Japan, das seit Beginn des Jahrhunderts an erster Stelle steht (Abb. 2 u. 2a). Der japanische Seidenbau ist in den letzten Jahren derart gestiegen, daß eine empfindliche Überproduktion an Seide entstanden ist und die Preise eine ungeheure Senkung erfahren haben. Diese Preisentwicklung, begünstigt durch die steigende Konkurrenz der Kunstseide, ließ sich auch durch Maßnahmen für eine Produktionseinschränkung bisher nicht hemmen. Ein nennenswerter Rückgang der Seidenkokonproduktion erfolgte zudem in den letzten Jahren nur in Europa und China, aber nicht in Japan.

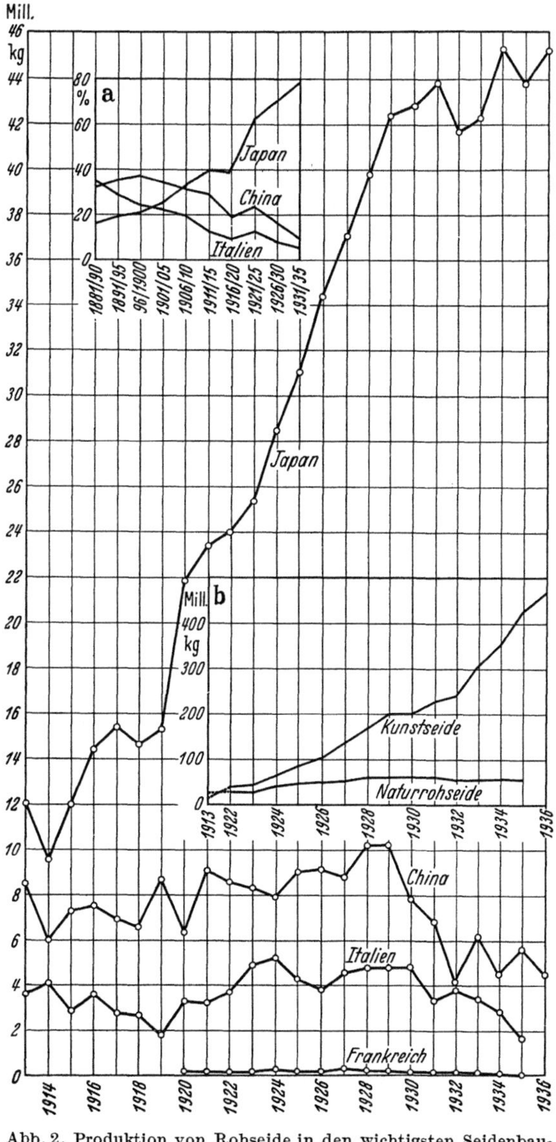


Abb. 2. Produktion von Rohseide in den wichtigsten Seidenbauländern von 1913—1936.
Abb. 2a. Prozentualer Anteil an der Gesamt-Rohseidengewinnung der Erde im Durchschnitt für je 10 bzw. 5 Jahre seit 1881.
Abb. 2b. Gesamtgewinnung an Rohseide und Kunstseide in Millionen Kilogramm seit 1922. Die gestrichelten Linien vor 1922 gelten für die Zeit von 1913—1922.
In allen Darstellungen ist der Selbstverbrauch an Rohseide in Ostasien nicht berücksichtigt. — Original.

## Jetziger Stand der Seidenproduktion.

Die Seidenzucht hat in den letzten Jahren mit ständig wachsenden Schwierigkeiten zu kämpfen, die zum Teil durch die steigende Produktion an Kunstseide (Abb. 2b) bedingt sind. Einen besonders schwierigen Stand hat aber der europäische Seidenbau, da er außerdem gegen die ungeheure Konkurrenz Ostasiens anzukämpfen hat. Die Ostasiaten sind zu intensiver Miniaturarbeit, wie sie die Seidenzucht erfordert, schon rein körperlich gut disponiert. Die Ansprüche der Arbeiter sind gering, ihre Lebenshaltung primitiv; Löhne und Preise bleiben daher niedrig. Bei einem höheren Lebensstandard der Arbeiter wird der bei der Seidenzucht abfallende Gewinn leicht zu gering; die Lust zum Seidenbau verschwindet, wie es sich in Europa wiederholt zeigte und noch zeigt. Regierungsmaßnahmen, wie Prämien, geregelter An- und Verkauf von Seidensamen usw. dürften diese Entwicklung auf die Dauer wohl kaum aufzuhalten vermögen. Frankreich erzeugt jetzt z. B. nicht mehr den zehnten Teil der Kokonmenge, die es um 1850 jährlich hervorbrachte. Seine Kokonerzeugung ist nur etwa $^1/_5$% der Weltproduktion.

Nach alledem könnte es wenig berechtigt erscheinen, besondere Hoffnungen an Versuche zu knüpfen, die den Seidenbau in weiteren Ländern, etwa in Deutschland, neu einführen wollen. Mit Recht weist jedoch schon Schaeppi[1] darauf hin, daß bei solchen Versuchen sehr oft die sozialen Bedingungen ganz außer Acht gelassen werden, und doch bringen diese zuweilen der Seidenzucht größere Gefahren, als es die klimatischen Verhältnisse tun. Diese sind nun allerdings in Deutschland keineswegs ungünstig, so daß an sich der Seidenbau möglich ist. Schon immer hat es sich gezeigt, daß eine zielbewußte und tatkräftige Regierung den Seidenbau im Inland zu einiger Bedeutung führen kann. Sobald es besondere Verhältnisse rechtfertigen, ist es auch heute durchaus möglich, den Seidenbau in Deutschland so weit zu fördern, daß der Inlandsbedarf an Naturseide gedeckt werden kann. Natürlich sind dazu nicht nur soziale und wirtschaftstechnische Maßnahmen erforderlich. Voraussetzung ist eine genaue Überwachung des Seidenbaues und die Durchführung der Seidenzucht — also die Gewinnung neuen Seidensamens — auf streng wissenschaftlicher Grundlage.

In Erkenntnis dieser Tatsache ist seit 1934 die dem Reichsnährstand angegliederte Reichsfachgruppe Seidenbauer e. V. Berlin mit Erfolg bemüht, dem Seidenbau in Deutschland erneute Bedeutung und Auftrieb zu verschaffen[2]. Durch großzügige Werbung wurden zahlreiche Interessenten für den Seidenbau gewonnen: Die Zahl der Seidenbauer stieg in drei Jahren auf das Fünffache, die Zahl der Maulbeerbäume, zum erheblichen Prozentsatz von den öffentlichen Gemeinden gepflanzt, auf das Zwölffache. Der Vertrieb des Seidensamens und der Ankauf der Kokons ist zentral geregelt unter Einschaltung der staatlich anerkannten Versuchs- und Forschungsanstalt für Seidenbau in Celle und des Seidenwerkes Spinnhütte A.-G. in Celle. Die Seidenbauer werden ständig beraten, ihre Zuchten stehen insbesondere bei Fehlschlägen unter der Kontrolle der oben genannten Versuchs- und Forschungsanstalt und der Versuchs- und Forschungsanstalt für Wein-, Obst- und Gartenbau in Geisenheim am Rhein. So konnte nicht nur die Kokonernte in Deutschland von 1934—1937 auf das Vierfache gesteigert werden, sondern es wurde auch die Grundlage geschaffen, diesen Ertrag in Zukunft weiter zu erhöhen.

## II. Systematische Übersicht über die seideliefernden Tiere.

Unter der Bezeichnung „Seide“ versteht man das Gespinst gewisser Tiere und ganz besonders das der Raupe des echten Seidenspinners, *Bombyx mori* L. Auf sie bezieht sich im wesentlichen die vorhergehende geschichtliche und die nachfolgende biologische Darstellung. Immerhin gibt es zahlreiche andere Tierarten, deren natürliches Produkt von seidenartiger und fasriger Beschaffenheit ist und als Naturseide verwendet wird oder zu verwerten versucht wurde. Nachfolgend wird zunächst ein Überblick über diese Tierarten gegeben.

---

[1] Schaeppi, J.: Der Seidenbau der Welt. In: Seide, 35. Jahrg., 1930.

[2] Der Seidenbau in der Erzeugungsschlacht. Herausgegeben vom Reichsverband Deutscher Kleintierzüchter e. V. — Reichsfachgruppe Seidenbauer e. V. — Berlin: Fritz Pfenningstorff 1937.

Außer der Raupe von *Bombyx mori* L. liefern auch Raupen anderer Schmetterlinge eine oft durchaus brauchbare Seide. In einigen Fällen jedoch gehören die Seideproduzenten ganz anderen Tiergruppen an. Es ist eine auffallende Tatsache, daß in den drei verschiedenen, ans Landleben angepaßten Klassen der Arthropoden (Gliederfüßler) die Fähigkeit, Seide oder ein ihr ähnliches Erzeugnis zu liefern, bei einzelnen Arten — durchaus nicht bei allen — immer wieder auftritt. Man kennt solche Arten unter den Tausendfüßlern (besonders Symphylen und einige Diplopoden), den Spinnen und eben vor allem den Insekten. Von diesen letzteren haben die Schmetterlinge bzw. deren Raupen die allergrößte Bedeutung, während die seidenartigen Produkte anderer Insekten (z. B. der Ameisen) nicht oder nur ganz gelegentlich (S. 33) benutzt werden. Die Seide der Tausendfüßler ist technisch nie verwertet worden, wohl aber wird das Gespinst von Spinnen noch heute zu besonderen Zwecken gebraucht (z. B. Fadenkreuzen in optischen Instrumenten). Außerhalb der Klasse der Arthropoden sind nur noch die Muscheln zu berücksichtigen, deren Byssusfäden das Rohmaterial zur Byssus- oder Muschelseide liefern.

## Schmetterlingsraupen.

Zunächst wenden wir uns den verschiedenen Arten von seideerzeugenden Schmetterlingsraupen zu. Die Schmetterlings- oder besser Raupenseide ist das Produkt bestimmter, paarig angeordneter Drüsen (Sericterien oder Spinndrüsen). Sie wird in besonders großen Mengen unmittelbar vor der Verpuppung zur Bildung eines Kokons oder eines als „Nest" bezeichneten Gespinstes ausgeschieden. Da der Besitz solcher Drüsen den Schmetterlingsraupen allgemein ist, gibt es zahlreiche Raupenarten, deren Seide verwendet wird oder zu entsprechenden Versuchen herangezogen wurde.

Die Schmetterlinge (*Lepidoptera*) bilden eine gut charakterisierte Ordnung innerhalb der Klasse der *Insecta* und sind gekennzeichnet durch ihre zu einem Saugrüssel (S. 72) umgewandelten Mundwerkzeuge, die beiden Paare einigermaßen gleichartiger und mit Schuppen bedeckter Flügel und durch eine vollständige Metamorphose (Ei — Raupe — Puppe — Imago). Als geflügelte Insekten gehören sie zur Unterklasse *Pterygonea* oder *Pterygota*.

Die systematische Gliederung der Ordnung der Schmetterlinge ist außerordentlich schwierig. Fast jedes einschlägige Werk hat seine eigene Schmetterlingssystematik, wobei allerdings die bekannten Familien „Spinner", „Schwärmer", „Tagschmetterlinge" usw. bei allen Autoren auftauchen, aber in einen oft sehr verschiedenen Zusammenhang hineingestellt werden. Die hier aufgeführte systematische Übersicht hält sich ganz an die von Handlirsch im Handbuch der Entomologie, III. Band, wiedergegebene Zusammenstellung. Da die für die Praxis der Seidenproduktion wichtigen Schmetterlinge nur wenigen Familien angehören, ist es überflüssig, den ganzen systematischen Grundriß zu geben; es genügt vielmehr zu zeigen, wie die betreffenden Familien oder Unterfamilien sich in das systematische Gerippe einfügen. In der nachfolgenden schematischen Übersicht sind alle Überfamilien aufgeführt, an Familien jedoch nur solche, die Seidenproduzenten haben oder zur Charakterisierung der Überfamilie von Bedeutung sind. Familien oder Unterfamilien, von denen einzelne oder mehrere Vertreter im nachfolgenden Teil ausführlicher behandelt werden, sind durch ein * hervorgehoben; das Zeichen ** weist auf besondere Wichtigkeit hin.

### Ordnung: **Lepidoptera** (Schmetterlinge).

Unterordnung: *Jugatae* Comst. umfaßt nur wenige, artenarme Familien. Sehr ursprüngliche Schmetterlinge mit noch nicht typisch ausgebildetem Rüssel.

Mandibeln meist noch als Kauwerkzeuge funktionierend. Hinterrand des Vorderflügels mit einem kleinen lappenförmigen Anhang (Jugum), der während des Fluges Vorder- und Hinterflügel zusammenhält.

Unterordnung: *Frenatae* Comst. In ihr ist die weitaus größte Zahl der Schmetterlinge vereint. Ohne Jugum (s. o.); Mundwerkzeuge zum Rüssel umgebildet, Mandibeln nie mehr beweglich oder gezahnt.

Überfamilie: *Tineoidea* (Dyar.) = Mottenartige. Raupen mit „Kranzfüßen" (S. 39 u. 47).

Familie *Tineidae* Leach (Motten).

Unterfamilie: *Yponomeutinae** (Gespinstmotten).

Überfamilie: *Castnioidea* Handl. Nur wenige in den Tropen lebende Arten, die in manchen Merkmalen den Motten, in anderen (Habitus, Fühler) den Tagfaltern gleichen.

Überfamilie: *Pyralidina* Meyr.

Familie *Pyralididae* Lederer (Zünsler).

Raupen mit Kranzfüßen; Schmetterling meist mottenähnlich, von schlankem Körper mit relativ großen Flügeln. Das Spinnvermögen ist gut ausgebildet, hat aber meines Wissens keinerlei Verwertung gefunden.

Überfamilie: *Zygaenina* Comst.

Familie *Zygaenidae* Leach. (Widderchen). Raupen mit Klammerfüßen, Schmetterlinge mit plumpem Körper und verhältnismäßig schmalen, meist lebhaft gefärbten Flügeln.

Überfamilie: *Macrofrenatae* (Heym.). Umfaßt die Mehrzahl der größeren Nachtschmetterlinge.

Familie *Lasiocampidae* ** Waterh. (Glucken).

Familie *Bombycidae* (Leach) (Spinner).

Unterfamilie *Thaumetopoeinae* * (Prozessionsspinner).

Unterfamilie *Bombycidae*** (Seidenspinner).

Unterfamilie *Saturniinae*** (Nachtpfauenaugen).

Familie *Notodontidae* Steph.

Überfamilie *Hesperioidea* Wall.

Familie *Hesperiidae* Steph. (Dickkopffalter).

Schmetterlinge mit plumpem, dickem Körperbau und (ähnlich wie bei den Tagschmetterlingen) mit keulig verdickten Fühlern.

Überfamilie *Rhapolacera* Spul. (Tagfalter).

Familie *Papilionidae* Leach. (Tagfalter).

Körper der Falter schlank, mit verhältnismäßig großen Flügeln; Fühler mit Endkeule.

Unterfamilie *Pieridinae** Reut (Weißlinge).

Falter in beiden Geschlechtern mit drei normal entwickelten Beinpaaren.

Unterfamilie *Nymphalinae* (Augenfalter u. a.).

Schmetterlinge in beiden Geschlechtern mit reduzierten Vorderbeinen.

Zu erwähnen ist noch besonders, daß die hier als Unterfamilien angesehenen *Bombycidae*, *Saturniinae* u. a. in manchen systematischen Werken als Familien voneinander getrennt sind. Die Zuordnung aber zu einer Familie (*Bombycidae* Leach), wie es hier geschehen ist, weist auf die nahen verwandtschaftlichen Beziehungen der betreffenden Unterfamilien hin.

Die wichtigsten seideliefernden Arten gehören zu den Familien bzw. Unterfamilien *Bombycidae* (Seidenspinner), *Saturniinae* (Nachtpfauenaugen) und *Lasiocampidae* (Wollraupenspinner). Von geringerer Bedeutung sind Vertreter der *Thaumetopoeinae* (Prozessionsspinner), *Pieridinae* (Weißlinge) und *Yponomeutinae* (Gespinstmotten).

Die echten Spinner, *Bombycidae* Latr., sind mittelgroße, meist unscheinbare Tiere mit dicht behaartem Leib und kurzen, breiten Flügeln. Die Vorderflügel besitzen an der vorderen Hälfte des Außenrandes einen deutlichen Ausschnitt. Die Mundteile sind weitgehend rückgebildet, der Rüssel fehlt; die Taster sind winzig und in der Gesichtswolle völlig verborgen. Die Fühler sind bei beiden Geschlechtern doppelt gekämmt und haben auch beim Weibchen ziemlich kräftige Ästchen. Die ausgewachsenen Raupen sind fast völlig unbehaart, während sie in der Jugend noch ein deutliches Haarkleid tragen. Sie tragen Höcker und Warzen und auf dem elften Segment ein dorsales Horn; der Thorax ist am zweiten und dritten Segment verdickt.

Abb. 3. Echter Seidenspinner (*Bombyx mori* L.), Männchen und Weibchen in natürl. Größe. Aus Bock (1932).

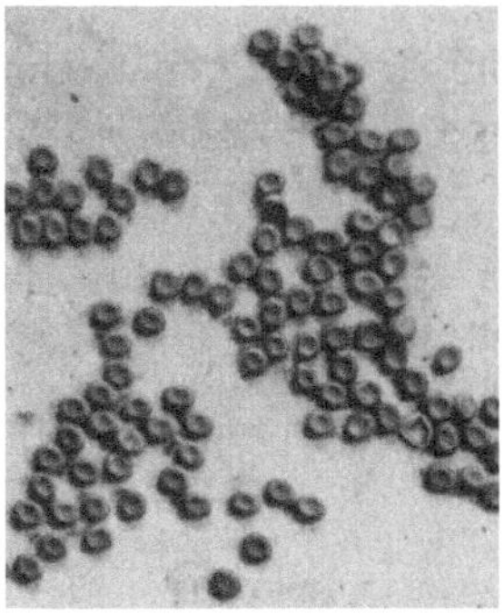

Abb. 4. Eier des echten Seidenspinners (*Bombyx mori* L.). Vergrößerung 1,7. — Original.

Die wirtschaftlich wichtigste Art ist der echte Seiden- oder Maulbeerspinner *Bombyx mori* L. (Sericaria) (Abb. 3). Der etwa 40 mm spannende Schmetterling ist von schmutzigweißer Farbe mit mehr oder weniger starkem Anflug ins Graue oder Bräunliche, nur die Fühler sind schwärzlich gekämmt. Die Adern der Flügel schimmern infolge geringerer Beschuppung braun durch. Die Zeichnung besteht auf den Flügeln im wesentlichen aus schwach bräunlich gefärbten Querbinden. Bei den etwas kleineren und schlankeren männlichen Tieren sind alle Zeichnungen deutlicher ausgeprägt als beim Weibchen. Die Querbinden variieren sehr, sie können sowohl an Breite wie an Intensität abnehmen, so sehr,

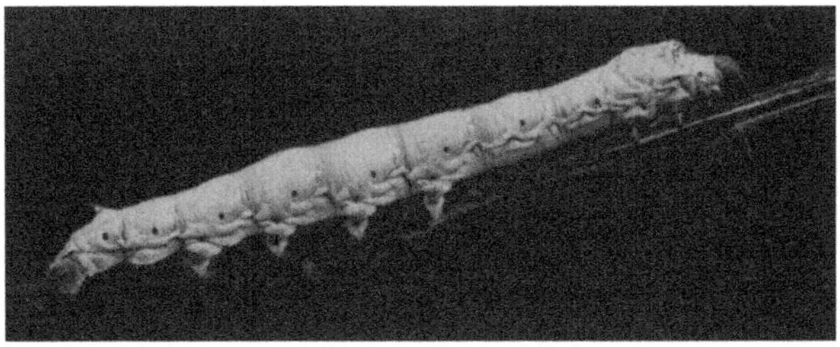

Abb. 5. Erwachsene Raupe von *Bombyx mori* L. in 4/5 natürl. Größe. Original.

daß schließlich ganz weiß gefärbte Varietäten entstehen (Kellogg[1]). Die Schmetterlinge leben, ohne Nahrung zu sich zu nehmen, nur kurze Zeit, etwa 14 Tage lang. Nach der mehrere Stunden bis zwei Tage dauernden Begattung legt das Weibchen innerhalb mehrerer Tage bis zu 500, im Durchschnitt etwa 1 mm große Eier ab. Diese (Abb. 4) sind anfänglich blaßgelb, werden aber nach einigen Tagen — falls sie befruchtet und entwicklungsfähig sind — umbrabraun und schließlich bleigrau. Sie überwintern in tiefen Temperaturen, und erst im nachfolgenden Frühling schlüpfen die Raupen. Diese sind anfänglich schwarz und deutlich behaart. Die Behaarung geht bald auf spärliche, kaum sichtbare Reste zurück, und die Raupe, deren elftes Segment dorsal ein Horn trägt, hat dann eine weißliche oder gelblich-weiße Färbung. Ursprünglich 2—3 mm lang, wächst sie — unter normalen Bedingungen — innerhalb 31 Tagen nach vier Häutungen zu der stattlichen Länge von etwa 90 mm heran (Abb. 5). Die Raupe spinnt sich ein und fertigt in 3—4 Tagen einen Kokon an. In diesem (Abb. 63) vollzieht sich die Umwandlung zum Schmetterling, was in 15—20 Tagen erfolgt, aber in sehr weitgehendem Maße von der Temperatur abhängig ist. Der Kreislauf ist mit dem Schlüpfen des Schmetterlings geschlossen.

Der Entwicklungszyklus dauert ein Jahr, wenigstens bei den meisten Rassen. Im Laufe der mindestens 5000jährigen Zucht haben sich jedoch verschiedene Rassen herausgebildet, die zwar durch das Aussehen der Schmetterlinge selbst nicht — höchstens durch ihre Größe — zu unterscheiden sind, wohl aber durch Raupe, Kokon und Entwicklungszyklus. Auch variieren beim Schmetterling die Färbung, Zeichnung und die Aderung der Flügel. Jedoch sind solche Abweichungen nicht kennzeichnend für irgendeine Rasse (Kellogg[1]). Es gibt Rassen, bei denen die Raupe schon nach drei Häutungen spinnreif ist, und solche, bei denen in einem Jahr mehrere Generationen zur Entwicklung kommen. Man nennt diese letzteren polyvoltine Rassen im Gegensatz zu den univoltinen oder annualen, die in jedem Jahr bloß in einer Generation auftreten. Meist haben die einzelnen Länder und Distrikte ihre besonderen Spinnerrassen, die sich aber — der geschichtlichen Entwicklung des Seidenbaues entsprechend — von den chinesischen Faltern ableiten. Diese sollen letzten Endes in den Bergen Nordindiens beheimatet sein, sind aber schon sehr frühzeitig nach China gebracht worden. In dieser engeren Heimat selbst werden neben der Stammform *B. mori* L. mehrere offenbar in der jahrhundertelangen Zucht entstandene Rassen unterschieden, die mit besonderen wissenschaftlichen Namen belegt sind. Von ihnen liefert *B. textor* Mr. u. Hutt. meist rein weiße (aber auch gelbe), recht kleine Kokons, die an beiden Enden etwas zugespitzt sind. Auch die Raupe ist sehr viel kleiner als bei *B. mori* L. Jährlich kommt eine Generation zur Entwicklung. Die besonders hohen Zuchttemperaturen angepaßte *B. croesi* Mr. u. Hutt. liefert jährlich 7—8 Kokonernten; Raupe (36—49 mm) und Kokon bleiben klein; letzterer ist lebhaft gelb gefärbt, erstere weicht in der Färbung und Zeichnung deutlich von der Stammform ab. Die kleinste, ebenfalls polyvoltine Rasse ist *B. fortunatus* Mr. und Hutt. mit goldgelben Kokons, die zwar klein, aber ziemlich reich an Seide sind. Die Rasse wird nach Quajat[2] in Bengalen mit Vorliebe wegen der großen Futterdankbarkeit der Raupe gezogen. Im Vergleich zur verbrauchten Nahrung liefert die Rasse die seidenreichsten Kokons. *B. arracanensis* Mr. und Hutt., die Lokalrasse von Arracan, kommt aber, wie alle genannten Formen, auch in Indien und China vor. Sie hat größere

[1] Kellogg, V. T.: Inheritance in Silkworms I. Leland Stanford Junior univers. Publ. Univers. Serie. Bd. 1, 1908.

[2] Quajat, E.: Dei bozzoli piu pregevoli che preparano i lepidotteri setiferi. Padua: Gebr. Drucker.

Kokons von besonders kräftiger und guter Seide und liefert jährlich fünf Ernten. Die Kokons von *B. sinensis* Mr. und Hutt. können weiß, grünlichweiß oder gelb sein. Diese Form ist besonders durch Färbung und Zeichnung der Raupen gekennzeichnet. Die in Madras beheimatete Form *B. meridionalis* Wood-Mason ist der *B. sinensis* Mr. und Hutt. sehr ähnlich. Genaueres darüber findet sich bei Seitz[1] und Watt[2]. Durch diese wissenschaftlichen Namen sind aber keineswegs alle im fernen Osten gezüchteten Rassen erfaßt. Solche Rassen gibt es dort wie in allen Seidenbauländern in großer Zahl; sie werden mit Namen der betreffenden Landessprache belegt. Doch handelt es sich dabei meist nicht um festumrissene Rassen mit konstanten Merkmalen. Diese ändern sich vielmehr mit den Umweltbedingungen, so daß eine irgendwoher importierte Rasse in der neuen

*a* *b* *c* *d* *e*

Abb. 6. Kokonrassen des echten Seidenspinners (*Bombyx mori* L.). *a* = weiße, *b* = goldgelbe Rasse aus Wuhsi, *c* = Rasse der Provinz Hupei, *d* = Rasse der Provinz Schansi, *e* = italienische Rassen, oben „Brianza", unten „Majella". — Nach C. Acqua (1930) aus Bock (1932).

Heimat oft ganz andere als die erwarteten alten Eigenschaften zeigt. Da für die Praxis die Beschaffenheit des Kokons von größter Wichtigkeit ist, ist diese für die Kennzeichnung der Rassen besonders bedeutungsvoll. Von ihnen seien die bekanntesten, nach Ländern geordnet, nachfolgend erwähnt (siehe auch Quajat[3] und Acqua[4]). In China werden nach den wichtigsten Seidenbaudistrikten verschiedene Rassen von *Bombyx mori* L. unterschieden, so die weißen Rassen der Küstengebiete von Kiangsu und Tschekiang, unter diesen z. B. die weltberühmte weiße Rasse von Wuhsi[5] (Abb. 6a), oder die goldgelben Rassen aus gleicher Provinz (Abb. 6b), ferner die Rassen der Provinz Hupei (Abb. 6c) mit länglich-ovalen Kokons von verschiedener Färbung (lebhaft rosa, orange- oder fleischfarben, weißlich oder reinweiß) oder die Rassen der Provinz Honan. Die Rassen aus der gebirgigen Provinz Schansi haben einen auffallend länglichen Kokon (Abb. 6d).

[1] Seitz, A.: Die Großschmetterlinge der Erde. Stuttgart: A. Kernen.
[2] Watt, G.: A dictionary of the economic products of India. Vol. 6, Part. 3. London-Calcutta 1893.
[3] Zitiert S. 14. [4] Acqua, Camillo: Il Bombice del Gelso. Ascoli Piceno: G. Cesari 1930.
[5] Bei der wechselnden Schreibweise der chinesischen geographischen Bezeichnungen wurden möglichst die des Andreeschen Handatlas gewählt.

Die Chinesen bevorzugen nach Wagner[1] (1926) meist univoltine Rassen, die schwere Kokons und bessere Seide liefern als die polyvoltinen Rassen. Nur in der Umgebung von Kanton sollen nach dem gleichen Autor polyvoltine Rassen in großem Umfange gezüchtet und nicht weniger als sieben Generationen in einer Zuchtperiode erzielt werden. Die japanischen Rassen liefern meist weiße Seide, aber auch grüne und gelbe; viele sind univoltin, z. B. die Rassen Akabiki, Awobiki, Kasuri, Hakuriu, Koaku, Tanamata usw.; andere bivoltin, wie Chiyodzuro und Okusa. Diese japanischen Namen sind nicht geographischen Bezeichnungen entnommen, sondern sind Namen der Art, wie sie bei uns von Züchtern etwa bestimmten Rosensorten gegeben werden. So bedeutet Hakuriu „weißer Drachen". Sie sind im Volke bei den Seidenbauern entstanden. In letzter Zeit ist Japan ständig bemüht, durch zentrale Regelung den Seidenbau weiter zu fördern und die Rassen systematisch zu verbessern. Die mit den oben angeführten Namen bezeichneten Rassen sind z. T. weitergezüchtet, verbessert und mit neuen Namen belegt worden, während weniger geeignete Rassen nicht weiter zur Zucht gelangten. Nach freundlicher Auskunft von Herrn Prof. Watanabe (Tokio) führt man jetzt in Japan die einzelnen Rassen unter einer Nummer mit Angabe ihrer Herkunft[2]. So ist die alte Rasse Akabiki in die Rasse Nitshi 1 (Jap. 1) aufgegangen. Für die Frühjahrszucht werden univoltine Rassen, z. B. Nitshi 1, Shi 4 (= China Nr. 4), Shi 7 und Oh 7 (= Europa Nr. 7), gebraucht. Dem Bauern wird meist ein Material in die Hand gegeben, das durch Kreuzung, etwa von Nitshi 1 × Shi 4 entstanden ist und weiße Kokons liefert, oder auch eine gelbspinnende Kreuzung Shi 7 × Oh 7. Bivoltine Rassen, die eine zweite (Sommer- oder Herbst-) Zucht liefern, sind mit Zahlen über 100 belegt: Nitshi Nr. 106, 107, 109, 110; Shi 101. Zum Seidenbau verwendet werden häufig die Kreuzungen Shi 101 × Nitshi 109 und Shi 101 × Nitshi 106, oder eine Kreuzung Shi 101 × Nitshi 109 × Nitshi 106. Die Rassen werden auch oft mit lateinischen und nach obigem ohne weiteres verständlichen Buchstaben bezeichnet, z. B. C 101 oder J 107. Die italienischen Rassen haben ihre Namen meist nach geographischen Bezeichnungen: Ascolana, Brianza (Abb. 6e), Fossombrone, Gran Sasso, die Gelben Abruzzer, Majella (Abb. 6e unten) u. a. Alle genannten Rassen liefern gelbe Seide von verschiedener Farbtönung. Rötlich gefärbt sind die Kokons einer „Pestellino" genannten Rasse; weiße Kokons hat „Novi Ligure".

In Frankreich liefert die Rasse aus den Cevennen gelb oder rosa gefärbte Kokons, ebensolche oder ähnliche die Rasse aus den östlichen Pyrenäen (Roussillon) und die Alpenrasse.

In Spanien werden unterschieden Sierra Morena und Spagna (beide mit gelblichen Kokons), in der Türkei Rassen von Adrianopel, Bagdad, Brussa mit weißen, von Armenien und Mazedonien mit gelben Kokons. Persien hat in der Rasse von Sebsewar einen Lieferanten von hellgrüner Seide; die von Chorasan hat weiße, gelbe oder grüne Kokons. Die Rasse auf Zypern liefert gelbe oder weiße oder schmutziggrüne Seide; die russische schmutzigweiße Seide, die in Montenegro gehaltene Seidenraupe fleisch- oder orangefarbige Kokons. In Deutschland werden gelbe, rosafarbene, goldgelbe und grüne Rassen gezogen, ohne daß es zur Ausprägung besonderer Lokalrassen gekommen ist.

Neben dem echten Seidenspinner (*B. mori* L.) haben die wildlebenden Arten der *Bombycidae* eine ganz untergeordnete Bedeutung, obwohl manche dieser Formen brauchbare Seiden liefern, die auch nach dem Einsammeln gelegentlich verwertet werden.

---

[1] Wagner, W.: Die chinesische Landwirtschaft. Berlin: P. Parey 1926.

[2] Die Originalangaben befinden sich in dem japanisch geschriebenen Bulletin des kaiserlichen Instituts für Seidenkultur.

Von diesen stehen die Vertreter der Gattung *Theophila* Moore der Gattung *Bombyx* Hbn. sehr nahe; bei ihnen fehlen jedoch die Taster ganz. *Theophila* (*Sericaria*) *mandarina* Moore, der wilde Seidenspinner (Abb. 7) wurde von Sasaki und Conte als Unterart und Stammform von *Bombyx mori* L. angesehen. Der Falter ist in Ostchina, Korea und Japan beheimatet. Körper und Flügel sind von olivbrauner Farbe, der Vorderflügel jedoch ist etwas heller, mehr mit grau durchtränkt, nur die Spitze mit einem intensiv schwarzbraunen Fleck ausgefüllt. In Indien ist die Art durch *Theophila religiosae* Helf. (= *huttoni* Ww., *sherwilli*, *affinis* und *bengalensis* Hutt.) vertreten. *Theophila mandarina* Moore liefert zweimal im Jahr eine gelbliche feine Seide, welche versuchsweise zur Anfertigung zarter Gewebe in der Art von Gaze und Musselin verwendet wurde. Kreuzungen mit *B. mori* L., die von Japanern versucht wurden, hatten keinen praktischen Wert. Gezüchtet werden die Arten anscheinend nicht. Im Jahre 1858 von Hutton durchgeführte Versuche, die indische Art zu kultivieren, hatten keinen günstigen Erfolg. Die Seide von *Theophila religiosae* Helf. wird nach Watt[1] in Bengalen zu Angelschnüren verwertet.

Abb. 7. Wilder Maulbeerspinner (*Theophila mandarina* Moore), Männchen und Weibchen in natürl. Größe. — Aus Bock (1932).

Aus der Unterfamilie der *Bombycidae* ist schließlich noch die *Rondotia menciana* Moore zu nennen. Die Raupen dieses kleinen, lebhaft gelb gefärbten Falters liefern einen gelblichen Kokon, dessen Seide nach Silbermanns[2] Angaben gelegentlich technisch verwertet wurde. Nach Fauvel[3] kommen zwei Generationen in einem Jahre zur Entwicklung.

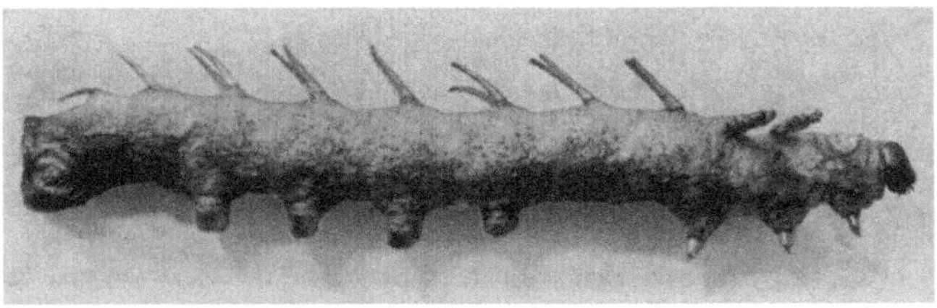

Abb. 8. Raupe von *Attacus spec.* in $^{10}/_{13}$ natürl. Größe. — Original.

Die Unterfamilie (bzw. Familie) *Saturniinae* (Nachtpfauenaugen) vereinigt Falter von meist stattlicher Größe, deren Flügel auffallende und schöne Zeichnungen tragen. Die Abgrenzung von verwandten Unterfamilien, wie diejenige der *Bombycinae*, ist nicht immer leicht und erfolgt letzten Endes nur auf Grund des Aderverlaufes in den Flügeln. Die Raupen (Abb. 8 und 18) sind meist durch borstentragende Warzen gekennzeichnet. Die wirtschaftlich wichtigsten Formen gehören der Gattung *Antheraea* Hbn. an. Drei Arten sind als Tussah-

[1] Zitiert S. 15. [2] Zitiert S. 2.
[3] Fauvel, A.: Les séricigènes sauvages de la Chine. Paris 1895.

spinner von besonderer Bedeutung: *Antheraea yamamai* Guér., *Antheraea pernyi* Guér. und *Antheraea mylitta* Drury.

Die Gattung *Antheraea* Hbn. ist nicht scharf gegen verwandte Gattungen abzugrenzen. Auch die einzelnen Arten von *Antheraea* sind einander oft so ähnlich, daß nach K. Jordan (in Seitz) selbst die angeführten drei Arten häufig verwechselt werden. Die Unterscheidung wird weiterhin dadurch erschwert, daß jede Art auf verschiedenen Pflanzen gezogen werden kann, daß in derselben Zucht die verschiedensten Färbungen auftreten können, und ferner durch die Tat-

Abb. 9. Japanischer Tussahspinner (*Antheraea yamamai* Guér.), Männchen und Weibchen in $^2/_3$ natürl. Größe. — Aus Bock (1932).

sache, daß die zum Teil domestizierten Formen in die verschiedensten Länder eingeschleppt und zu Kreuzungen benutzt wurden.

Die Fühler von *Antheraea* sind bei beiden Geschlechtern vierkämmig (jederseits zwei Fortsätze an jedem Fühlerglied). Beim Weibchen sind jedoch die distalen Fortsätze eines jeden Fühlergliedes nur kurz und auf den letzten acht bis zehn Gliedern überhaupt bloß angedeutet. Beim Männchen sind die Kammzähne sehr lang, und nur die der letzten sieben bis zehn Fühlerglieder sind bedeutend kürzer, so daß die Fühler eine unbefiederte Spitze zu haben scheinen. Beim Männchen fehlen den letzten sechs bis acht Fühlergliedern die distalen Kammzähne. Der Außenrand der Vorderflügel ist leicht geschwungen. Alle vier

Flügel sind ganzrandig und besitzen je ein vollständig ausgebildetes Auge mit zentralem, hellem Glasfeld.

Von den drei genannten Arten hat das Männchen des japanischen Tussahspinners: *Antheraea yamamai* Guér. (Abb. 9) die längsten Kammfortsätze. Zur eindeutigen Charakterisierung dieser und der anderen Arten gehört die hier zu weitgehende Darstellung des Verlaufs des Flügelgeäders und die Beschreibung der männlichen Genitalapparate (siehe Jordan und Seitz in dem Seitzschen Schmetterlingswerk!). Die Spannweite der Schmetterlinge beträgt 13—15 cm. Der Außenrand des Vorderflügels ist, besonders beim Männchen, deutlich gewellt. Die Zeichnung ist an der beigegebenen Abbildung zu erkennen. Die Färbung, die auf der Unterseite mindestens ebenso kräftig oder gar noch kräftiger ist als auf der Oberseite, wechselt außerordentlich. Es werden auf Grund der Färbung verschiedene Typen unterschieden, die aber durch Übergänge verbunden und nicht lokal begrenzt sind. Von Butler wurden sie als Arten angesehen. Die Form *A. yamamai yamamai* Guér. ist hellgelb, das Männchen durch braunroten Anflug etwas dunkler. Kräftiger ist die Überlagerung der gelben Grundfarbe durch braunrot bei *A. yamamai hazina* Btlr., bei *A. yamamai calida* Btlr. und bei der dunkelsten Form *A. yamamai morosa* Btlr. Mehr oder weniger grau gefärbt ist *A. yamamai fentoni* Btlr. Die Unterart *A. yamamai sergestus* Westw. steht in der Färbung zwischen *hazina* und *fentoni*. Der Yamamaispinner wurde im Jahre 1487 von den Japanern auf der etwa 250 km südlich von Yokohama gelegenen Insel Hatschi-Dscho-shima (Andrees Handatlas: Fatsidschio-Schima) entdeckt. Die Zucht dieses Falters stand dort schon in hoher Blüte. In Japan fand seine Kultur nur langsam Eingang. Trotzdem wurde die wichtige Bedeutung des Falters erkannt und die Ausfuhr der Eier, Raupen, Puppen oder Imagines dieses Schmetterlings aus Japan bei Todesstrafe verboten. Erst im Jahre 1860 konnte ein französischer Konsul Duchesne de Bellecourt eine Anzahl Eier heimlich nach Frankreich senden. Aus diesen gelangte jedoch bloß ein Schmetterling zur Entwicklung. Im Jahre 1863 glückte es einem holländischen Arzt, Pompe van Meedervoort, in einem Rohrstock Eier nach Belgien zu bringen. Die Aufzucht aus diesen Eiern war erfolgreich. Seitdem wurden Versuche zur Einbürgerung des Falters in den verschiedensten Ländern unternommen, so in China, Ceylon, Nordindien, Spanien, Südfrankreich, Italien, Österreich und Deutschland.

Ein Falter legt 120—200 schmutzig graubraun gefärbte Eier. Diese sind etwa eirund, jedoch seitlich ein wenig zusammengerückt. Sie messen 3—3½ mm im Längsdurchmesser und gegen 2½ mm im Querdurchmesser. Aus den Eiern, in denen sich schon im Herbst der Embryo bis zum ausgebildeten Räupchen entwickelt, schlüpfen im nächsten Frühjahr die jungen Raupen. Diese sind im ersten Stadium blaßgelb, schwarz gestreift und etwas über 10 mm lang. Sie erreichen nach vier Häutungen eine Länge von 10½ cm bei einer Dicke von 18 mm. Sie sind dann grüngelb gefärbt, die Warzen sind gelb und besitzen schwarze Dornen; an den Seiten befinden sich glänzende Silberflecke. Normalerweise beträgt die Raupenzeit 60—70 Tage (Voelschow[1] 1902, Seitz[2] 1918); sie ist aber sehr von der Temperatur abhängig. Die Tiere leben von Eichenblättern (*Quercus serrata* Thunb. und *glandulifera* L.), aber auch von Kastanie (*Castanea sativa* Mill.) oder (nach Voelschow[1]) von Apfellaub. Der 5—5½ cm lange, 2,3—2,7 cm dicke Kokon (Abb. 10) wird in 6 Tagen gesponnen. Die Seide ist grünlichgelb oder gelblichgrün. Zwei bis drei Monate nach dem Einspinnen schlüpft der Schmetterling.

[1] Voelschow, A.: Die Zucht des Seidenspinners. Schwerin: A. Voelschow 1902.
[2] Seitz, A.: Die Seidenzucht in Deutschland. Stuttgart: Alfr. Kernen 1918.

*Antheraea pernyi* Guér. (= *constans* Stgr., *confuci* Moore), der chinesische Tussahspinner, ist vom Amur bis Südchina verbreitet. Seine Zucht wurde, wie die des japanischen Tussahspinners, in verschiedenen Ländern Europas, auch in Deutschland, allerdings ohne dauernd praktischen Erfolg, versucht. Der bis 15 cm spannende Falter ist von gelbgrauer bis rotbrauner Färbung, ohne besondere Variabilität. Die Unterseite der Flügel ist nach Voelschow[1] matter gefärbt als die Oberseite. Die Fühler des Männchens sind weniger lang gefiedert als bei *A. yamamai* Guér. *A. pernyi* Guér. hat jährlich zwei Generationen. Die im Juli als zweite Generation schlüpfenden Falter legen nach einer 24—36 Stunden dauernden Paarung 100—200 Eier. Diese sind heller als die des japanischen Tussah-Spinners, aber von der gleichen Größe. Die Raupen schlüpfen nach etwa zwei Wochen, sie sind anfänglich 12 mm lang, schwarz gefärbt; ihre Warzen sind mit weißen Haaren besetzt. Nach etwa zwei Monaten sind sie ausgewachsen (bis 8 cm Länge). Die ausgewachsene Raupe ist grün gefärbt mit hellgelben, braunrot eingefaßten Seitenstreifen oberhalb der Stigmen. Die oberen Warzen sind orangefarben, die unteren blau; an den Seiten einiger Warzen befinden sich Silberflecke. In einem ockergelben oder weißlichen, gestielten Kokon (4,0 cm × 2,3 cm) (Abbildung 11) überwintert die Puppe. Die Falter schlüpfen Anfang April. Sie liefern die Frühlingsbrut, deren Raupen Ende Juni spinnreif sind. Gegen Ende Juli schlüpft die zweite Schmetterlingsgeneration. Die Kokons der Frühjahrsernte („tschukien") haben nur halb so viel Seide wie die der Herbsternte („tsin-kien"); ihre Seide ist jedoch feiner, heller und glänzender und wird meist nicht exportiert, sondern im Lande verwertet. Die Seide der Herbstkokons ist gröber und dunkler und wird nach Europa ausgeführt. Der Frühjahrskokon ist geschlossen, der Herbstkokon besitzt am Kopfende ein kleines Schlupfloch, das jedoch äußerlich nicht bemerkbar ist. Die Raupen fressen Blätter von Eichen (in der Heimat hauptsächlich *Quercus mongolica* Fisch. und *chinensis* Bunge), nehmen auch Kastanie (*Castanea sativa* Mill.), Hainbuche (*Carpinus betulus* L.) und andere Laubhölzer. Sie gedeihen auf unseren heimischen Eichen sehr gut. Kreuzungen zwischen *A. yamamai* Guér. und *A. pernyi* Guér. bereiten der Aufzucht große Schwierigkeiten und sind nicht von praktischer Bedeutung.

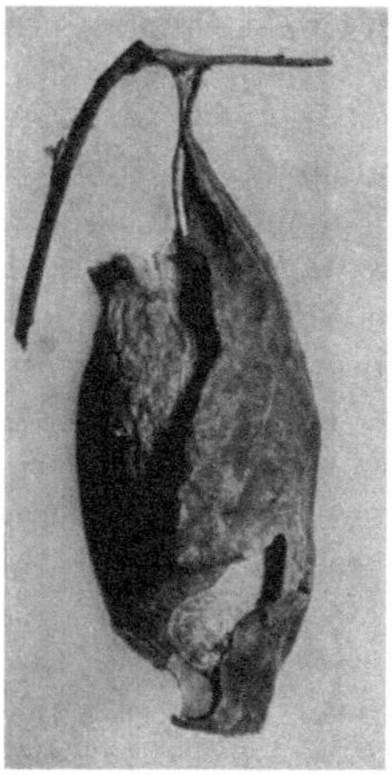

Abb. 10. Kokon des japanischen Tussahspinners (*Antheraea yamamai* Guér.). 4/5 natürl. Größe. Original.

Abb. 11. Kokon des chinesischen Tussahspinners (*Antheraea pernyi* Guér.). Etwa 4/5 natürl. Größe — Original.

In einigen Gegenden Chinas (Niutschuang, Mandschurei) soll nach Jordan-(Seitz[2] Bd. 2) *A. harti* Moore zur Seidengewinnung gezogen werden. Der Schmetterling ist dunkelbraun, die Raupe lebt auf Eichen, der Kokon ist gelblichweiß mit langem Stiel. In jedem Jahr sollen zwei Generationen zur Entwicklung kommen.

Der Tussahspinner Indiens *Antheraea mylitta* Drury (Abb. 12) ist bei weitem der wichtigste freilebende Seidenlieferant: Die Männchen sind eintönig gelbrot,

[1] Zitiert S. 19. [2] Zitiert S. 15.

die fast 20 cm spannenden Weibchen gelbbraun gefärbt. Die Art steht der indischen *A. paphia* L. außerordentlich nahe und wird von manchen Autoren mit dieser zu einer Art vereinigt. Für den Schmetterling kennzeichnend sind die verhältnismäßig kleinen Fühler, besonders aber die Größe der Augenflecke, deren Glasfeld im Vorderflügel weiblicher Tiere 1 cm im Durchmesser erreichen kann. Nach Seitz[1] (1918) kommen jährlich zwei Generationen zur Entwicklung, nach Silbermann[2] (1897) drei.

Abb. 12. Indischer Tussahspinner (*Antheraea mylitta* Drury), Männchen und Weibchen in $^2/_3$ natürl. Größe. — Aus Bock (1932).

Die Eier von *A. mylitta* Drury haben fast 3 mm Länge; sie sind blaßbräunlich und durch zwei parallele, dunkelbraune Streifen geziert. Die Räupchen erscheinen nach etwa zehn Tagen. Sie leben u. a. auf *Terminalia tomentosa* W. A., *Zizyphus jujuba* Lam., *Lagerstroemia indica* L., *Ficus benjamina* L., *Carissa carandus* L. In Europa werden die Raupen mit Eiche, auch mit Hainbuche (*Carpinus betulus* L.) aufgezogen. Anfänglich 7 mm lang und von bräunlichgelber Färbung, wachsen die Raupen nach fünf Häutungen in knapp 1½ Monaten zu Tieren von der stattlichen Größe von 15 cm und einer Dicke von 3 cm heran. Die erwachsene Raupe ist grün gefärbt mit hellgelbem Seitenstrich und roten Wärzchen. Der Kokon ist sehr eigenartig gebaut (Abb. 13). Mittels eines 1½—2 cm langen Stieles wird der tonnen- oder eiförmige, sehr feste Kokon (bis 5 cm Länge) an einem dünnen Zweige

[1] Zitiert S. 15. [2] Zitiert S. 2.

befestigt. Er besteht aus hellgrauer oder blaßbräunlicher Seide. Eine lockere Hüllseide fehlt, wohl aber ist ein äußerer Überzug aus einem weitmaschigen Netz von gröberer, dunklerer Seide vorhanden. Etwa fünf Wochen nach dem Verspinnen verläßt der Falter den Kokon.

Nach Silbermann[1] unterscheiden die Eingeborenen fünf Kokonrassen:

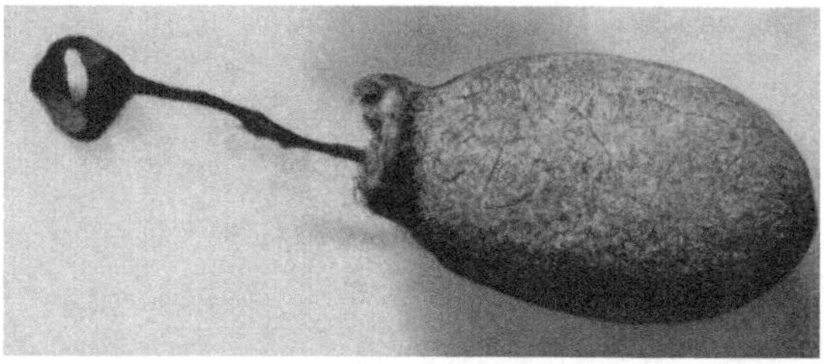

Abb. 13. Kokon des indischen Tussahspinners (*Antheraea mylitta* Drury). Etwa $^{4}/_{5}$ natürl. Größe. — Original.

1. Dabah: Konkon bis 5 cm lang, dunkelgraue Farbe, nicht sehr seidenreich; bildet $^{1}/_{8}$ der Gesamternte.
2. Monga: Kokon 3,8 cm lang, hellgrau, seidenreicher als 1.; liefert $^{2}/_{8}$ der Gesamternte.
3. Bogai: kleinster Kokon, hellgrau oder weißlich, sehr seidenreich, leicht haspelbar; liefert $^{3}/_{8}$ der Ernte.
4. Dschyri: helle Kokons mit dünnem, kurzem Stiel; Abhaspeln schwierig; liefert $^{1}/_{8}$ der Gesamternte.
5. Laria oder Laringa: keine einheitliche Rasse, Kokonfarbe meist grau, wohl nur ein Gemisch aus Kokons von kränklichen Raupen aller Rassen; liefert $^{1}/_{8}$ der Gesamternte.

*Antheraea mylitta* Drury ist in Vorderindien meist sehr häufig. Aber auch die Raupen naheverwandter Arten werden zur Seidenproduktion herangezogen. Deren Kokonfaser ist kaum von der des eigentlichen indischen Tussahspinners zu unterscheiden. Auch die Schmetterlinge sind nicht sonderlich von *A. mylitta* Drury verschieden, so daß es sich wohl nicht um selbständige Arten, sondern um Lokalrassen handelt. Von *Antheraea paphia* L. wurde schon oben gesprochen. *A. nebulosa* Hutt. aus Zentralindien zeigt unregelmäßige, wolkige Schatten in der Färbung. In den heißen Tälern des Himalaya sind *A. helferi* Mr. und *A. frithii* Mr. beheimatet. Auf den Andamanen lebt *A. andamana* Mr., auf Ceylon *A. cingalesa* Moore. *A. roylei* Mr. (= *confucia* Mr., *shervillei* Mr.) findet sich besonders auf *Quercus incana* Roxb. und ist nach K. Jordan[1] die indische Form von *A. pernyi* Guér.

Die Provinz Assam besitzt in *Antheraea assamensis* Ww. (= *assama* Ww., *mesankooria* Mr.) einen wichtigen Seidenspinner (Abb. 14). Die Grundfarbe der Flügel ist kastanien- bis ockerbraun, das Vorderflügelauge gelbbraun. In einem Jahr kommen drei bis fünf Generationen zur Entwicklung. Die Raupen leben auf *Machilus odoratissima* Nees, *Litsea polyanther* Juss, *Michelia champaca* L. und anderen Pflanzen. Die Oktober- und Februarernte liefert nach Silbermann (1897) die meiste Seide, die Januar- und Maiernte jedoch solche von besserer Qualität. Die Seide wird Mugaseide genannt. „Muga“ (= Bernstein) kennzeichnet die Farbe der Kokons, die je nach der Nahrung (Greiff) aber auch rot, grau oder weißlich gefärbt sein können. Die in Birma und Assam als „Mesankoorienseide“ gewonnene ist nach Silbermann von besonders guter Qualität. Die Form *Antheraea assamensis perrotteti* Guér. aus Pondicherry liefert Material zur Anfertigung von Angelschnüren.

Im Gegensatz zu *Bombyx mori* L. leben die *Antheraea*-Arten mehr oder weniger wild und befinden sich zum mindesten einen Teil ihres Lebens im Freien. Bei den meisten von ihnen wird nur darauf geachtet, daß die Eier kurz vor dem Ausschlüpfen an die Futterpflanzen gebracht und richtig verteilt werden. Bei der chinesischen *Antheraea pernyi* Guér. besteht die einzige Arbeit in diesem Aus-

[1] Zitiert S. 2.
[2] Jordan, K.: Saturnidae. in Seitz, Großschmetterlinge der Erde. Bd. 2, 1913.

setzen der Eier bzw. der jungen Raupen und in dem späteren Einsammeln der Kokons. Letzteres geschieht anscheinend jedoch nur in solchen Jahren, in denen der Falter sich besonders vermehrt hat, und erfolgt erst im Winter, wenn die Eichen entlaubt und dadurch die Kokons besser sichtbar sind. Da die Schmetterlinge erst im Frühjahr schlüpfen würden (S. 20), können die Kokons ohne Gefahr für die Haspelbarkeit bis zum Winter im Freien verbleiben. Die Raupen der japanischen *Antheraea yamamai* Guér. und die der indischen *A. mylitta* Drury werden gegen die zahlreichen feindlichen Insekten und Wirbeltiere durch besondere Wächter geschützt. In Japan hängt man gegen Raben und Kuckucke Papierfähnchen auf. Diese müssen aber von einem Wärter bewegt werden, der zugleich durch Lärmen die Tiere zu verscheuchen sucht. In Indien werden die Raupen unter Beachtung bestimmter religiöser Gebräuche von „Dhimurs", besonderen Wächtern, bewacht, die während der sechs Wochen dauernden Fraßperiode der

Abb. 14. *Antheraea assamensis* Ww., Männchen in 2/3 natürlicher Größe. — Aus Bock (1932).

Raupen auf der Plantage in Zelten übernachten. Die vor allem den jungen Raupen gefährlichen Eidechsen fangen sie mittels einer Fadenschlinge. Vögel werden mit Bogen oder Blasrohr verscheucht bzw. getötet, schädliche Insekten mit einer Art Leimrute gefangen. Die Pflege dieser Seidenspinner ist eine der Gottheit Mahadeva gefällige Beschäftigung; sie bestraft nach den religiösen Vorstellungen das zum Abhaspeln notwendige Abtöten der Puppen mit Unfruchtbarkeit und vorzeitigem Tod. Nur Greise und alte Frauen übernehmen daher das Abtöten.

*Antheraea assamensis* Ww. ist in ziemlich weitgehendem Maße Haustier geworden. Nach einem Bericht im Bull. imp. Inst. London[1] erfolgen Einspinnen, Schlüpfen des Falters, Eiablage und Brut der Eier im Hause, während z. B. bei *A. mylitta* bloß die Eiablage im Hause vor sich geht.

Im Vergleich zu den *Antheraea*-Arten haben andere Nachtpfauenaugen nur geringe Bedeutung. Die Seide von *Actias selene* Hbn. (= *luna* Cr. *nec* L., *dianae* Hutt.) (Abb. 15) soll nach Silbermann ebenfalls als Tussahseide in den Handel kommen. Besonders die der Unterart *A. s. ningpoana* Fldr. ist ziemlich gesucht. Die Arten der Gattung *Actias* besitzen langgeschwänzte Hinterflügel. Der Falter

[1] Bull. imp. Inst. Bd. 13, S. 87—110. London 1915.

von *Actias selene* Hbn. (13—15 cm spannend) ist im wesentlichen hellblaugrün gefärbt, die Flügelschwänze an ihrer Basis rosaviolett. Auf jedem Flügel befindet sich ein Auge, das im Innern weiß und blaßrosa gefärbt ist. *A. selene* Hbn. ist von Japan und dem Amur bis nach Ceylon und Borneo verbreitet. Im Jahre kommen bis zu vier, meist aber weniger Generationen zur Entwicklung. Die Raupen leben von den Blättern verschiedener Laubbäume; in Deutschland können sie nach Voelschow[1] mit Walnuß (*Juglans regia* L.), Ahlkirsche (*Prunus padus* L.) und Haselnuß (*Corylus avellana* L.) aufgezogen werden. Der braungelbe Kokon ist 6 cm × 4 cm groß, aber recht dünnwandig und besitzt daher nur wenig Seide. Letztere findet in Indien beschränkte Verwendung. Die Chinesen sollen zwar die Kokons ebenfalls sammeln, aber nicht, um die Seide zu verwerten, sondern um mit den Puppen ihr Geflügel zu füttern (Acqua[2]).

Abb. 15. *Actias selene Hbn.* in 1/3 natürl. Größe. — Original.

Von der Tussahseide wird die Seide der indischen und ostasiatischen *Samia*-Arten als Eri- oder Eriaseide unterschieden. Die Schmetterlinge der Gattung *Samia* Hbn. (= *Philosamia* Grb.) sind von gelbgrüner Farbe und besitzen auf den Flügeln statt des Auges einen schmalen Halbmond. Es kommen im wesentlichen zwei Arten in Frage: der Ailanthusspinner *Samia* (*Philosamia*, *Attacus*)

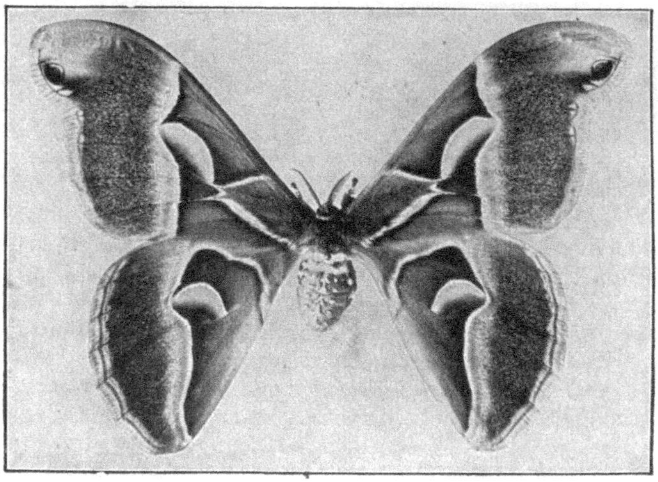

Abb. 16. Ailanthusspinner (*Samia cynthia* Drury), Weibchen in 2/3 natürl. Größe. — Aus Bock (1932).

*cynthia* Drury (= *aylanti* Motsch.) (Abb. 16) und der Rhizinus-Seidenspinner *Samia ricini* Bsd. (= *arrindia* Milne-Edw., *guerini* Mr.) (Abb. 17). Letzterer wird als domestizierte Form von *Samia cynthia* Drury angesehen. Die eigentliche *Samia cynthia* Drury ist in ihrer Verbreitung auf das malayische Gebiet beschränkt. In Japan lebt die Form *Samia pryeri* Btlr., in China *Samia walkeri*

[1] Zitiert S. 19. [2] Zitiert S. 15.

Fldr. Letztere hat nicht das leuchtende Grün wie *S. cynthia* Drury, und wird in einigen Gegenden Chinas domestiziert. Fälschlicherweise wird sie meist einfach als „*cynthia*" bezeichnet. Dieselbe Form (*S. walkeri*) ist es auch, die seit der Mitte des vorigen Jahrhunderts in Europa und Amerika eingeführt worden ist und in diesen Ländern stellenweise verwildert lebt. Der Rhizinus-Seidenspinner ist da-

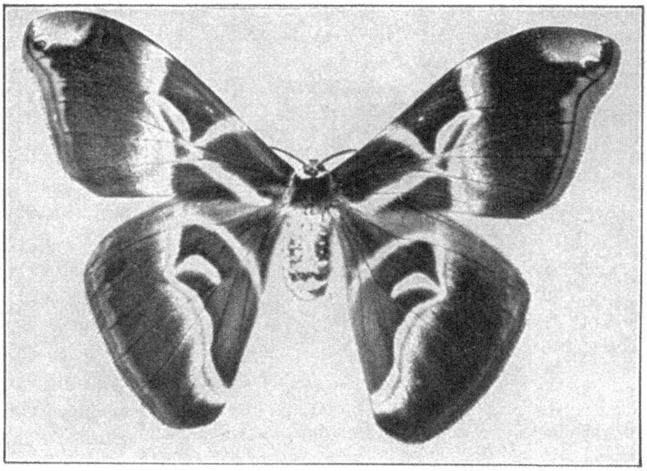

Abb. 17. Rhizinusseidenspinner (*Samia ricini* Bsd.), Weibchen in $^2/_3$ natürl. Größe. — Aus Bock (1932).

durch gekennzeichnet, daß die beim Ailanthusspinner am Hinterleib auftretenden weißen Wollflöckchen durch weiße Quergürtel ersetzt sind (s. auch Bodenheimer[1]). In heißen Gegenden kommen im Jahr sieben oder gar acht Generationen zur Entwicklung. Die Eier sind 2 mm lang, weiß und spärlich mit schwarzen Pünktchen besetzt. Sie entlassen nach 8 Tagen (bei 24—27° C) oder 12 Tagen (bei 18—20° C) die Räupchen. Die Raupenzeit mit etwa vier Häutungen dauert ungefähr vier Wochen. Die Raupen sind anfänglich gelblich, zuletzt hellbläulich-grün und erscheinen durch einen dichten, mehligen Überzug weißlich. In jedem Segment besitzen sie sechs 4—5 mm lange fleischige Dornzapfen. Für die Raupen von *S. cynthia* Drury (Abb. 18) ist die wichtigste Futterpflanze der Götterbaum (*Ailanthus glandulosa* Desf.), für die wegen ihrer Futterpflanze in Assam „Eri" genannten Raupen von *S. ricini* Bsd. *Ricinus communis* L. und *Heteropanax fragans* Seem. Die spindelförmigen Erikokons (4 cm × 2 cm) sind orange, rot, braun oder weiß gefärbt, die 4,5 cm × 1,5 cm großen Kokons von *S. cynthia* Drury meist hell- oder dunkelgrau. Sie bestehen aus einer äußeren Schicht von lockerer Seide und einem inneren festen Gehäuse. Die Seide beider Formen liefert sehr dauerhaftes Gewebe.

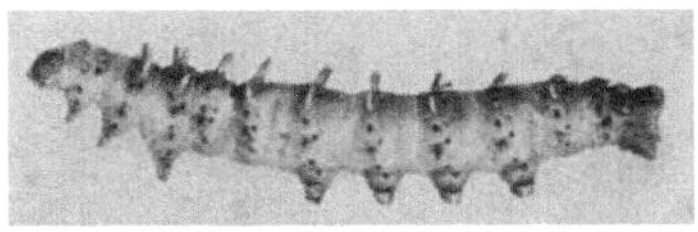

Abb. 18. Raupe des Ailanthusspinners (*Samia cynthia* Drury). Vergrößerung in $^{10}/_{13}$ natürl. Größe. — Original.

Die Eriseide wird nach Watt[2] gelegentlich vermischt mit Seide von *Cricula trifenestrata* Hlfr., deren Kokons ein weitmaschiges, gelbbraunes Netz darstellen. Die Puppen werden übrigens von den Eingeborenen verspeist.

[1] Bodenheimer, J. S.: Beobachtungen über den Eri-Seidenspinner, Philosamia cynthia ricini Bosd. In: Bull. Soc. roy. entomol. d'Egypte; N. S. Ann. 1931, S. 20—41.

[2] Zitiert S. 15.

*Samia cynthia walkeri* Fldr. ist an einzelnen Stellen Nordamerikas eingebürgert, blieb aber seidenwirtschaftlich ohne Bedeutung. Das gleiche gilt für alle amerikanischen Saturniinen, trotzdem manche, wie z. B. *Samia cecropia* L., brauchbare Kokons mit einem über 500 m langen, abhaspelbaren Faden liefern.

Abb. 19. *Telea polyphemus Cr.*, Männchen in 2/3 natürl. Größe. — Original.

Versuche, die Seide von *Callosamia promethea* Drury nutzbar zu machen, hatten keinen nennenswerten Erfolg. Diese Art ist besonders in den atlantischen Staaten Nordamerikas recht häufig und lebt als Raupe ausschließlich auf Kirsche. Auch die den *Antheraea*-Arten nahe verwandte *Telea polyphemus* Cr. (= *paphia* L., *fenestra* Perry) (Abbildung 19) hat technisch keine besondere Bedeutung. Die Raupen dieses Schmetterlings fressen das Laub der verschiedensten Bäume, z. B. von Eiche, Linde, Hasel, Buche, Apfel, Weide und vielen anderen. Im südlichen Verbreitungsgebiet kommen im Jahre zwei Generationen zur Entwicklung, im nördlichen dagegen nur eine. Der etwa 4 cm × 2,5 cm große Kokon besteht aus sehr reichlicher, bleichgelber Seide; er ist geschlossen und abhaspelbar. Die Seidenfaser soll nach Silbermann[1] der Tussahseide in gewisser Hinsicht nahekommen.

Abb. 20. *Attacus atlas* L., der Erzeuger der Fagara-Seide. Männchen in 1/2 natürl. Größe. — Original.

Nahe verwandt den *Samia*-Arten ist der riesige *Attacus atlas* L. (= *ethra* Oliv.) Abb. 20), der Erzeuger der Fagaraseide. Bei einer Spannweite bis über 20 cm sind es die größten, jetzt lebenden Schmetterlinge. Die Art ist in Ostasien weit verbreitet. Die kräftig rotbraune Grundfärbung der Flügel geht im Saumfeld in Orange über; der Fensterfleck ist beim Männchen dreieckig, beim Weibchen etwas gerundeter. Nach Watt[2] tritt im Jahr nur eine Generation auf, in der Zucht kommen

[1] Zitiert S. 2. [2] Zitiert S. 15.

jedoch (nach Cotes[1]) zwei oder drei Generationen zur Entwicklung. Der 8 cm × 3 cm große Kokon besteht aus hellbrauner Seide, die nach Watt[2] von den Chinesen verarbeitet und ausgeführt wird.

In Südwest-Afrika und Transvaal beheimatet ist *Epiphora bautiniae* Guér. (*Faidherbia* Guér.), deren Raupen die glänzende und recht geschätzte „Senegalseide" liefern. Die grüngefärbte Raupe lebt an *Zizyphus*-Arten und spinnt einen 5 cm × 2,5 cm großen, grauweißen Kokon mit dünner, aber sehr derber Wandung und einem bis 3 ½ cm langen Stiel. Der Falter, etwa 10 cm in der Spanne messend, ist durch die großen Glasaugen (über 1 cm Durchmesser) ausgezeichnet; sein Hinterleib ist mit braunschwarzen und weißen Ringen verziert, die Flügel sind an der Basis weiß, zum Rand hin mehr oder weniger dunkel braunrot, am äußeren Rand aber olivgrün bis olivbraun gefärbt.

Der Vollständigkeit wegen sei erwähnt, daß die Netzkokons von *Dictyoplaca* (= *Caligula*) vereinzelt zur Seidengewinnung gebraucht werden. In Frage kommen *D. simla* Westw. in Indien und *D. japonica* Btlr. (= *regina* Stgr.) (Abb. 21) in Japan. Die Spinndrüsen der letzteren Art werden auch zur Anfertigung von Angelschnüren gebraucht. Die Raupen dieses Schmetterlings, die im Jahre nur eine Generation haben, leben auf Kastanie (*Castanea sativa* Mill.) und auf dem Kampferbaum (*Cinnamonium camphora* T. Nees u. Eberm.).

Abb. 21. Netzkokon von *Dictyoplaca japonica* Btlr. 4/5 natürl. Größe. Original.

Für die Anfertigung von Angelschnüren bei weitem wichtiger ist *Saturnia* (*Eriogyna* Jord.) *pyretorum* Westw., von der Jordan (im Schmetterlingswerk von Seitz[3]) einige Unterarten unterscheidet. Süd-China und Indien ist die Heimat dieses Schmetterlings, der als Männchen eine Spannweite von 9 cm, als Weibchen eine solche von 11,5 cm hat. Die Grundfarbe der Flügel ist weiß oder grauweiß mit ausgedehnter braunschwarzer Zeichnung; an der Vorderflügelspitze sind zwei rötliche Flecke; in den Augen ist das Glasfeld nur ganz schmal. Die blauen, gelbgestreiften Raupen leben hauptsächlich auf *Liquidambar formosana* Hauce und dem Kampferbaum (*Cinnamonium camphora* T. Nees u. Eberm.) und werden von den Einwohnern draußen eingesammelt. Das Spinndrüsensekret wird verwertet, noch bevor es vom Tier versponnen wird. Zur Herstellung des sog. „Seidendarmes" (silkworm gut, fil de Florence) legt man nämlich spinnreife Raupen in Essig, bringt dann die erhärteten Drüsen erst in Wasser, später in Seifenlösung, entfernt das Drüsengewebe und zieht den Inhalt zu 20—60 cm langen Fäden aus. Außerdem soll allerdings die graue Seide der harten und dichten Kokons gelegentlich auch zu Schappeseide verarbeitet werden.

Wir wenden uns nunmehr den Wollraupenspinnern oder *Lasiocampidae* zu. Diese haben den deutschen Namen wegen des meist zottigen Haarkleides ihrer Raupen. Als einzig wichtige Art ist *Pachypasa* (*Lasiocampa*) *otus* Drury (Abb. 22) zu erwähnen. Dieser Schmetterling bildete im Altertum die Grundlage einer blühenden Seidenkultur auf der Insel Kos, worüber wir Aristoteles

[1] Cotes, E. C.: The wild silk insects of Indian Museum, Vol. II, S. 71—73.
[2] Zitiert S. 15. [3] Zitiert S. 22.

unsere ersten Kenntnisse verdanken. Die koischen Seidenstoffe („Coae vestes") wurden vielfach mit Purpur gefärbt und mit Gold durchwirkt. Die Gewebe waren so zart und durchsichtig, daß sie damals manchen Anstoß erregten. Die

Abb. 22. *Pachypasa otus* Drury, Männchen und Weibchen in natürl. Größe. — Aus Bock (1932).

Schmetterlingsart hat heute für die Seidengewinnung keine Bedeutung mehr. Die Aufzucht des Tieres erfordert nämlich besondere Mühe, weil die Art als Raupe überwintert und so vom September bis zum Juni des nächsten Jahres der Pflege bedarf. Das Verbreitungsgebiet umfaßt Klein-Asien und Armenien, ferner große Teile des Balkans bis Dalmatien und endlich Sizilien und Süd-Italien. Der Schmetterling hat im weiblichen Geschlecht 11 cm Spannweite, im männlichen Geschlecht 9,5 cm. Seine Vorderflügel sind lang gestreckt, von graubrauner Grundfarbe und dicht mit schwarzen Schuppen bestreut, die zwei schwarze Schrägbinden bilden. Der Körper ist — wie bei allen *Lasiocampidae* — im Vergleich zu den Flügeln sehr kräftig. Die

Abb. 23. Raupe von *Pachypasa otus* Drury in $^{10}/_{13}$ natürl. Größe von der Dorsalseite gesehen.— Original.

Raupe (Abb. 23) lebt auf Zypresse (*Cupressus sempervirens* L.), Eiche (*Quercus pubescens* Willd.) und nach Voelschow[1] auch auf *Pistacia lentiscus* L. Die offenen Kokons sind 8,5 cm × 4 cm groß, glänzend weiß und von weicher Seide.

Zu den *Lasiocampidae* gehört auch der bekannteste afrikanische Seidenspinner *Borocera madagascariensis* Bsd. (Abb. 24). Die Hova, die Bewohner von Zentralmadagaskar, sollen es schon seit den ältesten Zeiten verstehen, aus der Seide dieser Art sehr dauerhafte und schöne Gewebe, „lamba-landy" genannt, zu verfertigen. Die Art erlebt 3—5 Generationen im Jahre. Ihre Raupen leben auf ver-

Abb. 24. *Borocera madagascariensis* Bsd. Männchen (unten) und Weibchen (oben), beide in natürl. Größe. — Original.

schiedensten Pflanzen (z. B. *Cajanus indicus* Spr.). Die graubraunen Raupen (die männlichen 7 cm, die weiblichen 10 cm lang) besitzen zu beiden Seiten des Kopfes starre Haarbüschel von stahlblauer oder schwarzer Farbe. Diese verursachen auf der menschlichen Haut ein lästiges Jucken. Beim Spinnen der Kokons „steckt das Tier ein Haar von den gefürchteten Strahlenbüscheln hindurch und zieht sich zurück, wodurch dasselbe im Kokon stecken bleibt" (Sikora[2]). Dies wird an vielen Stellen wiederholt, so daß der fertige Kokon wie ein Igel mit starren Stacheln bespickt ist. Die äußere Hülle der Kokons ist weißgrau, die innere lichtbraun. Die Kokons der weiblichen Tiere sind nach Rondot[3] 5 cm × 3 cm groß, die der männlichen nur 3 cm × 1,5 cm. Systematisch und

[1] Zitiert S. 19.

[2] Sikora, F.: Der madagassische Seidenschmetterling *Borocera madagascariensis*. In: Soc. Entomol., 6. Jahrg., 1892.

[3] Rondot, N.: L'Art de la soie. Bd. 2. Paris 1887.

wissenschaftlich ist die Art noch wenig bekannt; der Schmetterling selbst ist, besonders beim männlichen Geschlecht, außerordentlich veränderlich. Die Flügelfärbung ist vielfach dunkelrötlich oder zimtbraun ohne besonders ausgeprägte Zeichnung. Das Männchen mißt 3,5 cm in der Spanne, das lichtgrau gefärbte Weibchen ist etwa doppelt so groß.

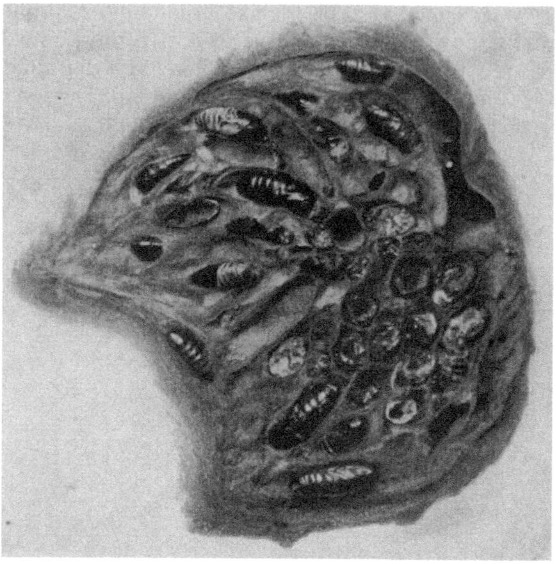

Abb. 25. Nest von *Anaphe infracta Wlsgh.* mit Puppen, längs durchgeschnitten. 1/2 natürl. Größe. — Original.

Abb. 26. *Anaphe infracta* Wlsgh., Männchen und Weibchen in natürl. Größe. — Aus Bock (1932).

Aus der Unterfamilie der Prozessionsspinner (*Thaumetopoeinae*) kommen als Seidelieferanten nur Tiere der afrikanischen Gattung *Anaphe* Boisd. in Frage. Wegen des Flügelgeäders hatte man die Gattung lange zu den *Notodontidae* gestellt. Die Lebensweise der Raupen und deren Besitz von leicht abbrechenden Haaren rechtfertigen jedoch die Zuordnung zu den Prozessionsspinnern. Die Raupen, deren purpurroter Körper dicht mit schwarzen Brennhaaren besetzt ist, leben zu Gruppen vereint auf verschiedenen Sträuchern, hauptsächlich auf *Bridelia micrantha* Baillon, einem buschigen Strauch von 3—5 m Höhe. Die Brennhaare rufen auf der Haut weißer Menschen unangenehme Entzündungen hervor, die Neger sind jedoch fast unempfindlich dagegen. Nach Stehli[1] sind die Tiere zuweilen so häufig, daß sie zur Landplage werden. Zur Verpuppung bauen die Raupen gemeinsam in einer Astgabel ein stattliches Nest (Abb. 25), in dem sich zugleich jede einzelne Raupe mit einem Kokon umgibt. Das Nest der wichtigsten Art, *Anaphe infracta* Wlsgh., beherbergt 120—600, ja 800 Tiere und wiegt mit In-

[1] Stehli, G.: Gesellig lebende Seidenwürmer. In: Kosmos, 10. Jahrg., 1913.

sassen bis 3½ kg. Es erreicht einen Durchmesser von 30 cm. Die Seide, aus der die Eingeborenen Nigerias ein „Sanyan" genanntes Gewebe verfertigen, ist rostbraun (Dudgeon[1]). In manchen Bezirken wird nach Dudgeon eine rein weiße Seide, die „Gambari- oder „Haussaseide", dadurch gewonnen, daß die Raupen im Dunkeln, z. B. in Kürbisflaschen, aufgezogen werden. Im „Imperial Institute" zu South Kensington (London) angestellte Versuche[2] bestätigten diese Annahme, da tatsächlich im Dunkeln aufgewachsene Raupen von Anaphe eine weiße Seide lieferten. Die Wandung des Nestes setzt sich aus drei Schichten zusammen, die auch auf der Abbildung zu erkennen sind. Die äußere besteht aus einem relativ lockeren Fadengewirr aus sehr feiner, aber ziemlich fester und langer Seide, die mittlere aus mehreren Lagen von Seide, die wie Bogen Papier dicht aufeinander liegen; die innerste Schicht ist pergamentartig und besteht ebenfalls aus mehreren Lagen Seide. Die Schmetterlinge (Abb. 26) messen in der Spannweite 45 mm im männlichen, 60 mm im weiblichen Geschlecht. Ihre Flügel sind gelblichweiß mit dunkelbraunen Zeichnungen. Nach Godwey[3] dauert der Entwicklungszyklus ein Jahr. Jedoch gibt es in jedem Jahr zwei sich überlagernde Zyklen. Der eine Zyklus beginnt mit der Eiablage um Mitte Dezember, der andere gegen Anfang August. Die Entwicklungszeiten sind (nach Godwey[3]): Eier 45 Tage, Larven freilebend 107—150 Tage, Larven nestspinnend 120 Tage, Puppe 45—92 Tage, Schmetterling 5—6 Tage. Außer der wichtigsten Art *Anaphe infracta* Wlsgh. aus Kamerun, Kongo und Ostafrika sind zu erwähnen *A. panda* Bsd. in Ostafrika und Natal und *A. venata* Btlr. in Togo, Kamerun und dem Kongogebiet. Versuche, *Anaphe* zu züchten, erwiesen sich als nicht lohnend. Man begnügt sich, die Nester zu sammeln.

Abb. 27. *Eucheira socialis* Westw. in natürl. Größe. — Original.

Von den Tagfaltern verdient nur die zu den Weißlingen (*Pierinae*) gehörende *Eucheira socialis* Westw. (Abb. 27) Erwähnung. Die Art ist in Mexiko beheimatet. Die Raupen ziehen nach J. Röber (aus Seitz) nachts in Prozession auf Nahrung aus und leben gemeinsam in einem Gespinste, in dem sie sich mit dem Kopf nach unten verpuppen. Dieses (Abb. 28)[4] stellt einen Beutel dar, der von einem Ast herunterhängt und in dessen Innerem die Puppen hängen. Bei den aus dem Deutschen Entomologischen Institut der Kaiser-Wilhelm-Gesellschaft (Berlin-Dahlem) mir vorliegenden Exemplaren (15 cm größter Durchmesser) hat das Gespinst eine schmutzigweiße Wandung. Diese, aus mehreren eng aufeinanderliegenden, papierdünnen Schichten bestehend, ist bloß etwa 0,3—0,4 mm stark, aber äußerst derb und zäh. Das Gespinst soll von den Eingeborenen als Tabaksbeutel verwendet werden, auch sollen die alten Mexikaner die Wandung ohne weitere Bearbeitung als Ersatz für weißes Schreibpapier benutzt haben. Der Schmetterling (44 mm Spannweite) besitzt wie alle Pieriden einen distal verdick-

[1] Dudgeon, G. C.: Silk producing Insects of West-Africa. In: Nature, 79. Bd., 1908.

[2] The possibilites of sericulture in British colonies and dependencies. Bericht in: Bulletin of the Imperial Institute, Bd. 13, 1915.

[3] Godwey, C. C.: On the utilisation of an indigenous african silk-worm (*Anaphe infracta* Wlsgh.) in Uganda. In: Bull. entomol. Research, Bd. 3, 1912.

[4] Das den Abbildungen von *Anaphe* und *Eucheira* zugrunde liegende Material ist Eigentum des Deutschen Entomolog. Instituts in Berlin-Dahlem. Dem Leiter, Herrn Dr. Horn, bin ich für die freundliche Überlassung des Materials sehr zu Dank verpflichtet.

ten Fühler und drei völlig entwickelte Beinpaare. Die Flügel sind von rauchgrauer Farbe und besitzen eine weiße Fleckenmittelbinde.

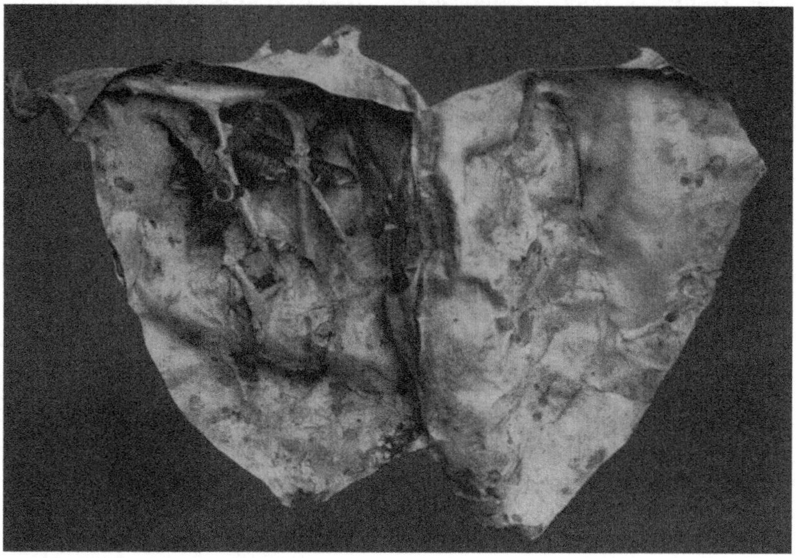

Abb. 28. Gespinst von *Eucheira socialis* Westw., aufgeschnitten und zur Hälfte umgeschlagen. Im Innern sieht man Puppenhüllen und umsponnene Zweige. 1/2 natürl. Größe. — Original.

Ein auffallendes Gespinst verfertigen die Raupen der u. a. in Mitteleuropa heimischen Gespinstmotte *Yponomeuta* (*Hyponomeuta*) *evonymellus* L. (*padi* Z.) (Abb. 29). Die Raupen dieser Art leben auf Ahlkirsche (*Prunus padus* L.). Sie sind 1 cm lang, von schmutziggelber Farbe und spinnen sich, ähnlich wie die Raupen anderer *Yponomeuta*-Arten, gemeinsam zu mehreren Hunderten in einem dichten Schleier ein. Dieser besteht aus duftigem, weißgelblich schimmerndem Gewebe. Aus dem Schleier erhält man durch einfaches Abreißen meterlange, 10—15 cm breite Streifen. Sihler[1] machte 1920 darauf aufmerksam, daß solche Streifen von großer Reißfestigkeit sind und in dem Verlauf ihrer Fasern völlig mit dem unseres Maschinenpapiers übereinstimmen. Das Gewebe ist feiner und leichter als japanisches Seidenpapier und hat bloß ein Zehntel des Gewichtes gewöhnlichen Zigarettenpapiers. Irgendwelche praktische Verwertung fand das Gewebe anscheinend nicht, obgleich schon 1908 Pfuhl[2] vorschlug, die 1,9 bis 2 $\mu$ dicken, gleichmäßig starken Fäden in optischen Instrumenten als Fadenkreuze oder ähnlich zu verwenden.

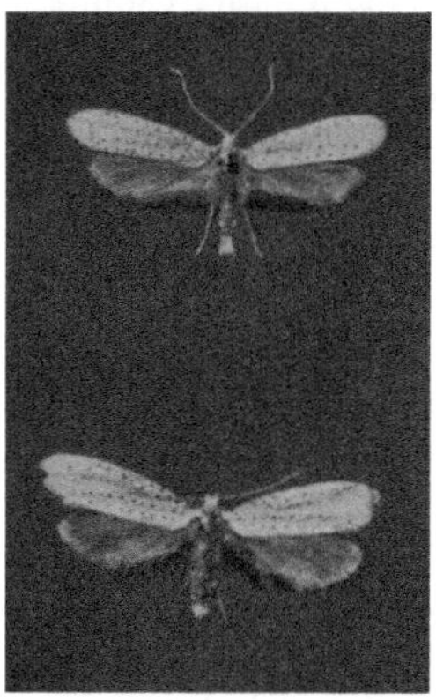

Abb. 29. Gespinstmotte der Ahlkirsche (*Yponomeuta evonymellus* L.), Männchen und Weibchen in 9/8 natürl. Größe. Original.

[1] Sihler: Die Gespinstmotte *Hyponomeuta evonymellus* und ihre Tätigkeit als Papiermacherin. In: Jahresh. Ver. f. vaterl. Naturk., 76. Jahrg. Württemberg 1920.

[2] Pfuhl: Die Spinnfäden von Schmetterlingsraupen. In: Deutsche Gesellschaft f. Kunst u. Wissensch. in Posen. Zeitschr. d. naturw. Abtlg., 15. Bd., 2. Heft, 1908.

### Andere seideerzeugende Insekten.

Die Fähigkeit, seidenähnliche Gespinstfasern zu produzieren, besitzen außer den Schmetterlingsraupen noch manche andere Insekten. Gelegentlich verwertet wurde meines Wissens bloß das Gespinst gewisser Ameisen.

Manche von ihnen, z. B. *Oicophylla smaragdina* F., haben die Fähigkeit, sich mit Hilfe eines Spinnstoffes ein Nest zu bauen. Der Spinnstoff wird aber nicht von den fertigen Ameisen, sondern von deren Larven geliefert. Letztere werden von den Ameisenarbeiterinnen an die erforderliche Stelle gebracht und zur Absonderung des Seidenfadens veranlaßt. „Die Ameisen benutzen ihre Larven als Spinnrocken und zu gleicher Zeit als Weberschiffchen" (Doflein[1] u. Escherich[2]).

Um einen ähnlichen, von Ameisen gebildeten „Faserfilz" dürfte es sich wohl in der Mitteilung von Appun[3] handeln, in der er erzählt, wie die Indianer im Essequibogebiet (Britisch-Guayana) durch Reibung solchen Faserfilz innerhalb ½—1 Minute zur Entzündung brachten und ihn als Zunder verwerteten.

### Spinnen.

Die Tätigkeit der Spinnen und die Eigentümlichkeit mancher von ihnen gelieferter Gespinste sind so augenscheinlich, die große Zähigkeit und Widerstandsfähigkeit der Spinnennetze so leicht ersichtlich, daß man sich nicht wundern darf, wenn schon frühzeitig der Gedanke an eine praktische Verwertung der Spinnenseide nach Art des Gebrauches von echter Seide auftauchte und auch gelegentlich Spinnweben zu Bändern u. a. verarbeitet wurden. Letzteres war z. B. im Jahre 1665 bei Merseburg an der Saale der Fall, als die gesamte Flur von einem eigenartigen, blaugefärbten Spinnengewebe überzogen gewesen sein soll (Schenkling[4]).

Die ersten systematischen Versuche jedoch, Spinnenseide in großem Maße zu verwerten, stammen aus dem Anfang des 18. Jahrhunderts, als der Franzose Bon, der Präsident der Rechnungskammer in Montpellier, 1710 seine Erfahrungen auf diesem Gebiete mitteilte und zugleich ein Paar Strümpfe und Handschuhe aus Spinnenseide vorlegen konnte. Das wechselvolle Geschick solcher Versuche in den nachfolgenden Jahrhunderten ist verschiedentlich ausführlich geschildert worden (Dahl[5], Schenkling[4], Bock[6]). Berühmte Gelehrte, wie Réaumur (dieser allerdings ablehnend) haben sich mit der Frage nach der praktischen Verwertung der Spinnenseide befaßt. Aber erst zu Ende des 19. Jahrhunderts nahmen die Versuche größeren Umfang an, als nämlich der Missionar R. P. Comboué die Seide der madagassischen Seidenspinne *Nephila madagascariensis* Vinson zu gewinnen suchte, deren Spinnfäden die Eingeborenen Madagaskars schon früher zum Nähen gebraucht haben.

Die Bemühungen Comboués beschäftigten daraufhin die Öffentlichkeit in erhöhtem Maße. Die zum Teil gehegten Hoffnungen sind allerdings nicht in Erfüllung gegangen.

Die Seidenspinne *Nephila madagascariensis* Vinson (Abb. 30), auf welche zuerst Vinson[7] aufmerksam machte, ist außer auf Madagaskar auf den Seychellen und an der Ostküste des tropischen Afrikas beheimatet. Ihre Netze haben einen

[1] Doflein, Fr.: Beobachtungen an den Weberameisen. In: Biolog. Zbl., Bd. 25, 1905.
[2] Escherich, K.: Die Ameise. Braunschweig: Friedr. Vieweg.
[3] Appun, C. F.: Die Heiawa-Fälle im Essequibo. In: Die Natur, 20. Jahrg., 1871.
[4] Schenkling, C.: Spinnen- und Muschelseide. In: Prometheus, Bd. 28, 1917.
[5] Dahl, F., Seidenspinne und Spinnenseide. In: Mitt. Zoolog. Mus. Berlin, 6. Bd., 1912.
[6] Bock, Fr.: Spinnenseide. In: Rohstoffe des Tierreiches, Bd. 1, 1932.
[7] Vinson, A.: Aranéides des îles de la Réunion, Maurice et Madagascar. Paris, Roret, 1863.

Durchmesser von mehr als 1,50 m. Wie alle Seidenspinnen besitzen sie einen gestreckten Hinterleib, der frei von Höckern ist. Der Kopfteil ist kaum schmaler als die breiteste Stelle des übrigen Cephalotorax, was ebenfalls ein allgemeines Kennzeichen der Seidenspinnen (*Nephilinae*) ist. Die Färbung dieser Tiere ist im wesentlichen schwarz. Der Hinterleib zeigt jedoch besonders auf der Dorsalseite eine silbergraue und goldgelbe Zeichnung. Die Schreitextremitäten sind feuerrot oder rotbraun, die distalen Glieder jedoch und die Umgebung der Gelenke schwarz. Nahe verwandt ist die etwas kleinere *Nephila inaurata* Walk., deren Seide ebenfalls der von *N. madagascariensis* Vinson sehr ähnlich ist. Sie lebt anscheinend ausschließlich auf den Maskarenen und zeichnet sich durch die im ganzen viel dunklere Färbung aus; die silberhell behaarten Stellen sind viel spärlicher.

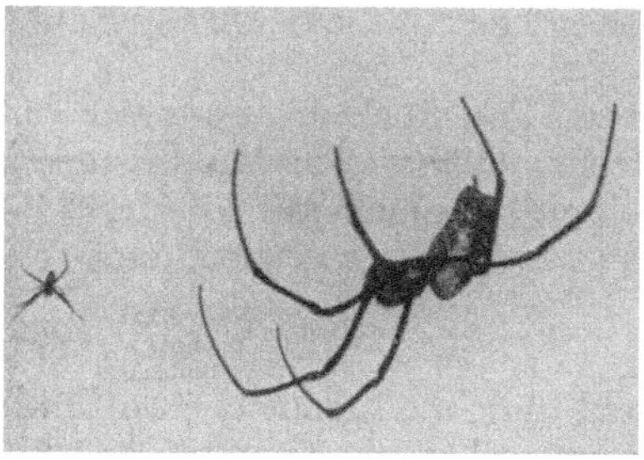

Abb. 30. Männchen und Weibchen der Seidenspinne, *Nephila madagascariensis* Vinson. Etwa 1/3 der natürl. Größe. — Nach H. Haupt.

Auffallend ist bei allen Seidenspinnen die bedeutende Größe des Weibchens und im Gegensatz dazu die winzige Gestalt der männlichen Spinne. Das reife Weibchen von *Nephila madagascariensis* Vinson ist ohne Beine 3¾—4½ cm lang; mit Beinen erreicht es eine Spannweite von 12 cm. Der Körper des Männchens mißt dagegen nur 3—5 mm. Ausnahmsweise gibt es nach Gerhardt[1] „Riesenmännchen" bis zu 10 mm Länge, die dann auch etwa neun Häutungen durchgemacht haben. Normalerweise braucht dagegen das Männchen fünf Häutungen, das Weibchen 11 Häutungen bis zur Geschlechtsreife (Gerhardt[1], Bonnet[2]). Die Tiere leben hauptsächlich in den Mangowäldern und sind stellenweise offenbar recht häufig.

Neben *Nephila madagascariensis* Vinson hatte früher durch die Versuche Wilders die amerikanische *Nephila clavipes* L. eine gewisse Bedeutung für die Seidengewinnung. Sie erzeugt wie alle Nephilaarten eine goldgelbe Seide. Das Gespinst von *Nephila clavata* Koch soll früher von den Chinesen benutzt worden sein.

Für die Seidengewinnung haben die anderen Radnetzspinnen nur untergeordnete Bedeutung und meist nur historisches Interesse. Von europäischen Radnetzspinnen wurde gelegentlich das Gespinst der Kreuzspinne (*Epeira* [*Aranea*] *diadema* L.) und verwandter Arten zur Seidengewinnung benutzt. Ausländische Epeiraarten verfertigen (nach Silbermann[3]) verschiedenartig gefärbte Gespinste. Noch heute liefern die Seidenfäden der Kokons mancher Spinnenarten (wohl hauptsächlich der Kreuzspinne) das Material zur Herstellung von Fadenkreuzen in optischen Instrumenten (s. Bock[4]).

## Muscheln.

Die Muschel- oder Byssusseide hat ihren Ursprung in einem Sekret, dem Byssus, das in besonderen Drüsen gewisser Muscheln (*Lamellibranchiata*, *Acephala* oder *Bivalvia*) erzeugt wird. Es gibt zwar eine ganze Reihe von Gattungen, die im Besitz einer funktionstüchtigen Byssusdrüse sind, so z. B. Mytilus (Miesmuschel) oder Meleagrina (echte Perlmuschel); praktische Verwendung findet oder fand aber bloß der Byssus der Steck- oder Schinkenmuscheln (*Pinna nobilis*

[1] Gerhardt, U.: Über Größenvarianten der Männchen von *Nephila madagascariensis* Vinson. In: Zoolog. Anzeig., 86. Bd., 1929.

[2] Bonnet, P.: Les araignées exotiques en Europe. In: Bull. Soc. Zool. France, Bd. 54, 1929.

[3] Zitiert S. 2. [4] Zitiert S. 33.

L., *P. squamosa* Lam. und *P. rudis* L.) aus dem Atlantischen Ozean und dem Mittelmeer. Die größte Art ist *P. squamosa* mit 70 cm Länge, die kleinste *P. nobilis*, die etwa 30 cm lang und 10—15 cm breit wird. Aus dem Byssus verfertigte Gegenstände haben heute keinen praktischen Wert mehr, während im Altertum mit ihnen anscheinend ein umfangreicher Handel getrieben wurde (Brühl[1]).

# III. Morphologie der Raupe.

## Allgemeines und Körpergliederung.

Die Seidenspinner zeigen in ihrem Körperaufbau außer besonderen Eigentümlichkeiten die ihrer systematischen Stellung entsprechenden Charaktere. Als Gliedertiere[2] (*Articulata* Cuvier) haben sie einen auch äußerlich segmentierten Körper, wie es besonders deutlich in Abb. 5 zum Ausdruck kommt. Als Gliederfüßler (Arthropoda) besitzen sie gegliederte und gelenkig abgesetzte Beine. Im Arthropodenkörper hat sich die Segmentierung zu einer ungleichförmigen, heteronomen herausgebildet, so daß bestimmte, oft scharf abgesetzte Körperregionen unterschieden werden können: Kopf (Caput), Brust (Thorax) und Hinterleib (Abdomen). Der Thorax trägt die drei Gliedmaßenpaare. Außerdem besitzt der Brustabschnitt bei der Mehrzahl der geschlechtsreifen Insekten und auch bei den Schmetterlingen zwei Paar von dorsal befestigten, häutigen und ungegliederten Anhängen, den Flügeln, die bei den meisten Schmetterlingen dadurch ein besonderes Aussehen erhalten haben, daß sie mit zahlreichen winzigen Schuppen wie von Dachziegeln bedeckt sind. Eine wichtige Eigentümlichkeit der Schmetterlinge ist die besondere Ausbildung der gegliederten Anhänge des Kopfes, der Mundgliedmaßen (S. 72).

Die Arthropoden besitzen einen chitinigen, oft sehr kräftigen Außenpanzer, der an den Segmentgrenzen als Intersegmentalhaut zarter und von dehnbarer Beschaffenheit ist. Der Außenpanzer ist zugleich das Skelett der Tiere. Ein eigentliches Innenskelett fehlt den Insekten wie allen Arthropoden.

Die Lagerung der inneren Organe der bilateral-symmetrischen wirbellosen Tiere ist eine prinzipiell andere als die der Wirbeltiere. Bei jenen liegt das Hauptnervensystem ventral, das Blutgefäßsystem dorsal vom Darm, also gerade umgekehrt wie bei letzteren. Bei der morphologischen Darstellung ist der Bau der erwachsenen Raupe in den Vordergrund gestellt, weil an ihr die Verhältnisse am übersichtlichsten sind und andererseits dem Züchter gerade dieses Stadium am vertrautesten ist.

Die ausgewachsene Raupe des fünften Stadiums (siehe Entwicklung) hat einen deutlich abgesetzten, bräunlich gefärbten Kopf; von den drei aufgedunsenen Thorakalsegmenten (Abb. 5) ist das erste, vordere zum Kopf hin halsartig verjüngt, die beiden nachfolgenden sind dagegen beträchtlich angeschwollen; dann folgen neun Hinterleibs- oder Abdominalsegmente, die in ihrer Gesamtheit etwa drei Viertel des ganzen Raupenkörpers ausmachen. Brust und Abdomen besitzen deutliche, beinartige Anhänge, während solche am Kopf nur bei genauerer Betrachtung (S. 42) sichtbar sind. Jedes Brustsegment besitzt je ein Paar Brustfüße; am Abdomen befinden sich im ganzen fünf Paar Beine, die am dritten, vierten, fünften, sechsten und letzten Segment befestigt sind. Das achte Abdominalsegment trägt auf dem Rücken ein nach hinten gerichtetes „Horn".

Das letzte deutliche, neunte Abdominalsegment verjüngt sich dem Afterende

[1] Brühl, L.: Muschelseide. In: Rohstoffe des Tierreichs, Bd. I, 1932.
[2] Haeckel, Ernst: Systematische Phylogenie. Berlin 1894/95.

zu. Der After liegt fast genau terminal, nur um weniges auf die Ventralseite verschoben.

Die Normalzahl der Abdominalsegmente eines Insektenkörpers beträgt jedoch nicht neun, sondern wird meist als elf angenommen[1]. Von diesen sind aber oft die 2—3 letzten mehr oder weniger stark reduziert bzw. miteinander verschmolzen. Bei der Seidenraupe ist am letzten Segment äußerlich deutlich eine Ringfurche auf der Dorsalseite angedeutet, so daß manche Autoren, z. B. A. Paillot[2], von zehn Abdominalsegmenten sprechen.

Die Grenzen zwischen den einzelnen Segmenten werden von den Intersegmentalhäuten gebildet, durch deren Nachgiebigkeit eine gegenseitige Verschiebbarkeit und Beweglichkeit der Ringe gestattet ist.

Die Färbung der Raupe ist im allgemeinen ein schmutziges oder gelbliches Weiß. Die Zeichnung ist gering und beschränkt sich meist auf zwei Paar halbmondförmige Flecke auf dem Rücken des zweiten und fünften Abdominalsegmentes (Abb. 44). Diese können oft sehr wenig deutlich sein oder ganz fehlen, denn Färbung und Zeichnung variieren je nach der Rasse und auch innerhalb einer Rasse (vgl. z. B. Acqua[3]).

Die Behaarung der erwachsenen Raupe ist außerordentlich spärlich. Die Borsten sind meist so klein, daß sie nur bei starker Vergrößerung wahrgenommen werden können. Etwas größere Borsten befinden sich auf jedem Thorakalsegment dorsal in einer einzeiligen Reihe und auf dem Horn des achten Abdominalsegments. Ventral finden sich stärkere, deutlich wahrnehmbare Borsten unmittelbar an den Insertionsstellen der Extremitäten, die auch an den Segmenten ohne Gliedmaßen an der ganz entsprechenden Stelle angetroffen werden. In gleicher Weise wiederholt sich am Abdomen von Segment zu Segment ein stärker chitinisierter und mit Borsten besetzter Wulst in unmittelbarer Nähe der Anheftung der Gliedmaßen.

An den meisten Segmenten findet man beiderseits je ein elliptisches Atemloch, Stigma (Abb. 5 u. 44). Stigmen fehlen dem zweiten und dritten Thorakalsegment und dem letzten Abdominalsegment. Die beiden Stigmen des ersten Brustringes sind mittelgroß, die Atemöffnungen des Abdomens nehmen zum achten Segment hin ständig an Größe zu. Das letzte Stigma ist überhaupt das größte des ganzen Körpers.

## Extremitäten.

Von den Anhängen des Körpers sind die des Thorax, also die Thorakalextremitäten oder -beine, am deutlichsten. Sie sind gleichartig gebaut (Abb. 31) und bestehen je aus drei übereinandergelagerten, konisch geformten Gliedern, deren letztes eine Klaue trägt. Die einzelnen Glieder sind in eigenartiger, weiter unten zu erörternder Weise gelenkig miteinander verbunden. Eine Gelenkbildung, die eine bestimmt gerichtete Bewegung gestattet, befindet sich auch zwischen dem Basalglied der Extremität und der Thorakalwand.

Bei allen Arthropoden nimmt infolge eines Außenskelettes die Gelenkung ganz andere Formen an wie beim Innenskelett der Wirbeltiere. Die hierbei geltenden mechanischen Prinzipien sind von Th. List[4] grundlegend studiert und

[1] Handlirsch, A.: Der Bau des Insektenkörpers und seiner Anhänge. In: Schröders Handb. d. Entomol., Bd. 1, 1928. — Insecta. In: Kükenthal, Handb. d. Zoolog., Bd. 4, 1926.

[2] Paillot, A.: Traité des maladies du ver à soie. Paris: G. Doin 1930.

[3] Zitiert S. 15.

[4] List, Th.: Morphologisch-biologische Studien über den Bewegungsapparat der Arthropoden. Morphol. Jb., Bd. 22, 1895.

erläutert worden. Das Chitinskelett der Arthropodengliedmaßen stellt im Prinzip ein Rohr dar, das in vielen Fällen einseitig abgeplattet ist, so daß es meist einen elliptischen Querschnitt hat. Die Drehachse zwischen zwei gelenkig verbundenen Gliedern fällt dann mit der Längsachse des elliptischen Querschnittes zusammen, an dessen Enden sich je ein Gelenkpunkt befindet. In diesem berühren sich die Hartteile beider Glieder, während im übrigen die Glieder durch möglichst zartes und weiches Chitin, durch Gelenkhäute, miteinander verbunden sind („Scharniergelenk"). Solche Gelenke haben zwar den Nachteil, daß sie die Bewegung bloß in einer Richtung gestatten; sie ermöglichen aber in ihr eine leichtere Beweglichkeit und weit sicherere Führung als bei einer einfachen Verbindung bloß durch eine, im ganzen Umfang gleichmäßige Gelenkhaut.

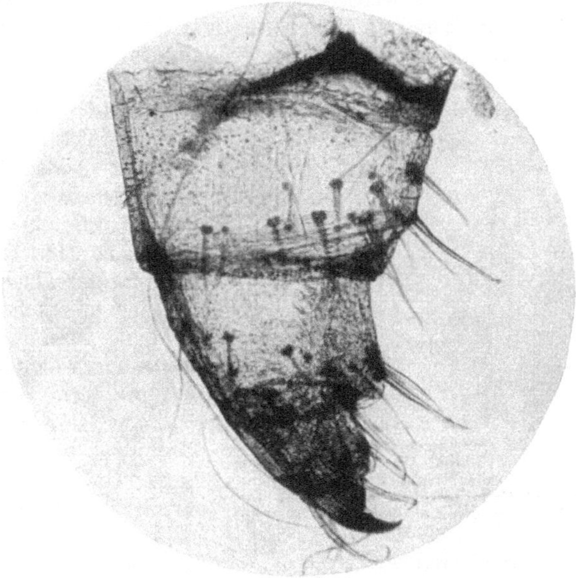

Abb. 31. Thorakalbein der Seidenraupe. Vergrößerung 32mal. – Original.

Die Gelenkung der thorakalen Beine am Körper der Seidenraupe weicht in eigentümlicher Weise vom Typ eines Scharniergelenks dadurch ab, daß bloß ein Gelenkpunkt ausgebildet ist; ein zweiter Punkt, der diesem genau gegenüberliegend zu erwarten wäre, fehlt gänzlich; er ist nicht einmal angedeutet. Die Extremität sitzt außerdem der Körperwand mit fast kreisrunder, kaum elliptischer Fläche an. Der Gelenkpunkt selbst befindet sich genau an der am weitesten kopfwärts gerichteten Stelle der Gelenkfläche und ist so gebaut, daß er eine Beweglichkeit der Extremitäten in Richtung senkrecht zur Körperlängsachse leicht gestattet, eine solche in Längsrichtung des Körpers erschwert. Die beiden Extremitäten eines Segmentes können also gut einander genähert und voneinander entfernt werden. Diese morphologische Ausbildung stimmt mit der am lebenden Tiere leicht zu beobachtenden Funktion der Thorakalextremitäten überein; sie besorgen nicht die Fortbewegung des Körpers, sondern dienen dazu, die Nahrung festzuhalten, was durch enges Aneinanderschließen der gegenüberliegenden Beine geschieht.

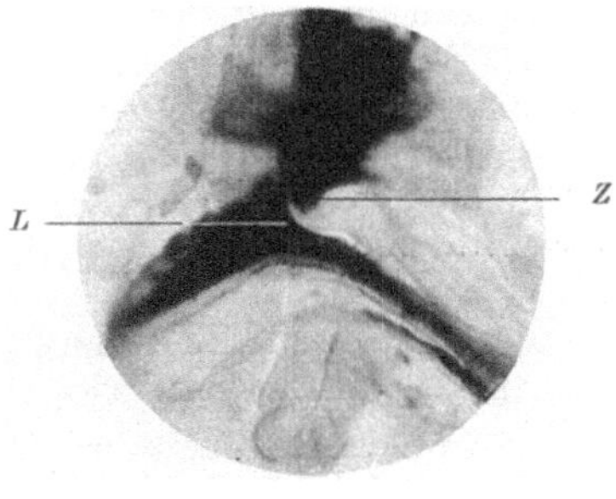


Abb. 32. Gelenkung eines Thorakalbeines der Seidenraupe mit der Körperwand. *L* = Lager, *Z* = Zapfen. Vergrößerung 40mal. — Original.

Der Gelenkpunkt selbst (Abb. 32) besteht aus zwei Teilen: einem vom Chitin der Körperwand gebildeten Zapfen (Abb. 32 *Z*) und einem entsprechenden „Lager" (*L*) an dem stärker chitinisierten Vorderrand der Extremitätenbasis. Der Zapfen ist ein von der Peripherie der Anheftungsfläche zum Mittelpunkt hinstrebendes, kurzes Gebilde, durch das eine bestimmte, sichere Führung der Extremität gewährleistet wird.

Die Gelenkung der drei Glieder einer jeden Thorakalextremität ist der soeben geschilderten sehr ähnlich. Die Extremitäten sind im ganzen stark zur Mittellinie der Raupe hingebogen, so daß der Außenrand länger und konvex, der Innenrand kürzer und stark konkav gekrümmt ist. Zwischen je zwei Extremitätengliedern befindet sich der einzige Gelenkpunkt auf dem konvexen Außenrand (Abb. 33). Die Hartteile an dieser Stelle haben nur geringen Umfang; die des proximalen Gliedes bilden nahe der Berührungsstelle einen kleinen Zapfen, der in ein flaches Lager (Pfanne) einer kleinen, chitinigen Spange des nachfolgenden Beingliedes hineinpaßt. Die nachgiebigen, zarten Gelenkhäute haben dem Gelenkpunkt genau gegenüber die größte Ausdehnung, während sie zum Gelenkpunkt hin allmählich immer schmaler werden und an diesem fast ganz verschwunden sind. Die Hartteile stoßen also hier ganz eng aneinander. Das ganze ist mit einem im Durchmesser nur schwach elliptischen Rohr zu vergleichen, aus dem ein großes, keilförmiges Stück herausgenommen ist derart, daß der Zusammenhang der festen Teile nur an einer sehr kleinen Stelle bewahrt geblieben ist. Die Wandung des keilförmigen Ausschnittes ist ersetzt durch die zarte Gelenkhaut. Diese Einrichtung ermöglicht eine hebelartige Winkelbewegung, so wie sie etwa die beiden Schenkel eines Nußknackers ausführen können, und steht in enger Beziehung zur oben erwähnten Aufgabe der Brustgliedmaßen. Die Kralle ist in ganz gleicher Weise gegen das letzte Extremitätenglied abgesetzt.

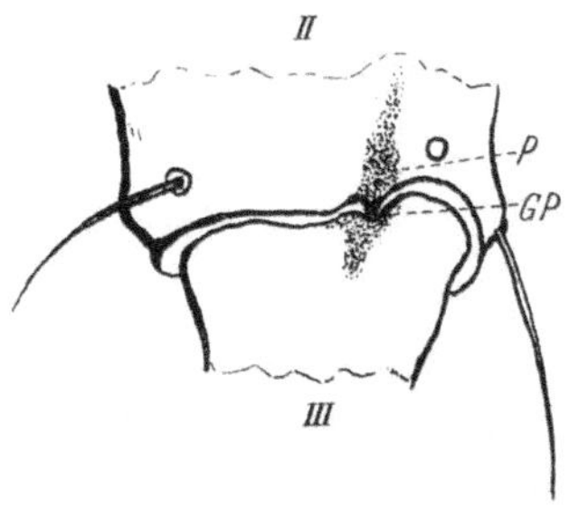

Abb. 33. Gelenkung zwischen dem 2. und 3. Glied (II und III) eines Thorakalbeines der Seidenraupe. *GP* = Gelenkpunkt, *P* = stärker pigmentierte und chitinisierte Stelle. Vergrößerung 40mal. Original.

Während sich die Thorakalbeine durch ihre Gliederung und gelenkige Absetzung vom Körper als typische Arthropodengliedmaßen erweisen, stellen die zehn Abdominalfüße der Raupe äußerlich einfache, in sich ungegliederte Ausstülpungen der Körperwandung dar ohne Ausbildung irgendeiner gelenkartigen Einrichtung. Sie werden daher von manchen Autoren als „pedes spurii“ oder „pseudo-zampe“ bezeichnet, trotzdem sie meistens (z. B. Handlirsch[1]) als den echten Extremitäten homologe Gebilde angesehen werden. Sie sind die eigentlichen Lokomotionsorgane und auch beim Seidenspinner wiederholt Gegenstand der Untersuchung gewesen (E. Cornalia[2], A. Tichomiroff[3] und besonders E. Verson[4]).

Von den fünf Paar Abdominalextremitäten sind die vier vorderen (am 3., 4., 5. und 6. Segment) unter sich gleichartig, das fünfte Paar (am 8. Segment) jedoch etwas abweichend gebaut, schon rein äußerlich dadurch, daß die ersteren im Querschnitt annähernd kreisrunde Säulchen darstellen, letztere dagegen stark seitlich abgeflacht sind, so daß deren Durchmesser eine Ellipse darstellt mit der größten Achse annähernd parallel zur Körperlängsachse.

Charakteristisch für die Abdominalbeine ist die eigentümliche Ausbildung der terminalen Endfläche (Abb. 34), die einen elliptischen Bezirk darstellt. Dieser ist an dem inneren (medialen) Rand mit chitinigen Haken (Abb. 35) dicht besetzt. Letztere sind, wie auch Abb. 34 erkennen läßt, alternierend in zwei Reihen an-

---

[1] Zitiert S. 36.
[2] Cornalia, E.: Monografia del Bombice del gelso. Milano 1856.
[3] Tichomiroff, A.: Grundzüge der Praxis der Seidenzucht. (Russ.) 2. Aufl. Moskau 1895.
[4] Verson, E.: Sull'armatura delle zampe spurie nella larva del filugello. Annuario della staz. bacologica di Padova, 29. Bd., 1901.

geordnet. Der Außenrand der Endfläche ist ohne diese Haken, wie das für die „Klammerfüße" (Pedes semicoronati) der Großschmetterlinge typisch ist. Die „Kranzfüße" (Pedes coronati) der Kleinschmetterlinge (Motten u. a.) besitzen dagegen einen in sich geschlossenen Kranz von Haken, wie er auch noch bei der Seidenraupe im ersten Stadium angedeutet ist (vgl. S. 47 und Abbildung 46). Die Chitinhaken sind in ihrem basalen Teil, dem Stiel, von dem ziemlich dünnen Chitin der Extremität wie von einer Scheide umschlossen; erst die terminalen, stark gekrümmten Endstücke sind völlig frei (Abb. 35). Wir werden auf diesen Umstand noch bei der Entwicklung der Krallen zurückkommen (S. 47), durch die auch erklärt wird, daß in der Mitte der Doppelreihe die Haken am kräftigsten sind, während sie zu deren Ende hin etwas kleiner werden. Die Krümmung der Krallen ist derart, daß die Spitzen radial nach außen gestellt sind (Abb. 34). Wenn die Krallen zurückgeschlagen sind, zeigen ihre Spitzen schräg nach unten. Nach Verson[1] trägt die ausgewachsene Raupe am ersten Abdominalfuß durchschnittlich 45 Haken, am zweiten 39, am dritten 47, am vierten 49 und schließlich am fünften 62. Der Außenrand einer Endfläche eines jeden Abdominalfußes wird von einem kräftigen Chitinstückchen wie von einer Spange umfaßt und gestützt. Diese fehlt jedoch den Abdominalbeinen des letzten Segmentes, den Nachschiebern.

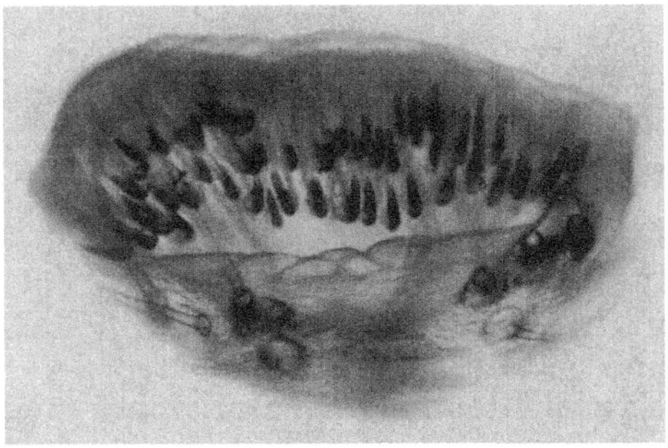

Abb. 34. Terminale Endfläche eines Abdominalbeines der Seidenraupe. Vergrößerung 46mal. — Original.

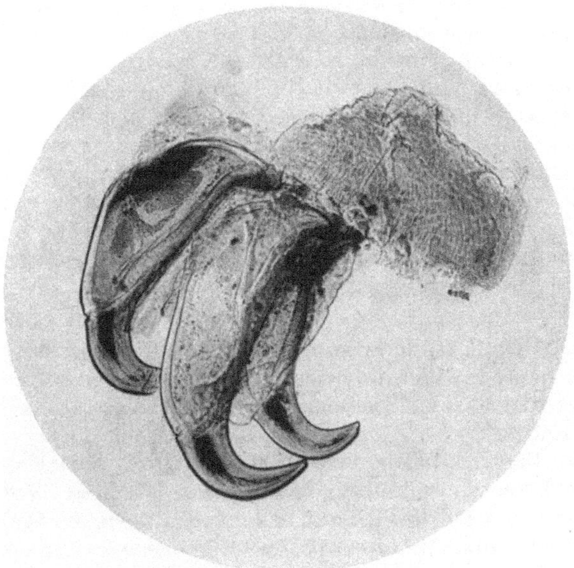

Abb. 35. Chitinhaken vom inneren Rand der terminalen Endfläche eines Abdominalbeines der Seidenraupe. Vergrößerung 110mal. — Original.

Die Endfläche einer jeden Abdominalextremität kann handschuhfingerartig zurückgezogen werden durch einen Retraktormuskel, der in der Längsachse des Beines verläuft und an der Endfläche inseriert ist. Bei der Fortbewegung der Raupe werden die Abdominalbeine abwechselnd in dieser Art eingezogen und wieder ausgestreckt. Das hierbei notwendige Festhaften an der Unterlage soll nach Cornalia[2] und Tichomiroff[3] durch dreierlei Mittel möglich sein: Erstens durch die Krallen, zweitens durch eine Wirkung nach Art eines Saugnapfes und drittens durch Adhäsion. Die Saugnapfwirkung, für die besonders Cornalia

[1] Zitiert S. 38. [2] Zitiert S. 38. [3] Zitiert S. 38.

eintrat, soll folgendermaßen zustande kommen: Im Innern der Klammerfüße greift an der Längsachse der elliptischen Grundfläche ein Retraktormuskel an, durch dessen Kontraktion diese Grundfläche wie ein eingestülpter Handschuhfinger nach innen eingedellt wird und wodurch bei hermetischem Abschluß der Ränder ein luftverdünnter Raum erzeugt wird. Löst sich die Extremität von der Unterlage, so erschlafft der Muskel, die Leibeshöhlenflüssigkeit wird — nach Cornalia — in die Extremität hineingepreßt, so daß die Endfläche ihre ursprünglich annähernd ebene Beschaffenheit wieder annimmt und die Saugnapfwirkung aufhört.

Einen Adhäsionsmechanismus glaubte Tichomiroff besonders deswegen annehmen zu können, als er eine papillenartige Vorwölbung an der Endfläche der Abdominalextremitäten entdeckte, die den Hakenkranz genau in der Mitte unterbricht. Er vermutete in ihr eine „Haftpapille", die ein klebriges Sekret nach außen abgibt. Verson[1] konnte jedoch wahrscheinlich machen, daß der Bau der Extremitäten eine Schröpfkopfwirkung gar nicht zuläßt, insbesondere da der von den Haken dicht besetzte Rand ganz uneben ist und einen luftdichten Abschluß gar nicht ermöglicht. Er konnte ferner zeigen, daß die Papille keine Haftpapille ist, sondern ganz andere, später zu besprechende Aufgaben hat und außerdem den Füßen der Raupen des fünften Stadiums völlig fehlt. Das Anhaften auf der Unterlage wird so ganz allein durch den Hakenkranz bewirkt. Der Mechanismus wird durch Verson in höchst einfacher und sehr einleuchtender Weise folgendermaßen erklärt. Bei Kontraktion des Retraktormuskels werden die Haken nach innen eingeschwengt, so daß ihre Spitzen fast senkrecht nach unten weisen. Erschlafft der Muskel, so schnellen infolge der Elastizität des Chitins die Haken in die ursprüngliche, radial nach außen gerichtete Lage zurück. Mit diesen beiden Phasen sind aber zugleich die beiden wichtigsten Bewegungsvorgänge, soweit sie an den Abdominalextremitäten beobachtet werden, aufs engste verknüpft: Die Kontraktion des Retraktormuskels zieht die Extremität zurück, und gleichzeitig werden die Krallen aus der Unterlage herausgelöst; beim erneuten Vorstrecken der Füße erschlaffen die Muskeln, wodurch die Krallen nach außen vorschnellen und in die Unterlage eindringen, so daß der Fuß fest verankert wird.

## Kopf und Kopfgliedmaßen.

Der Kopf der Raupe läßt keinerlei Andeutungen einer Segmentierung erkennen. Nur die Embryonalentwicklung erlaubt ein einigermaßen sicheres Urteil darüber, wieviel Segmente in die Kopfregion der Insekten allgemein einbezogen sind.

Der Kopf besteht nur aus wenigen, scharf voneinander getrennten Chitinstücken von schmutzig graubrauner Färbung. Von der Dorsalseite her (Abb. 36) sind deutlich drei Teile zu erkennen: zwei in der Mittellinie zusammentreffende Parietalia und ein unpaares Frontale, das wie ein nach hinten sich verjüngender Keil die Parietalia im vorderen Abschnitt voneinander trennt. Der breiten Basis dieses keilförmigen Stückes vorgelagert ist ein ziemlich scharf abgesetztes Chitinstückchen, das wiederum durch eine halbwegs deutliche, nach vorn konkave Längsfurche zweigeteilt ist. Den vordersten Abschnitt auf der Dorsalseite bildet endlich die „Oberlippe" (Abb. 37 *lbr*), eine nach vorne vorspringende, kräftig chitinisierte Hautfalte, die durch eine konkave, mäßig tiefe Einbuchtung zweilappig erscheint. Die paarigen Parietalia bilden nicht bloß die eigentliche Schädeldecke, sondern sie umgreifen seitlich den Kopf, hier die „Wangenpartie" bildend, und gehen ohne trennende Grenze auf die Ventralseite über (Abb. 37 *p*). Hier ist jedoch

[1] Zitiert S. 38.

die Kopfkapsel nicht völlig geschlossen; ein weites Feld wird vielmehr für die Einlenkung der Mundgliedmaßen freigehalten. Die eigentliche Chitinkapsel beschränkt sich bloß auf die eben erwähnten seitlichen Ränder und auf drei kleine Chitinstückchen, die an der Grenze zwischen Kopf und erstem Brustsegment ausgebildet und von den eigentlichen Parietalia deutlich abgesetzt sind.

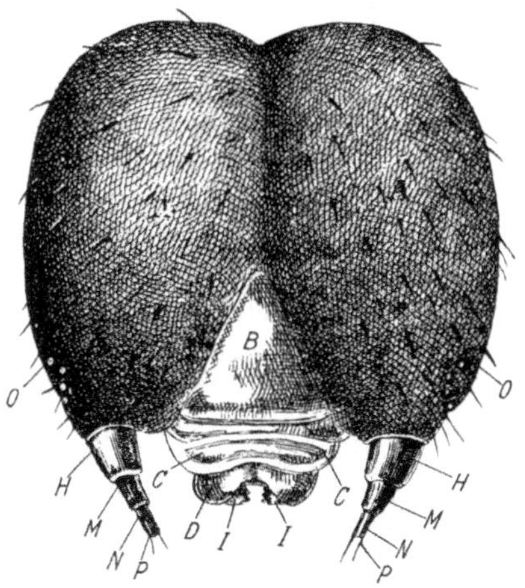


Abb. 36. Kopf der Seidenspinnerraupe von der Dorsalseite gesehen. *A* = Parietalia, *B* = Frontale, *C* und *D* = Oberlippe, *I* = Mandibeln, *H*, *M*, *N*, *P* = Teile des Fühlers, *O* = Punktaugen. Nach Cornalia (1856).

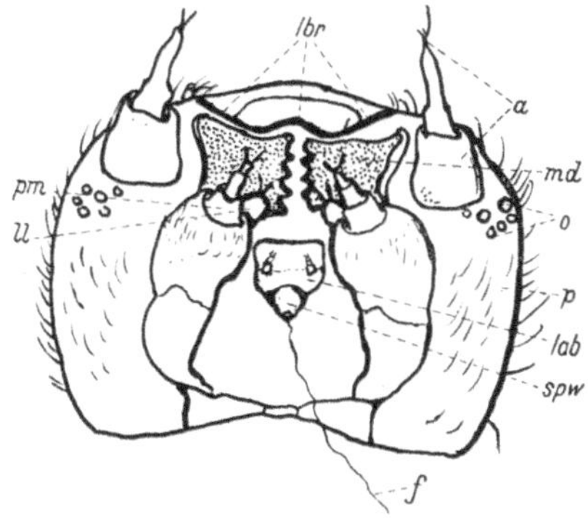


Abb. 37. Kopf der Seidenspinnerraupe von der Ventralseite gesehen. Etwas schematisiert (im Anschluß an Cornalia). *a* = Antenne, *f* = Spinnfaden, *lab* = Labium, *lbr* = Labrum. *ll* = Lobi der 1. Maxille, *md* = Mandibel, *pm* = Maxillarpalpe, *o* = Ocellen, *p* = Parietale, *spw* = Spinnwarze. Die Mandibeln (*md*) sind dunkler gezeichnet.

Die chitinigen Teile des Kopfes bilden eine nahezu einheitliche Kapsel oder besser gesagt einen Ring, der dorsal sehr breit ist (besonders wenn das unpaare Frontale hinzugerechnet wird), dagegen ventral sich verschmälert. An der vorderen, ventral gerichteten Öffnung dieses Ringes liegt der Mund, umgeben von den Mundgliedmaßen. Mit der rückwärts gerichteten Öffnung des chitinigen Ringes, dem Foramen occipitale, sitzt der Kopf dem vorderen Brustring auf.

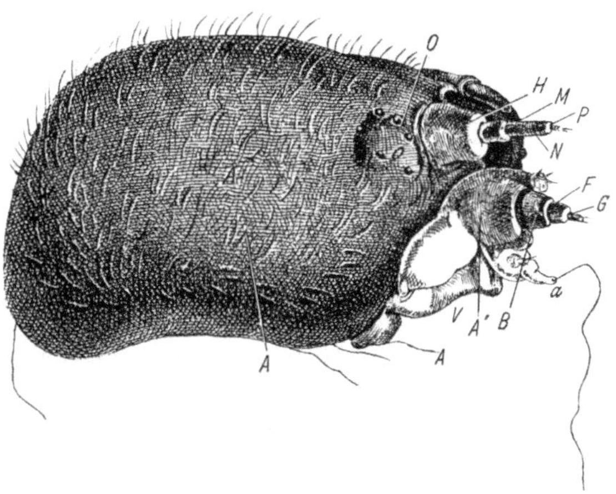


Abb. 38. Kopf der Seidenspinnerraupe in Seitenansicht. *A* = Seitenteile des rechten Parietale, *A'*, *B*, *F*, *G* = Teile des Maxillartasters, *H*, *M*, *N*, *P* u. *O* wie in Abb. 36, *a* = Öffnung der Spinndrüse. Nach Cornalia (1856).

Auf der Kopfkapsel befinden sich spärliche Borsten. Am Vorderrand der seitlichen Wangenpartien besitzt das Tier jederseits sechs Punktaugen (Ocellen), die sich durch kleine, hellere und durchsichtige Stellen im Chitin mit stark pigmentiertem Rand kennzeichnen (Abb. 37 o). Drei von diesen sind besonders deutlich und sind in einem Kreisbogen ziemlich dicht gelagert; die drei anderen sind etwas zerstreuter, kleiner und undeutlicher, so daß sie von einigen älteren Autoren (z. B. Blanc[1]) übersehen wurden, obgleich schon Cornalia die Verhältnisse sah und abbildete. Wie schlecht sich manchmal solch irrtümliche Behauptung ausmerzen läßt, zeigt sich auch hier wieder daran, daß selbst in der neuesten Literatur die Angaben und betreffenden Abbildungen von Blanc wiederkehren (z. B. bei A. Paillot[2]).

Die Mundgliedmaßen der Seidenraupe sind dem Bau und der Funktion nach kauende Mundwerkzeuge; jedoch sind bloß die Mandibeln (Abb. 37 *md*) für eine solche Aufgabe geeignet. Sie stellen kräftige, flache, 1 mm × 0,8 mm große Gebilde von kastanienbrauner Färbung dar. Ihr distaler Rand ist gezähnt. In der Ruhe überdecken sich die Ränder der beiden Mandibeln etwas, beim Zerschneiden der Nahrung jedoch werden die Ränder gegeneinander bewegt.

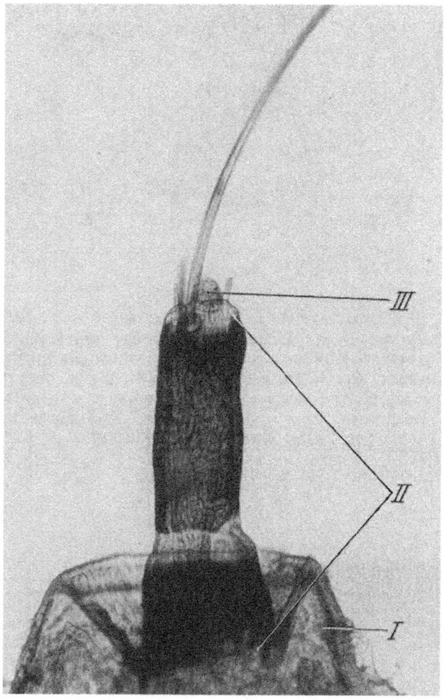

Abb. 39. Fühler der Seidenraupe. *I*, *II*, *III* = 1., 2., 3. Glied des Fühlers. Vergrößerung 70mal. — Original.

Die beiden anderen Mundgliedmaßenpaare — das erste Maxillenpaar und die Unterlippe = 2. Maxillen — sind nur wenig deutlich ausgebildet. Infolge ihrer weichhäutigen Beschaffenheit sind sie bei der mechanischen Verarbeitung der Nahrung ohne Bedeutung.

Die ersten Maxillen bestehen aus zwei basalen Stücken, denen drei kleine Anhänge aufsitzen. Von diesen ist der äußere, der Maxillartaster (Palpus maxillaris *pm* in Abb. 37), der kräftigste, die Innen- und Außenlobi (*ll* der Abb. 37) stellen nur ganz winzige Gebilde dar. Von den Teilen der Unterlippe (Labium *lab*) sind deutlich wiederzuerkennen eigentlich bloß die zweigliedrigen Taster (Labialpalpen), die einem Grundglied aufsitzen. Zwischen den kleinen Labialpalpen befindet sich eine kegelförmige Erhebung, die „Spinnwarze" (*spw* in Abb. 37), die an ihrer Spitze eine feine Öffnung (Abb. 38a) besitzt, aus der der Spinnfaden (*f*) nach außen abgegeben wird.

Diese Gliedmaßen umgeben die Mundöffnung derart, daß die Unterlippe den unteren Abschluß bildet und die ersten Maxillen und die Mandibeln die Öffnung flankieren. Nach oben wird der Ring durch die schon erwähnte „Oberlippe" (Labrum, Abb. 37 *lbr*) geschlossen, einem unpaaren Gebilde, das sich nicht von einer Extremität ableiten läßt.

Außer den genannten, zu Mundwerkzeugen umgewandelten Gliedmaßen trägt der Raupenkopf noch ein weiteres Paar gegliederter Anhänge, die Fühler oder Antennen, die aus je drei Gliedern bestehen (Abb. 39). Jedes Glied verjüngt sich zur Spitze hin, die Basis des nachfolgenden Gliedes ist aber immer erheblich kleiner als die Endfläche des vorhergehenden. Die einzelnen Abschnitte können dadurch wie die Teile eines Fernrohres durch Muskeln ineinandergeschoben werden. Das letzte Fühlerglied ist am kleinsten und kann ganz in das zweite

[1] Blanc, L.: La tête du Bombyx mori à l'état larvaire. Laboratoire d'Étude de la Soie de Lyon. Vol. V. 1890.

[2] Zitiert S. 36.

versenkt werden. Am zweiten Glied lassen sich deutlich verschiedenartig (gelblich und braun) gefärbte Zonen unterscheiden. Charakteristisch für die etwa 1 mm langen Fühler ist der Besatz mit zum Teil sehr langen (bis 1 mm) Borsten, von denen die einen an der Basis, die anderen am Ende des zweiten Gliedes entspringen.

Aus der Anzahl der gegliederten und wenigstens ursprünglich paarigen Extremitäten — Antennen, Mandibeln, 1. Maxillen und Unterlippe — ist zu entnehmen, daß in der Kopfkapsel der Raupen mindestens vier Segmente verschmolzen sind. Die vergleichende Embryologie der Insekten macht es jedoch wahrscheinlich, daß dem vordersten extremitätentragenden Segment, dem Antennensegment, noch das Augensegment und das sog. Akron vorgelagert sind und daß zwischen dem Antennensegment und dem die Mandibeln tragenden Segment ein als ,,Interkalar" bezeichnetes Segment ohne Extremitäten einzuschieben ist. Ob dem Akron der Wert eines Segmentes oder der eines einfachen Kopflappens zuzuschreiben ist, bleibt jedoch fraglich (Handlirsch[1]). Wahrscheinlich ist also der Kopf der Insekten und somit auch der der Seidenraupe aus dem Akron und sechs Segmenten entsprechend dem nachfolgenden Schema zusammengesetzt:

| Segment | Gliedmaßen |
|---|---|
| Akron | — |
| 1. (Augensegment) | — |
| 2. | Antennen |
| 3. (Interkalar) | — |
| 4. | Mandibeln |
| 5. | 1. Maxillen |
| 6. | 2. Maxillen = Unterlippe |

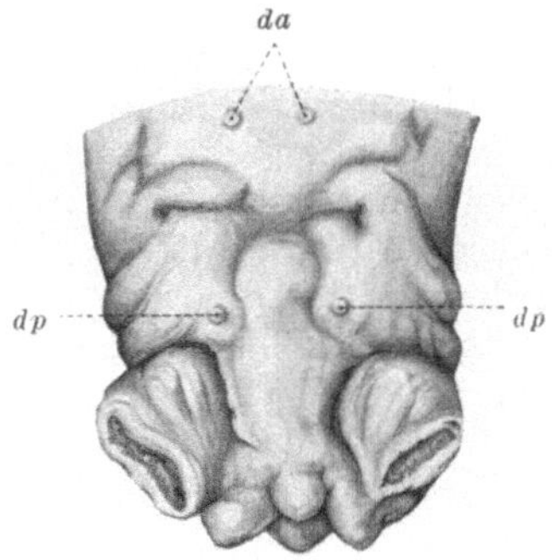


Abb. 40. Die Imaginalscheiben (,,Punkte von Ishiwata") für die weiblichen Geschlechtsorgane auf der Ventralseite des 11. und 12. Segmentes einer Raupe im 5. Stadium. *da* = vordere, *dp* = hintere Imaginalscheiben. Nach Quajat (1904).

## Äußere Geschlechtsmerkmale.

Das Geschlecht der Seidenraupen nach äußeren Merkmalen festzustellen ist nicht ganz leicht. Lange war man bemüht, irgendein sicheres Unterscheidungsmerkmal zu finden. Für die Zucht, besonders für Kreuzungen (S. 164) ist es nämlich von großer Wichtigkeit, die Tiere nach Geschlechtern zu trennen, bevor die Falter schlüpfen und sich gegenseitig begatten können. Sinnreiche Methoden sind dazu ausgearbeitet worden (s. S. 164 oder bei Bock[2]), rechtzeitig diese Trennung vorzunehmen. Quajat[3] konnte zeigen, daß die größeren Raupen zur Hauptsache weibliche Tiere, die kleineren dagegen männlichen Geschlechts sind. Die Trennung kann dadurch bis zu 80 oder in Einzelfällen gar 90% Vollständigkeit erfolgen, aber ein unbestimmbarer oder falsch bestimmter Rest bleibt übrig. Eine genaue und 100proz. Trennung ermöglicht die von Ishiwata[4] entdeckte

[1] Handlirsch, A.: Insecta. In: Kükenthal, Handb. d. Zoolog., Bd. 4, 1926.

[2] Bock, Fr.: Arthropodenseiden. In: Rohstoffe des Tierreiches, Bd. 1. Berlin: Verlag Borntraeger 1931/32.

[3] Quajat: Ricerche sperimentali dirette a distinguere il sesso nelle uova e nella larva. Annuario R. stazion. bacolog. di Padova, Bd. 31, 1903. — Nuove ricerche dirette a constatere il sesso nello uova e considerazioni sul metodo Ishiwata per la seperazione delle larve. Annuario R. stazion. bacolog. di Padova, Bd. 32, 1904.

[4] Ishiwata: Sur les marques extérieures des sexes du ver-à-soie. Bull. de l'Ass. Seric. du Japon, No 146, Tokyo, 1904. Siehe auch Verson, E.: Dei segni esterni atti a rivelare nel Bombyx m. il sesso della larva. Annuario R. stazione bacol. Padova, Bd. 32, 1904.

Tatsache, daß sich auf der Ventralseite des elften und zwölften Segmentes der weiblichen Raupen im ganzen vier kleine, punktförmige Marken befinden (Abb. 40 *da* und *dp*), die die Anlagen (Imaginalscheiben) zu Geschlechtsorganen des Schmetterlings darstellen. Diese sind für das geübte Auge ohne weiteres oder bei schwacher Lupenvergrößerung zu erkennen.

## IV. Postembryonale Entwicklung der Raupe.

Die im vorhergehenden Kapitel gegebene Beschreibung bezieht sich auf das letzte Raupenstadium, das nach vier Häutungen normalerweise etwa 25 Tage nach dem Auskriechen aus dem Ei erreicht wird. In den etwa 33 Tagen ihres Raupendaseins machen die Tiere eine gewaltige Entwicklung durch, die vor allem schon an der Größen- und Gewichtszunahme kenntlich wird. Während das frisch geschlüpfte Räupchen 3 mm lang ist und durchschnittlich 0,00047 g wiegt, mißt die ausgewachsene Raupe von 3,65 g Gewicht etwa 90 mm. Die Länge nimmt in der kurzen Zeit auf das 30fache, das Gewicht auf das 7—8000-fache zu! Dieser erstaunlichen Entwicklung kann die äußere Körperbedeckung der Tiere, das Chitin, nicht folgen, so daß sie viermal in der Zeit abgeworfen und erneuert wird: die Tiere häuten sich. Hierdurch wird das Raupendasein in fünf Perioden zerlegt, die bei normalen Zuchtbedingungen (20—22° C, 70% relative Feuchtigkeit usw.) von bestimmter Dauer sind. Für die europäischen Rassen gelten dabei folgende Werte:

| | |
|---|---|
| 1. Stadium | 5 Tage |
| 1. Häutung | 1 Tag |
| 2. Stadium | 4 Tage |
| 2. Häutung | 1 Tag |
| 3. Stadium | 5 Tage |
| 3. Häutung | 1 Tag |
| 4. Stadium | 6 Tage |
| 4. Häutung | 2 „ |
| 5. Stadium | 8—9 „ |
| Zusammen etwa | 33 Tage. |

### Größe und Gewicht.

Über Größe und Gewicht der Tiere in den einzelnen Perioden unterrichtet nachfolgende Tabelle:

| Stadium | Länge zu Beginn des Stadiums mm | Gewicht zu Beginn des Stadiums g |
|---|---|---|
| 1. | 3 | 0,00047 |
| 2. | 7 | 0,0066 |
| 3. | 16 | 0,034 |
| 4. | 26 | 0,16 |
| 5. | 45 | 0,75 |
| | Am Ende der 5. Periode 90 | Am Ende der 5. Periode 3,65 |

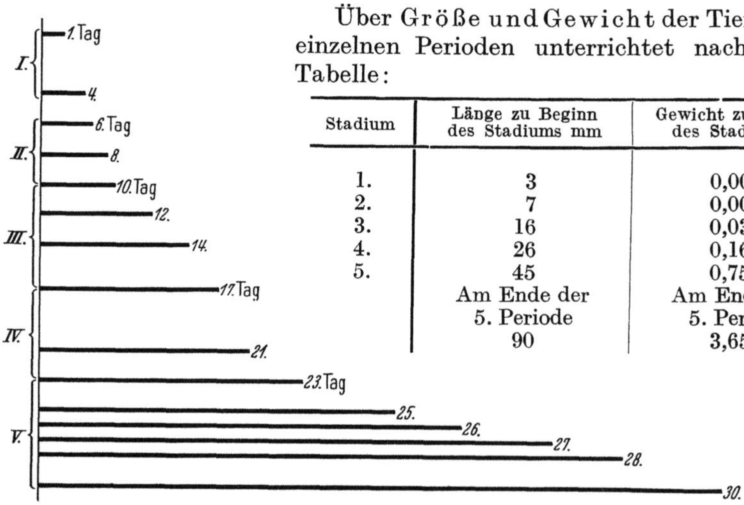


Abb. 41. Länge der Raupen verschiedenen Alters in natürl. Größe. — Nach Cornalia (verändert).

Da die Raupe am Ende der fünften Larvenperiode ihren Darm völlig entleert, verliert sie sowohl an Größe, wie an Gewicht. Serebremikow[1] hat für verschiedene Rassen die Durchschnittsgewichte der Raupen unmittelbar vor dem Einspinnen bestimmt. Er gibt folgende Werte an: Ascoli: 3,106 g $\pm$ 0,4 g; weiße französische Rasse: 2,79 g $\pm$ 0,101 g; Buchara: 3,278 g $\pm$ 0,036 g; Bagdad: 3,48 g $\pm$ 0,063 g; weiße Turkestaner: 3,238 g $\pm$ 0,0549 g und rosa chinesische Rasse: 2,082 g $\pm$ 0,044 g. Die Abb. 41 gibt für verschiedene Alter die Größen im natürlichen Maßstabe wieder, zugleich läßt sie das Maß der Größenzunahme erkennen, da die Abstände der Längenmarken dem Alter der Tiere entsprechend eingehalten sind. Ganz besonders auffällig kommt so das bemerkenswert schnelle und bedeutende Wachstum nach der vierten Häutung zur Darstellung.

Abb. 42. 1. Raupenstadium kurz vor der Häutung. Vergrößerung 1,7mal. — Original.

Abb. 43. 2. Häutung. Hinter der frisch geschlüpften Raupe die abgestreifte Raupenhaut. Vergrößerung 2mal. — Original.

## Häutungen und postembryonale morphologische Veränderungen.

Während der Häutungen (Abb. 42—45) sind die Raupen fast unbeweglich, so daß der Züchter daher oft nicht von einer 1., 2. usw. Häutung, sondern vom 1., 2. usw. „Schlaf" spricht. Die Raupe verharrt während dieser Zeit in einer charakteristischen Stellung mit hochgehobenem Vorderende (Abb. 44), so daß selbst die Brustfüße nicht mehr die Unterlage berühren. Um so fester haftet das Tier mit den Abdominalfüßen an der Unterlage, wobei ein unmittelbar vor dem „Schlaf" ausgeschiedener Spinnfaden wertvolle Dienste leistet. Der Kopf ist etwas nach unten eingeschlagen.

Abb. 44. 4. Schlaf. Vergrößerung 1,5mal. — Original.

Die Vorgänge der Häutung werden äußerlich dadurch eingeleitet, daß die Raupe weniger Nahrung aufnimmt und sie schließlich ganz verweigert. Die im Enddarm befindlichen Kotmengen werden restlos entleert, wonach die Raupen ein etwas gelbliches und durchscheinendes Aussehen erhalten. Darauf heften sie sich in der erwähnten Weise (Abb. 44) fest und verharren 24 Stun-

[1] Serebremikow, M. J.: Zur Variabilität des Gewichtes der Raupen von *Bombyx mori*. In: Arbeiten der Moskauer Forsch.-Stat. f. Seiden u. Seidenraupenzucht, Bd. 2, Lief. 1—2, 1927.

den oder — bei der vierten Häutung — 36 Stunden im „Schlaf". Nach dieser Zeit platzt die alte Haut durch die Bewegungen der in ihr eingeschlossenen Raupe auf der Dorsalseite unmittelbar hinter dem Kopf, und das Tier zieht sich aus der alten Hülle allmählich heraus (Abb. 43). Letzteres wird dadurch erleichtert, daß die alte Chitinhaut durch die Spinnfäden an der Unterlage befestigt ist. Das frischgehäutete Tier besitzt ein noch ganz weiches Chitin, das aber an der Luft bald erhärtet.

Aber nicht bloß das Chitin der Haut mit ihren äußeren Differenzierungen (Haaren, Borsten usw.) wird bei der Häutung erneuert. Auch das Respirationssystem und Teile des Darmes nehmen als Einstülpungen der äußeren Haut an diesen Vorgängen teil und streifen das Chitin ab. Infolge dieser tiefgreifenden Vorgänge sind die Tiere während dieser Zeit sehr empfindlich gegen schädigende Einflüsse und bedürfen sorgfältiger Pflege (s. S. 161).

Abb. 45. Exuvien nach der 4. Häutung. Vergrößerung 1,7mal. Original.

Im Gegensatz zu den ausgewachsenen Tieren sind die Raupen des ersten Stadiums auf ihrem ganzen Körper mit dunkelbraunen Chitinhaaren so dicht besetzt, daß sie dunkelgefärbt erscheinen (Abbildung 42). Jedoch schon durch die erste Häutung geht dieses Haarkleid verloren. Während die Borsten der Raupen des zweiten bis fünften Stadiums eine glatte Kontur haben, zeigen die der ganz jungen Raupen unter dem Mikroskop eine feine Zähnelung.

Obwohl sich zwischen den Häutungen das Chitin nicht mehr erneuert, ist durch eine allerdings begrenzte Nachgiebigkeit ein Wachstum des Tieres durchaus möglich. Besonders kräftig verhärtete Chitinstücke sind jedoch nicht in der Lage, dem Wachstum zu folgen. Dieses zeigt sich z. B. an dem halbkreisförmigen Chitinring, der die Endfläche der Abdominalfüße am Außenrand umgibt (S. 39) und welcher ihre Form in verschiedener Weise beeinflußt, je nachdem die vorhergegangene Häutung vor längerer oder kürzerer Zeit stattfand (Verson[1]). Unmittelbar nach einer Häutung sind die Abdominalextremitäten ziemlich zylindrisch; am Ende einer Larvenperiode, also vor einer erneuten Häutung, wirken die Chitinspangen wie Fesseln für das Gewebe nahe der Endfläche: Die Füße bekommen dadurch eine nach unten konisch verjüngte Form.

Die Abdominalbeine erfahren im Laufe des Raupenlebens beachtenswerte Veränderungen in der Ausbildung der Chitinhäkchen an ihrer terminalen Endfläche. Diese Veränderungen sind bei einem Vergleich der Abb. 34 u. 46 leicht erkennbar. Bei der jungen Raupe (Abb. 46) sind die Haken auf den ganzen Umkreis der Endfläche verteilt. Verson[2] weist mit Recht darauf hin, daß

[1] Verson, E.: Sull' armatura delle zampe spurie nella larva del filugello. In: Annuar. staz. bac. Padova, Bd. 29, 1901.

[2] Verson, E.: Di certa modalità morfologiche che mal si prestano a criteri di classificazione sistematica. Ann. staz. bac. Padova 42, 1917.

also die junge Seidenraupe des ersten Stadiums Kranzfüße, keine „Klammerfüße" besitzt. Allerdings sind die Häkchen am Außenrand sehr viel schwächer als auf der Gegenseite. Sie bilden sich mit jeder Häutung weiter zurück und verschwinden schließlich ganz. Die Häkchen der Innenseite dagegen nehmen von Häutung zu Häutung an Zahl und Größe ständig zu. Bei jungen Raupen sind weiterhin die Haken noch nicht zu zwei Reihen angeordnet, auch sind die in der Mitte des Innenrandes befindlichen noch nicht in typischer Weise gekrümmt. Diese haben — im Gegensatz zu den gekrümmten — die Chitinoberfläche der Haut noch nicht durchbrochen, sie entwickeln sich vielmehr erst noch zu typisch geformten Haken und treten bei der nächsten Häutung frei zutage. Diese von Chitin überzogenen, papillenförmigen Bildungsstätten für die Chitinhäkchen trifft man nur bei den Raupen des ersten bis vierten Stadiums an; sie wurden früher fälschlich als „Haftpapillen" angesehen (s. S. 40).

Die Zahl der Häkchen nimmt mit den Häutungen beträchtlich zu, wie aus nachstehender Tabelle mit den von Verson[1] angegebenen Durchschnittswerten zu erkennen ist.

| Stadium | Abdominalfuß Nr. 1 | 2 | 3 | 4 | 5 |
|---|---|---|---|---|---|
| I. | 15 | 13 | 13 | 15 | 14 |
| II. | 25 | 24 | 23 | 25 | 28 |
| III. | 39 | 37 | 37 | 40 | 44 |
| IV. | 46 | 40 | 43 | 46 | 46 |
| V. | 45 | 39 | 47 | 49 | 62 |

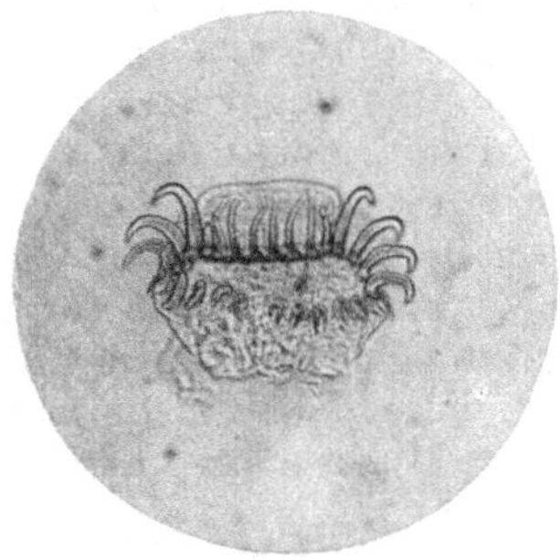

Abb. 46. Terminale Endfläche eines Abdominalbeines einer eben geschlüpften Seidenraupe. Vergrößerung 66mal. — Original.

Die fünfte Larvenperiode schließt dadurch ab, daß die Tiere einen Kokon spinnen und in diesem als Puppe die Umwandlung zum Schmetterling durchmachen (S. 58).

## V. Innerer Bau der Raupe.

### Muskulatur.

Die die äußere Gestalt der Insekten bestimmende Körperdecke hat infolge der Ausbildung einer mehr oder weniger kräftigen Chitinschicht die vielseitigen Aufgaben der Knochen der Wirbeltiere zum großen Teil mit übernommen. Zu diesen gehört auch die, den Muskeln Halt und Ansatz zu gewähren. Die Ausbildung der Muskeln bei den Arthropoden ist daher einmal durch das Vorhandensein dieses Außenskelettes bedingt, ferner durch den Besitz von paarigen, gegliederten und beweglichen Extremitäten und durch die Segmentierung. Letztere bedingt eine segmentale Aufteilung der Muskulatur derart, daß sich die meisten Muskeln eines jeden Segmentes nur bis zu dem benachbarten erstrecken und daß sich andererseits die Muskeln in gleicher oder ähnlicher Zahl und Anordnung in jedem Segment wiederholen. Eine Ausnahme machen die Eingeweidemuskeln, die bei den einzelnen Organsystemen (Darm usw.) besprochen werden.

Die Körpermuskulatur der Seidenraupe läßt drei eng übereinanderliegende Schichten erkennen, von denen die am tiefsten liegende am deutlichsten und kräftigsten ausgebildet ist und eine ziemlich geschlossene Decke darstellt. In ihr liegen die Muskeln parallel zur Längsachse des Tieres. Maximal sind von diesen in einem Segment zehn Muskeln (jederseits fünf) ausgebildet. Von ihnen verlaufen

[1] Zitiert S. 46.

auf jeder Seite zwei dorsal, drei ventral von der Stigmenreihe. Jedoch können besonders in dem vorderen Thorakalsegment und in den letzten Abdominalringen Verschmelzungen und Rückbildungen stattfinden. So vereinigen sich im ersten Thorakalsegment die beiden dorsalen Muskeln zu einem einzigen, der sich nach vorn stark verjüngt. Die Muskeln inserieren unmittelbar an den vorderen Segmentgrenzen, nur einer der drei Ventralmuskeln hat, soweit er entwickelt ist, in dem betreffenden Segment den Insertionspunkt näher zur Mitte verlegt. Die Aufgabe der Längsmuskeln besteht darin, die Raupe zusammenzuziehen oder bei einseitigem Zuge sie zu krümmen. Durch die Kontraktionen der Längsmuskeln werden die Intersegmentalhäute nach innen eingeschlagen und die Segmente wie die Glieder eines Fernrohres ineinandergeschoben.

Die mittlere Muskellage besteht aus den musculi obliqui, deren Fasern etwas geneigt zu denen der untersten Schicht liegen. Durch sie werden Torsionen und schiefe Bewegungen des Körpers ermöglicht. Cornalia[1] unterscheidet jederseits in jedem Segment sechs von diesen, von denen je drei dorsal und je drei ventral von der Stigmenlinie liegen. Auch bei ihnen kommen wie bei den geraden Muskeln in manchen Segmenten Verschmelzungen, Rückbildungen oder Abänderungen im Verlauf vor. Im neunten Abdominalsegment treten die Muskeln in ganz enge Beziehungen zum Darm, indem sie radial zu ihm angeordnet sind. Funktionell sind diese daher nicht mehr zur eigentlichen Körpermuskulatur zu rechnen. Andere Muskelzüge dieser zweiten Schicht stehen in Beziehung zu den Atmungsorganen.

Die Muskeln der äußersten Schicht, also derjenigen, die der Haut am nächsten liegt, gehen nicht über die Segmentgrenzen hinaus, sondern verlaufen nur innerhalb eines jeden Segmentes in sehr schräger, dorsoventraler Richtung. Sie bewirken durch ihre Kontraktionen eine Verschmälerung der Segmente, wodurch das ganze Tier in die Länge gestreckt wird. Neben der Elastizität des Chitins sind es also diese Muskeln, die den Längsmuskeln der innersten Lage als Antagonisten entgegenwirken. Besondere Bedeutung haben die Muskeln der äußersten Schicht aber dadurch, daß sie in die Extremitäten einstrahlen und deren Bewegungen ausführen. Cornalia[1] zählt in der äußeren Schicht 268, in der mittleren 168 und in der inneren 110 Muskeln, wobei die Muskulatur des Kopfes, die von der der Körpersegmente erheblich abweicht, nicht mitgerechnet ist.

In die proximalen Glieder der Thorakalextremitäten ziehen von der ventralen Mittellinie des zugehörigen Segmentes zwei Muskeln hinein, einer als Beuger (Flexor) zur Innenseite des Gliedes, der andere als Strecker (Extensor) zur Außenwandung. Vom proximalen Ende des ersten Gliedes der Extremität führen in entsprechender Anordnung wieder zwei Muskeln zum zweiten Glied hin, vom zweiten Glied nochmals zwei weitere zum dritten Glied, wovon allerdings ein Muskel durch eine ziemlich lange Sehne mit der Kralle in Verbindung ist. Diese wird außerdem noch von einem Muskel bewegt, der im dritten Beinglied seinen Ursprung hat.

## Morphologie des Darmes.

Das Innere der Raupe ist zum großen Teile erfüllt von dem recht voluminösen Darm, der als ein gerades Rohr das Tier von vorn bis hinten durchzieht (Abb. 47). Der Entstehung und dem feineren Bau nach gliedert sich der Darm in drei Teile: Vorderdarm (Stomodaeum, Abb. 47 *Vd*), Mitteldarm (Mesenteron oder Mesodaeum, *M*) und Enddarm (Proctodaeum, *E*). Von der auf der Ventralseite zwischen den Mundwerkzeugen gelegenen Mundöffnung steigt der Vorderdarm zunächst als

[1] Zitiert S. 38.

Pharynx stark nach hinten gerichtet zur Dorsalseite an (Abb. 51 *Ph*). An der Grenze zwischen Kopf und Thorax geht der Vorderdarm in den sehr erweiterungsfähigen Oesophagus über. In der Höhe des zweiten Thorakalsegmentes befindet sich die Grenze zwischen Stomodaeum und Mesodaeum; an ihr senkt sich der Proventrikel trichterförmig in den Mitteldarm ein (s. Abb. 47). Dieser letztere ist der wichtigste und bei weitem größte Darmabschnitt, der sich vom zweiten Thorakalsegment bis zum sechsten Abdominalsegment, also über etwa dreiviertel der Gesamtlänge des Tieres erstreckt. Der Mitteldarm stellt ein in seinem Verlauf fast gleichmäßig dickes Rohr dar; doch kommen durch den Darminhalt Ausweitungen vor, wie es auch Abb. 47 erkennen läßt.

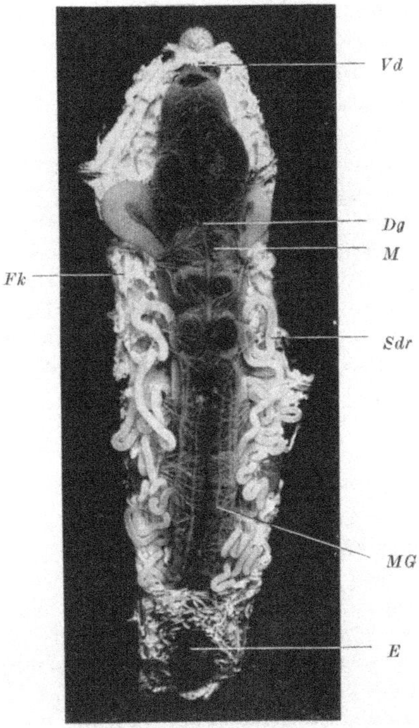


Abb. 47. Raupe, 5. Stadium, von der Dorsalseite her geöffnet. *Dg* = Dorsalgefäß, *E* = Enddarm, *Fk* = Fettkörper, *M* = Mitteldarm, *MG* = Malpighisches Gefäß, *Sdr* = Seidendrüse, *Vd* = Vorderdarm. Vergrößerung 1,3mal. — Original.

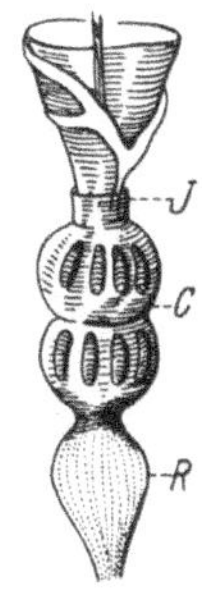


Abb. 48. Schematische Zeichnung des Enddarmes der Seidenraupe. *C* = Coecum, *J* = Insertion der Malpighischen Gefäße, *R* = Rektum. Nach Acqua (1930).

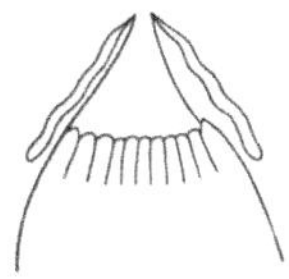

Abb. 49. Schematische Zeichnung des Oesophagus und der Speicheldrüsen der Seidenraupe. Nach Acqua (1930).

Am Enddarm lassen sich einige kleinere Abschnitte unterscheiden: Dünndarm, Dickdarm und Mastdarm. Die Abschnitte sind bei der Seidenraupe nicht sonderlich deutlich, aber immerhin äußerlich (Abb. 48) wie auch an der Verschiedenheit der inneren Struktur (s. S. 112 und Abb. 56) kenntlich. Der Dickdarm besitzt kleine, blindsackartige Ausstülpungen.

Das verdauende Sekret wird ausschließlich in Drüsenzellen gebildet, die in der Wandung des Darmes liegen; zur Bildung kompakter, vom Darmkanal gesonderter Drüsen (nach Art der Leber usw.) ist es nicht gekommen. Auch die sonst bei Insekten häufigen Chylusschläuche fehlen der Seidenraupe. Die einzigen Drüsen, die mit der eigentlichen Tätigkeit des Darmes vielleicht in direktem Zusammenhang stehen, sind ein Paar winziger Schläuche, die zu beiden Seiten des Ösophagus verlaufen und unmittelbar an der Mundöffnung in die Mundbucht einmünden (Abb. 49). Man bezeichnet sie wegen ihrer Lage als Speicheldrüsen, obwohl sie eine entsprechende Funktion nicht ausüben.

Der vorderste Abschnitt des Enddarms, das Ilium, ist dadurch gekennzeichnet, daß in ihm an zwei symmetrisch gelegenen Stellen die Malpighischen Schläuche (Vasa malpighi, Abb. 47 *M G*) einmünden (Abb. 48 *J*). Letztere haben eine exkretorische Aufgabe. Auf jeder Seite des Darmes sind drei solcher Schläuche ausgebildet, die sich vor ihrer Einmündung in den Darm zu einem gemeinsamen Gang vereinigen. Dieses kurze Stammstück erweitert sich für eine kleine Strecke zu einer „Harnblase". Beim Übergang in die Malpighischen Gefäße gabelt es sich zunächst in zwei Schläuche, von denen sich einer bald wieder zweiteilt. Die drei nunmehr getrennten Schläuche verlaufen unmittelbar der Darmwand anliegend dem Vorderende des Tieres zu und dringen etwa bis zur Mitte des Mesenterons vor, um dann nach einer scharfen Wendung in einem zum aufsteigenden Abschnitt parallelen Verlauf umzukehren. Von den drei Schlingen, die sich jederseits vom Darm befinden, liegt eine ventral, die beiden anderen dorsal. Das Hinterende eines jeden Malpighischen Schlauches erstreckt sich bis in die letzten Segmente der Raupe. Dort ist es — immer der Darmwand anliegend — in zahlreiche Windungen gelegt, so daß hier der Exkretionsapparat einem dichten Knäuel von blindgeschlossenen Schläuchen gleicht.

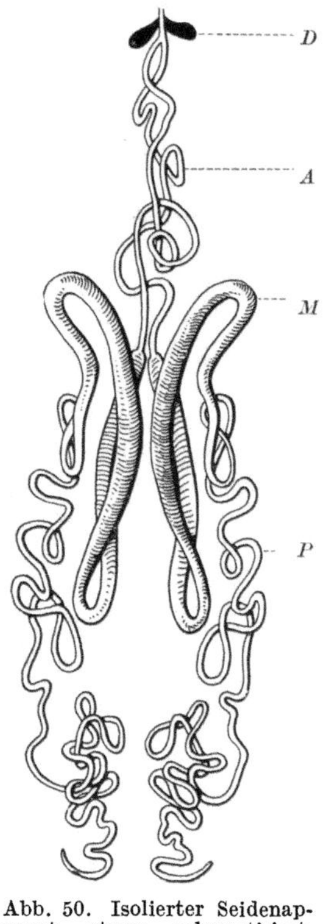

Abb. 50. Isolierter Seidenapparat, etwas schematisiert. *A* = vorderer, M = mittlerer, *P* = hinterer Drüsenabschnitt, *D* = Filippische Drüsen. Nach Acqua (1930).

## Seidendrüse.

In der erwachsenen Raupe nehmen die beiden Seidendrüsen einen sehr beträchtlichen Raum (fast dreiviertel der Körperlänge) ein. Jede von ihnen stellt einen langen Schlauch dar, der in zahlreichen Windungen unter und hauptsächlich neben dem Darm verläuft. Abb. 47 *Sdr* zeigt diese Windungen in ihrer natürlichen Lagerung. In ihrem hinteren Abschnitt hat die Drüse einen annähernd gleichbleibenden Durchmesser von etwa 1 mm; im mittleren Abschnitt (Abb. 50 *M*) dagegen ist sie ganz erheblich dicker (3 mm Durchmesser). Der nun nach vorne anschließende Teil ist außerordentlich dünn und liegt ventral vom Darm. Noch weiter nach vorne vereinigen sich die beiden Spinndrüsen zu einem kurzen, unpaaren Gang, der an der Spinnwarze (Abb. 37 *spw*) auf der Ventralseite der Unterlippe (Labium S., 42) nach außen mündet. In unmittelbarer Nähe des Zusammenflusses der beiden paarigen Seidendrüsen zu dem unpaaren Gang liegen die „Filippischen oder Lyonetschen" Drüsen (Abb. 50 *D*), kleine Drüsen von unbekannter Funktion. Das Seidensekret wird im hinteren Teil (*P*) der Seidendrüsen mit seinen zahlreichen Windungen gebildet; der kräftige mittlere Teil (*M*) stellt das Reservoir dar, von wo aus das Seidensekret durch den vorderen Drüsenabschnitt (*A*) zur Ausmündungsstelle gelangt.

Die Farbe der Seidendrüsen der spinnreifen Raupen ist bedingt durch die Farbe der Seide; sie ist also bei „gelben" Rassen gelb, bei „weißen" weiß usw. Während die Raupe eine Länge von 9 cm erreicht, mißt die Seidendrüse eines erwachsenen Tieres bis zu 35 cm. Hiervon kommen etwa 23 cm auf den hinteren

Abschnitt, 9 cm auf den mittleren und drei bis vier auf den vorderen. Doch sind die Größenverhältnisse der einzelnen Abschnitte starken Schwankungen je nach Rasse und Individuum unterworfen.

Entsprechend der Aufgabe, die Raupe vor der Puppenruhe mit einem Seidenkokon zu umgeben, sind die Seidendrüsen unmittelbar vor Beginn des Verspinnens besonders umfangreich und stellen einen erheblichen Prozentsatz des Gesamtkörpergewichtes dar. In dem ersten Raupenstadium dagegen sind die Seidendrüsen verhältnismäßig klein, um erst allmählich zu ihrem gewaltigen Umfang heranzuwachsen. Schon Helm[1] konnte diese Entwicklung zahlenmäßig belegen. Nach ihm sind in einer jungen, 3 mm großen Raupe die Spinndrüsen ebenfalls bloß 3 mm lang, in einer Raupe von 5 mm Länge 5,5 mm, bei 23 mm Raupenlänge 34 mm und in 39 mm langen Tieren schon 103 mm. Das Nettogewicht der vollständig entwickelten Spinndrüsen eines Tieres beträgt nach den Angaben des gleichen Autors 0,541 g, was etwa 15% des Gesamtkörpergewichtes bedeuten würde. Calugareanu[2] kommt in neueren Untersuchungen zu ähnlichen Ergebnissen. Er konnte feststellen, daß am 22. Tage des Raupendaseins die Spinndrüsen zusammen 7,45% des Körpergewichtes ausmachen, am 26. Tage 12,36%, am 30. Tage 18,51% und unmittelbar vor dem Einspinnen — ohne absolute weitere Zunahme der Spinndrüsensubstanz, aber infolge der voraufgegangenen Entleerung des Darmes — 25,62%.

Die Seidendrüsen (wie auch die Speicheldrüsen) sind vergleichend morphologisch auf die Nephridial-(Segmental-)organe der Anneliden zurückzuführen, wobei allerdings hinsichtlich ihrer Funktion eine Änderung eingetreten ist. Der Funktionswechsel ist jedoch mehr graduell als prinzipiell. In beiden Fällen wird ein Stoffwechselprodukt nach außen abgegeben, das in einem Fall (Nephridialorgan) für das Tier wertlos, ja schädlich ist, in dem anderen Fall (Seidendrüsen) für den Produzenten noch eine wichtige Aufgabe zu erfüllen hat.

Innerhalb der Arthropodengruppe haben die Spinndrüsen ihr Homologon vielleicht in den Coxal- oder Cruraldrüsen der Tausendfüßler, die aber ihrerseits wiederum auf die Segmentalorgane der Anneliden zurückzuführen sind.

## Nervensystem.

Das Nervensystem der Seidenraupe liegt — wie bei allen bilateralsymmetrischen wirbellosen Tieren — zum größten Teil unter dem Darm. Schiebt man in dem vom Rücken her geöffneten Tier Darm und Seidendrüsen zur Seite oder entfernt diese Organe, so gewahrt man das Nervensystem, wegen seiner Lage „Bauchmark" genannt, als einen feinen, weißen Strang, der fast die ganze Länge der Raupe durchzieht. Im Verlauf dieses Stranges findet sich eine Anzahl von knotenartigen Verdickungen, die als „Ganglien" die Zentren des Nervensystems darstellen.

Die Gesamtanlage entspricht ganz dem bekannten Schema eines „Strickleiternervensystems" mit zwei den Körper durchziehenden, parallel verlaufenden Nervenlängssträngen (Konnektiven), die in jedem Segment in einem Ganglienknotenpaar ein nervöses Zentrum besitzen. Im Kopf (Abb. 51) befindet sich ein als Unterschlundganglion (U.S.G.) bezeichneter ventraler Ganglienknoten. Die von ihm nach vorne ausgehenden Konnektive (Schlundkonnektive S.kon.) umgreifen rechts und links den mittleren Teil des Pharynx (Ph.), um sich dann dorsal von ihm zum Oberschlundganglion (O.S.G.) zu vereinigen. In ihm sind drei Ganglienpaare verschmolzen, die im wesentlichen die Sinnesorgane zu versorgen haben;

[1] Helm, F. E.: Über die Spinndrüsen der Lepidopteren. Z. wiss. Zool. Bd. 26, 1876.

[2] Calugareanu, D.: Eine funktionelle Eigentümlichkeit der Spinndrüsen des Seidenspinners (*Bombyx mori* L.). Z. vergl. Physiol. Bd. 13, 1930.

das nervöse Zentrum für die Mundwerkzeuge ist das Unterschlundganglion, das entsprechend der Zahl der Mundgliedmaßen (Mandibeln, 1. und 2. Maxillen) ebenfalls aus drei Ganglienpaaren besteht.

Die nachfolgende Bauchganglienhgruppe enthält bei der Seidenraupe elf Ganglienknoten (Abb. 97), von denen drei im Brustabschnitt, acht im Abdomen gelagert sind. Da letzteres aus neun deutlich voneinander getrennten Segmenten besteht, ist eines, das letzte, ohne eigenes Ganglienpaar (s. S. 93). Die Ganglien sind äußerlich nicht als paarig zu erkennen, sie erscheinen vielmehr als einheitliche Knoten. Die Doppelnatur der Konnektive ist nur im Brustabschnitt äußerlich gut sichtbar, da hier die beiden Längsstämme ziemlich weit voneinander getrennt sind; im Abdomen liegen diese jedoch dicht nebeneinander und sind streckenweise von einer gemeinsamen Hülle umgeben, die nur die hinteren Teile eines jeden Konnektivpaares freigibt. Vom letzten, achten Abdominalganglion, das mit dem siebenten nur durch kurze Konnektive verbunden ist, ziehen, weit voneinander getrennt, zwei Längsnerven weiter nach hinten, wo sie sich schließlich auffasern.

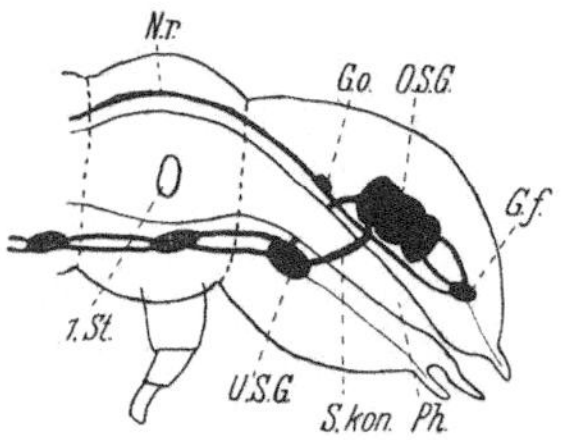


Abb. 51. Schema des Nervensystems im Kopf und 1. Thorakalsegment der Seidenraupe. *G.f.* = Ganglion frontale, *G.o.* = Ganglion oesophageale, *N.r.* = Nervus recurrens, *Ph.* = Pharynx, *O.S.G.* = Oberschlundganglior, *S.kon.* = Schlundkonnektiv, *1. St.* = 1. Stigmum, *U.S.G.* = Unterschlundganglion. Original.

Neben diesem Nervensystem, das im wesentlichen die Sinnesorgane und die Muskulatur zu versorgen hat, existieren noch einige kleine andere Nervensysteme, deren Fasern die Eingeweide (besonders den Darm) aufsuchen und daher — in Analogie mit den für Wirbeltiere gültigen Verhältnissen — als „sympathisches" Nervensystem bezeichnet werden. Über dem Vorderdarm — zwischen diesem und dem Rückengefäß — verläuft ein Nerv (nervus recurrens, Abb. 51 *N. r.*), der Abzweigungen zur Darmwand abgibt, nach hinten zu sich aufteilt und vorne an dem v o r dem Oberschlundganglion gelegenen Frontalganglion (G.f.) seinen Ursprung nimmt. Dieses steht wiederum durch zwei seitlich verlaufende Nerven (Nervi stomatogastrici) mit dem Oberschlundganglion in Verbindung. Im Verlauf des Nervus recurrens befindet sich eine kleine gangliöse Anschwellung, das Ganglion oesophageale (G. o.).

Zum sympathischen Nervensystem wird vielfach auch der Nervus medianus mit seinen Abzweigungen gerechnet, trotzdem diese nicht den Darm aufsuchen, sondern zusammen mit Nervenendigungen, die vom Bauchmark ausgehen, an den Tracheen endigen. Der Nervus medianus verläuft im Abdomen von vorne nach hinten, genau zwischen den Konnektiven des Bauchmarks. Bei der Seidenraupe entspringt er einmal dem linken, einmal dem rechten Ganglion eines Knotens. In seinem nach hinten gerichteten Verlauf liegt er zunächst den beiden Konnektiven des Bauchmarks auf deren Dorsalseite ganz dicht an und ist sogar zusammen mit diesem von einer gemeinsamen Bindegewebshülle eingeschlossen. Erst kurz vor dem nächsten Ganglion hört die Bindegewebshülle auf und läßt die beiden Konnektive und den Mediannerven frei. Der letztere teilt sich dann sogleich in zwei übereinander liegende Teile, von denen sich der untere wieder den beiden Konnektiven nähert und ins nächste Ganglion eindringt. Der obere Teil gabelt sich bald in zwei seitliche Äste, die fast rechtwinklig nach den beiden Seiten umbiegen, sich auffasern und Tracheen und Stigmen innervieren.

## Atmungssystem.

Die **Atmungsorgane** der Seidenraupe sind wie die aller Insekten (und auch der Spinnen und Tausendfüßler) die Tracheen, die als vielfältig und fein verzweigte Röhren den ganzen Körper durchziehen. Ihrer Entstehung und ihrem feineren Bau nach sind sie von der äußeren Haut abzuleiten. Nach außen öffnen sich die Tracheen durch Atemlöcher, ,,Stigmen", von denen bei der Seidenraupe neun Paar auf Brust und Abdomen verteilt sind (Abb. 5). Von einem Atemloch

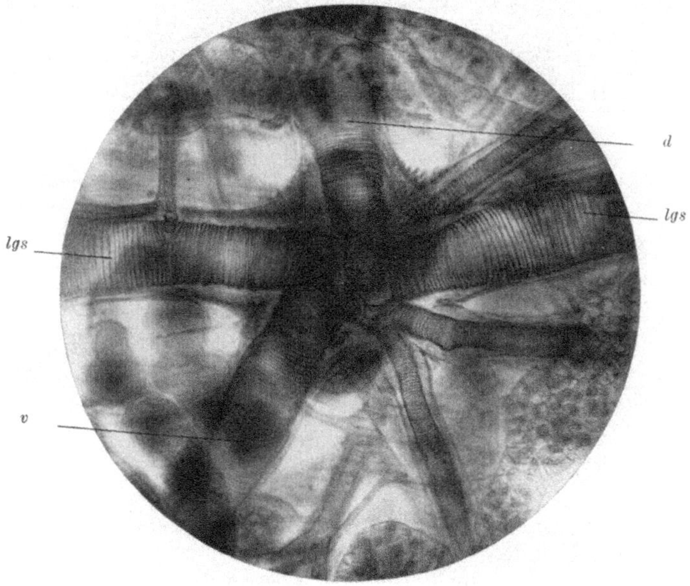


Abb. 52. Aufsicht auf die von einem Stigma abgehenden Tracheen der Seidenraupe. *d* = dorsal verlaufende Trachee, *lgs* = längsverlaufende Tracheen, *v* = ventral verlaufende Trachee. Vergrößerung 150mal. — Original.

strahlen ins Innere der Raupe zahlreiche kräftige und feinere Tracheen (Abb. 52 und 53) aus; von ihnen verzweigen sich die meisten immer weiter und weiter zu schließlich sehr feinen und engen Röhren. Diese umspinnen sämtliche inneren Organe, wie Darm, Seidendrüse usw. (Abbildung 54 u. 55).

Von jedem Stigma steigt neben vielen kleineren ein besonders kräftiges Tracheenrohr fast senkrecht zur Dorsalseite an (Abb. 52*d*) und versorgt dort Muskulatur, Fettkörper und das Dorsalgefäß, wobei es sich völlig auffasert. Schräg dorsal vom Stigma abgehende Tracheen enden am Darm (Abb. 54). Eine andere Trachee führt vom Stigma direkt zur Ventralseite (Abb. 52, *v*), gabelt sich aber sehr bald, indem ein Ast zur Extremität hinführt; der andere, der Abzweigungen zum Nervensystem entsendet, zieht aber im wesentlichen unter diesem hinweg und vereinigt sich mit dem symmetrischen Teil des Tracheensystems der anderen Seite und bildet auf diese Weise eine von einer Seite zur anderen führende ventral gelegene Tracheenschlinge. Einen etwas anderen Verlauf haben die vom ersten und letzten Stigma ausgehenden Tracheen. Der vom ersten Stigma direkt ventral hinziehende Ast gibt einen Zweig in die erste Thorakalextremität ab, der zweite endigt mit vielen Verästelungen am ersten Thorakalganglion, ohne sich mit den Tracheen der Gegenseite zu vereinigen. Dagegen bildet die zum Unter-

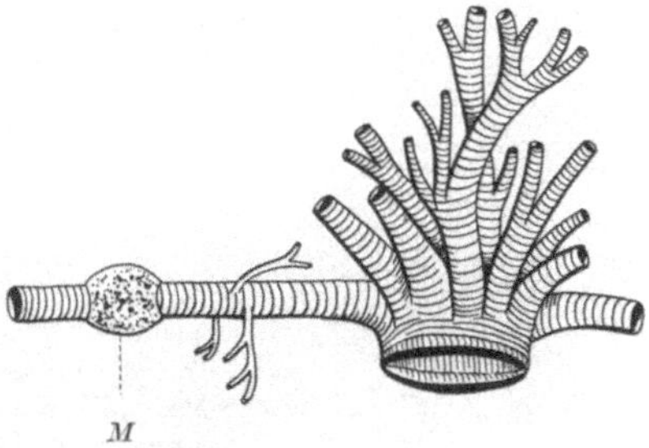


Abb. 53. Stigma und davon abgehende Tracheen der Seidenraupe. *M* = Muffe an der Segmentgrenze. — Nach C. Acqua (1930).

schlundganglion hinziehende Trachee mit der der Gegenseite eine Schlinge, die über dem Ganglion liegt. Das erste Stigmenpaar steht aber noch durch eine

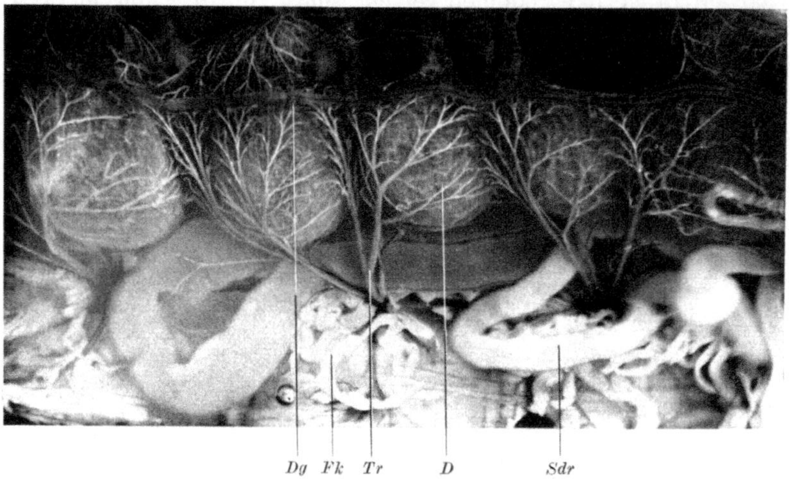


Abb. 54. Aufzweigung der Tracheen am Mitteldarm der Seidenraupe. *D* = Darm, *Dg* = Dorsalgefäß, *Fk* = Fettkörper, *Sdr* = Seidendrüse, *Tr* = Tracheen. Vergrößerung 4 mal. — Original.

zweite Querschlinge miteinander in Verbindung; diese verläuft dorsal, ziemlich weit vor dem Oberschlundganglion einherziehend.

Ähnlich wie die Stigmen des ersten Paares sind die des letzten (am 8. Abdominalsegment) durch zwei Tracheenbrücken miteinander verbunden; die eine verläuft ventral, unter dem Bauchmark her, die zweite dorsal, noch über dem Herzen. Die übrigen Stigmenpaare haben je nur die oben erwähnte, ventral gelegene Tracheenquerverbindung. Außerdem sind jedoch im Bereich des zweiten und dritten Thorakalsegmentes, die beide keine Stigmen besitzen, von einer Seite zur anderen durchgehende Tracheen in eigenartiger Weise ausgebildet, wie weiter unten noch geschildert wird.

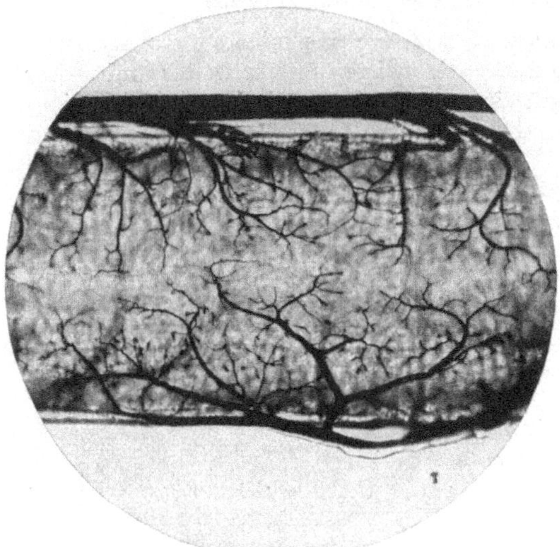

Abb. 55. Aufzweigungen der Tracheen an der Spinndrüse der Seidenraupe. Vergrößerung 37 mal. — Original.

Außer diesen zu den einzelnen Organen hinstrebenden Tracheen entspringt von jedem Stigma je eine nach vorn und eine nach hinten verlaufende Trachee (Abb. 52, *lgs*), die sich nicht aufgabelt, sondern höchstens kleineren Abzweigungen den Ursprung gibt. Diese beiden erstrecken sich zu dem benachbarten vorderen bzw. hinteren Atemloch. Es kommt so auf jeder Seite der Raupe zur Ausbildung eines Tracheenlängsstammes, der in Höhe der Stigmenlinie gelagert ist und an Querschnitten durch das ganze Tier regelmäßig getroffen wird (Abb. 56 u. 57). Naturgemäß besteht jeder Abschnitt zwischen zwei Stigmen aus zwei Teilen, einem, der dem vorderen, und einem anderen, der dem hinteren Atemloch zugehört. Die Vereinigungsstelle beider Teile liegt in der Mitte, in der Segmentgrenze, und ist durch eine geringe Erweiterung des Rohres „Muffe" (Abb. 53) und besondere Struktur gekennzeichnet. Zwischen dem ersten und zweiten Stigma befinden sich jedoch zwei solcher Verbindungsstellen. Nun sind diese beiden Stigmen (vgl. Abb. 5) durch zwei stigmenfreie Segmente voneinander getrennt, so daß man eigentlich drei Verbindungsstellen vermuten sollte. Die Längstracheen der beiden letzten stigmenfreien Brustabschnitte sind jedoch zu einem völlig einheitlichen Rohr vereint, das sich in typischer Weise (durch eine Muffe) nur zum ersten Thorakalsegment und nach hinten zum ersten Abdominalsegment abgrenzt.

Der Tracheenlängsstamm zwischen den beiden ersten Stigmen macht insofern eine Ausnahme, als er größere Abzweigungen abgibt. Dorsal verläßt ihn etwa in der Mitte seines Verlaufs ein sich sofort zweiteilender Ast; ventral befinden sich vier abgehende Tracheen: eine unmittelbar hinter dem ersten und eine andere ebenso dicht vor dem zweiten Stigma, zwei weitere vor bzw. hinter dem Dorsalast. Die vier Tracheen bilden mit den gleichen Teilen des gegenüberliegenden Tracheensystems in eigentümlicher Weise Querverbindungen. Bezeichnen wir die ventral abgehenden Tracheen in der Reihenfolge vom 1. zum 2. Stigma mit 1, 2, 3 und 4! Die Tracheen 1 und 2 vereinigen sich untereinander und mit den gleichen der Gegenseite ventral vom 2. Thorakalganglion in einem gemeinsamen Treffpunkt oberhalb der Eingelenkung der 2. Thorakalextremität. In gleicher Weise verbinden sich die Tracheen 3 und 4 untereinander und mit denen der Gegenseite ventral vom 3. Thorakalganglion und oberhalb der Insertion des 3. Brustbeinpaares. Es besteht somit auch für die stigmenfreien 2. und 3. Thorakalsegmente je eine ventrale Tracheenquerverbindung. Diese haben allerdings ihre Selbständigkeit dadurch verloren, daß sie mit der des vorhergehenden bzw. nachfolgenden Stigmenpaares in Verbindung getreten sind.

Durch die Längsstämme stehen die Tracheensysteme der einzelnen Segmente miteinander in Verbindung, diejenigen der beiden Körperhälften dadurch, daß die Tracheen meist ventral miteinander kommunizieren. Während an sich jedes zu einem Stigma gehörige Tracheensystem seinen scharf umgrenzten Versorgungsbezirk hat (s. Abb. 54), schaffen die Längs- und Querverbindungen die Möglichkeit eines Ausgleiches, wenn an einer Stelle der Gaswechsel vorübergehend besonders intensiv ist, und bedeuten eine gewisse Sicherung für den Fall, daß ein Stigma verstopft oder sonstwie funktionsuntüchtig wird. Allerdings sind besondere Vorkehrungen getroffen, um ein Eindringen von Fremdkörpern in das Atmungssystem zu verhindern (S. 100).

Bei frischgeöffneten Tieren erscheinen die Tracheen infolge des Luftgehaltes silberglänzend (Abb. 54). Neben ihrer eigentlichen Aufgabe als Atmungsorgane haben sie außerdem in vieler Hinsicht eine ähnliche Funktion wie die Bänder bei den Wirbeltieren: sie tragen dazu bei, die Organe in ihrer Lage festzuhalten, wozu sie vermöge ihrer feinen Aufteilung vorzüglich befähigt sind.

Durch die weitgehende Verzweigung der Tracheen erübrigen sich besondere Einrichtungen für den Transport des Luftsauerstoffs oder der gasförmigen Stoffwechselprodukte von den Atmungsorganen zu den atmenden Geweben bzw. in umgekehrter Richtung. Dieser Transport ist sonst, etwa bei den Wirbeltieren, Aufgabe des Blutes, das in feinverteilten Gefäßen, den Kapillaren, das atmende Gewebe aufsucht und dort mit Hilfe des Haemoglobins oder eines anderen Blutfarbstoffes den Gaswechsel vermittelt. Da bei der Seidenraupe wie bei allen hochentwickelten Insekten diese Aufgaben das Tracheensystem übernommen hat, ist es erklärlich, daß das Blutgefäßsystem und das Blut selbst ein ganz anderes Gepräge haben. Ein typischer Blutfarbstoff, der für die Sauerstoffübertragung von Wichtigkeit ist, hat sich nicht nachweisen lassen.

## Blutgefäße, Leibeshöhle und Fettkörper.

Von einem Blutgefäßsystem sind bloß Andeutungen vorhanden; feine, ins Gewebe eindringende Haargefäße fehlen überhaupt ganz. Das Blutgefäßsystem beschränkt sich auf ein einziges, dorsal gelagertes Gefäß, dessen wichtigste Aufgabe darin besteht, das Blut in Bewegung zu halten. Trotz seiner langgezogenen Form ist es daher funktionell mit dem Herzen zu vergleichen.

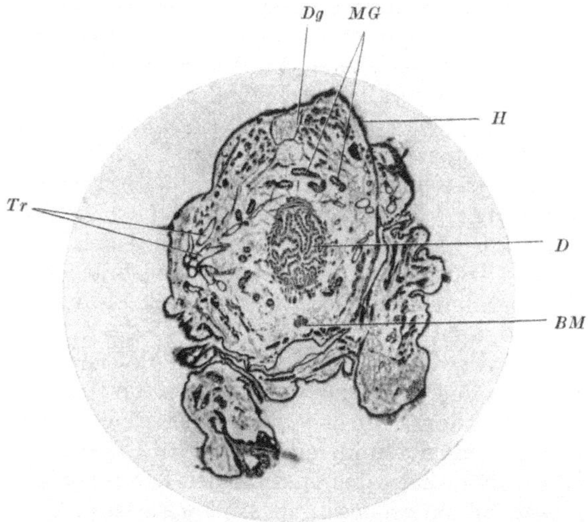


Abb. 56. Querschnitt durch eine Seidenraupe im 2. Stadium, hintere Region. *BM* = Bauchmark, *D* = Darm, *Dg* = Dorsalgefäß, *H* = Haut, *MG* = Malpighische Gefäße, *Tr* = Tracheen. Vergrößerung 45mal. — Original.

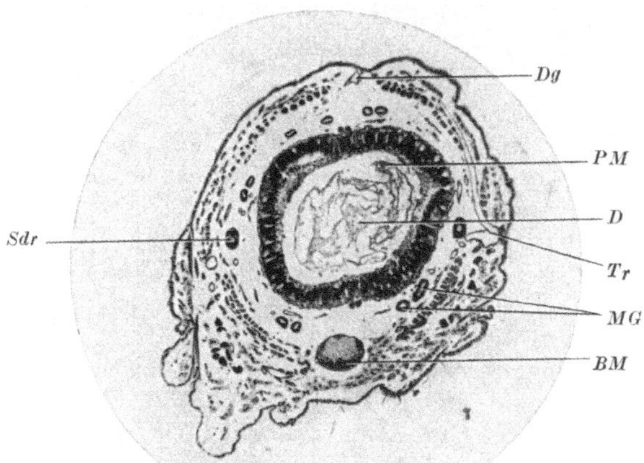


Abb. 57. Querschnitt durch eine Seidenraupe im 2. Stadium, mittlere Region. *BM* = Bauchmark, *D* = Darm, *Dg* = Dorsalgefäß, *MG* = Malpighische Gefäße, *Sdr* = Seidendrüsen, *PM* = Peritrophische Membran, *Tr* = Tracheen. Vergrößerung 45mal. — Original.

Das Rückengefäß liegt unmittelbar unter der Haut und ist bei erwachsenen, spinnreifen Seidenraupen am lebenden Tier durch die Haut hindurch gut sichtbar. Öffnet man die Raupe sehr vorsichtig von seitlich dorsal her, so bleibt das Rückengefäß zum großen Teil auf dem Darm liegen (Abb. 47 u. 54, *Dg*). Es beginnt, nach rückwärts geschlossen, am Ende des 8. Abdominalsegmentes kurz hinter dem dorsalen Horn. Unter diesem hat es das größte Lumen; nach vorne verjüngt es sich immer mehr (vgl. Abb. 56 u. 57, *Dg*) und endet schließlich offen im Kopfsegment, wo es in das Hohlraumsystem des ganzen Körpers übergeht. Dieses Hohlraum- oder Leibeshöhlensystem, das mit der farblosen Blutflüssigkeit, der Hämolymphe, angefüllt ist, umgibt alle Organe und Gewebe, die dadurch wiederum von der Hämolymphe umspült werden. Die Leibeshöhle ist bei den meisten Insekten durch horizontale Septen in drei übereinander liegende Hohlräume geteilt. Da die Septen aber an zahlreichen Stellen unterbrochen sind, stehen die Hohlräume miteinander in Verbindung. Bei der Seidenraupe sind die Septen zwar nur andeutungsweise ausgebildet, aber trotzdem lassen sich die drei Hohlräume besonders an Querschnitten einigermaßen voneinander abgrenzen. Dorsal, zu beiden Seiten des Rückengefäßes, befindet sich der Perikardial-Sinus; der Darm wird von dem Zirkumintestinal-Sinus umgeben, der nach unten, ventral, mit weiter Öffnung in den Perineural-Sinus übergeht, welcher das Nervensystem umgibt und in die Extremitäten eindringt. Die Trennung der beiden letzteren Hohlraumsysteme ist höchst unvollständig und nur an der Grenze zu den Extremitäten hin einigermaßen deutlich.

Das Herz ist im Perikardialraum durch kleine Gewebefasern aufgehängt und liegt dem Perikardialseptum dorsal unmittelbar auf. In diesem befinden sich „Flügelmuskeln" von dreieckiger Gestalt, die jeweils nahe den Segmentgrenzen an einem kleinen Bezirk der dorsalen Körperwandung befestigt sind und sich stark verbreiternd zum Herzen hinziehen. An der Seite der Herzwandung befinden sich nach Verson[1] im ganzen sieben Paar schmaler, kleiner Öffnungen, Ostien, durch die die Blutflüssigkeit aus dem Perikardialsinus in das Herz hineinströmt, während sie durch die vordere Öffnung des Rückengefäßes wieder in das Leibeshöhlensystem hineingeleitet wird.

Je älter die Tiere werden, um so mehr wird die mit Blutflüssigkeit erfüllte Leibeshöhle durch den Fettkörper eingeengt. Bei der erwachsenen Raupe fällt dieser als weißliche, glänzende Gewebemasse auf, die von unregelmäßig gelappter Form den Raum zwischen Darm und Außenhaut mehr oder weniger erfüllt. Die einzelnen, kleinen, oft winzigen Läppchen (*Fk* der Abb. 54 u. 47) sind durch feine Gewebestränge miteinander verbunden und werden reichlich von Tracheenverästelungen umgeben. In den Zellen des Fettkörpers sind Fettröpfchen gelagert, die als Nahrungsreserve hauptsächlich für die Zeit der Metamorphose von Bedeutung sind. Außer den zum Fettkörper zusammengeschlossenen Zellen gibt es in der Leibeshöhle noch Zellen mit bestimmten anderen Funktionen. Diese sind in ihrer Eigenart makroskopisch nicht wahrnehmbar und sollen erst später berücksichtigt werden (S. 115).

## Geschlechtsorgane.

Als Larvenform besitzt die Raupe keine ausgebildeten Geschlechtsorgane. Wohl sind sie in ihr angelegt, und die Keimdrüsen selbst sind während des ganzen Raupenlebens (und schon vorher) nachweisbar. Man findet sie in der Mitte des fünften Abdominalsegmentes über dem Darm als bohnenförmige, scharf umgrenzte Gebilde, mit der Konkavseite dem Darm zugekehrt. Sie werden von einem kräftigen Tracheenast versorgt, der sich von jenem Tracheenstamm abzweigt, der vom Stigma senkrecht zur Dorsalseite ansteigt und dort im übrigen an Muskeln, Fettkörper, Herz und Haut endet (s. S. 53).

Für die Praxis ist es von gewisser Bedeutung, daß man vom dritten oder vierten Tage des fünften Raupenstadiums ab die Geschlechter äußerlich unterscheiden kann. Bei weiblichen Tieren, und nur bei diesen, sind schon äußerlich auf der Ventralseite der beiden letzten Segmente die Anlagen sekundärer Geschlechtsorgane als vier kleine, helle Punkte kenntlich (Abb. 40). Diese von Ishiwata[2] entdeckten Merkmale sollen nach Acqua[3] von japanischen Züchtern dazu benutzt werden, männliche und weibliche Tiere schon als Raupen zu trennen, während sonst die Sonderung nur nach dem Gewicht der Kokons durch sinnreiche Maschinen erfolgen kann, wobei jedoch nur zwei Drittel des Materials erfaßt werden, während das übrige Drittel mit dieser Methode nicht nach Geschlechtern getrennt werden kann.

---

[1] Verson, E.: Sul vaso pulsante della Sericaria. Ann. della Staz. Bac. di Padova. Bd. 36, 1909.

[2] Zitiert S. 43. [3] Zitiert S. 15.

## VI. Kokon und Puppe.

Das Raupenstadium wird am Ende der fünften Larvenperiode durch das Puppenstadium abgelöst, während dessen die Umwandlung zum geschlechtsreifen Tier, zum Schmetterling, erfolgt. Diese Umwandlung geschieht bekanntlich dann, wenn das Tier von einer Seidenhülle, dem Kokon, eingeschlossen ist. Das Herannahen des Zeitpunktes, in dem die Raupe sich einspinnen will, ist durch verschiedene Eigentümlichkeiten kenntlich. Ähnlich wie vor einer Häutung vermindert sich die Freßlust, und schließlich wird jegliche Nahrungsaufnahme verweigert. Weiter wird der Darm völlig entleert, so weit, daß nach Abgabe der letzten Kotballen Tröpfchen von Darmflüssigkeit durch den After herausgepreßt werden. Hierdurch schrumpfen die Tiere merklich zusammen; zugleich verändern sie ihre Färbung: sie werden wachsartig durchscheinend als Folge davon, daß nach der gründlichen Entleerung des Darmes die mit gelblichem oder weißlichem, durchscheinendem Sekret prall gefüllten Seidendrüsen fast allein den ganzen Innenraum der Raupe einnehmen (S. 51). Die Tiere kriechen mit aufgerichtetem Vorderende unruhig umher, aus der Spinnwarze immerzu Seide entlassend und einen zum Einspinnen geeigneten Platz suchend. Für die Praxis ist es naturgemäß von besonderer Wichtigkeit, diesen Zeitpunkt richtig zu erkennen, um so den Tieren die notwendige Gelegenheit zu verschaffen, einen vollwertigen Seidenkokon zu bauen.

### Anfertigen des Kokons.

Bevor die Raupe den Kokon anfertigt, spinnt sie zwischen geeigneten Stützpunkten eine Art Netz aus lockerem Seidengeflecht, der „Wattseide", das dann später den Kokon umgibt und ihn trägt. Beim Spinnen wird die Spinnwarze an eine feste Unterlage angedrückt, wobei ein Tröpfchen Seidensekret aus dem Spinnporus austritt. Das Sekret erhärtet fast unmittelbar danach. Während das Tier seinen Kopf von der ursprünglichen Stelle langsam entfernt, wird gleichzeitig weiteres Sekret aus den Drüsen herausgezogen, so daß ein kontinuierlicher Faden entsteht. Bei der Spinntätigkeit vollführt der Kopf daher fortwährende Bewegungen. Diese sind bei Anfertigung des eigentlichen Kokons von großer Regelmäßigkeit, indem der Kopf in hin- und herpendelnden Bewegungen eine achtförmige Schlinge beschreibt. Solange die Kokonwandung noch dünn ist, läßt sich die Tätigkeit der Raupe gut verfolgen. Während der Kopf jene typischen Bewegungen macht, bleibt der übrige Körper eine Zeitlang in derselben Lage, so daß währenddessen nur ein kleiner Bezirk der Kokonwandung verstärkt wird. Nach längerer oder kürzerer Zeit nimmt die Raupe eine andere Stellung ein, wodurch nunmehr die Verdickung der Kokonwandung in einem anderen Bezirk erfolgt. Der Faden wird niemals, auch beim Platzwechsel nicht, unterbrochen. Allmählich wird die Kokonwandung dichter, und das Tier entzieht sich dem beobachtenden Auge; es arbeitet aber noch weiter an seiner seidenen Schutzhülle, deren Anfertigung im ganzen etwa zwei Tage in Anspruch nimmt.

### Fadenlänge.

Beim Bau des Kokons werden vom Tier mehr als 1000 m Faden abgegeben. In manchen Fällen sollen es sogar über 3000 m sein. Die abhaspelbare Fadenlänge ist dagegen erheblich geringer, da weder die Wattseide noch die den Kokon dichter umgebende Flockseide noch die innerste, verhältnismäßig feste Schicht des Kokons sich entsprechend verwerten läßt. Im Durchschnitt rechnet man bei den europäischen Rassen mit einer abhaspelbaren Fadenlänge von 700—900 m pro Kokon, bei asiatischen Rassen meist weniger. Durch geeignete Kreuzungen haben es die Japaner erzielt, daß das den Seidenbauern[1] ausgehändigte Material im Durchschnitt immerhin zwischen 700 und 800 m abhaspelbaren Faden je Kokon ergibt, falls es sich um annuale Zuchten handelt (z. B. hat der Kokon von J 1 × C 4[2] etwa 750 m abhaspelbaren Faden). Die Kokons der zum Seidenbau gelangenden bivoltinen Rassen liefern mit jedem Kokon noch etwa 650 m Faden (N 106 × C 101 × C 8: im Durchschnitt 640,7 m).

### Form, Größe und Gewicht der Kokons.

Sie schwanken selbstverständlich von Rasse zu Rasse, sind aber auch von Individuum zu Individuum verschieden. Wie schon ein Blick auf die Abb. 6 zeigt, ist die Form der Kokons je nach Rasse sehr verschieden. Sie kann oval mit relativ kurzer oder relativ langer bis sehr langer Längsachse sein. Für manche Rassen ist eine mehr oder weniger deutliche Einschnürung charakteristisch (Abb. 58). Innerhalb derselben Rasse kann diese Einschnürung bei einigen Kokons geringfügig, bei anderen deutlicher sein. Diese Verschiedenartigkeit läßt aber keineswegs einen Schluß zu auf eine bestimmte Geschlechtlichkeit der Puppe oder des späteren Schmetterlings, wie gelegentlich irrtümlich angenommen wird. Überhaupt lassen sich aus der Form oder Größe des Kokons keinerlei Anzeichen für das Geschlecht des Tieres gewinnen. Für die „Industriezucht", deren Aufgabe es ist, für den Seidenbau geeignete „Seidensamen"[3] durch Kreuzungen verschiedener Rassen zu erzielen, ist diese Tatsache wenig erfreulich, da man hierbei darauf angewiesen ist, die Tiere schon vor dem Verlassen des Kokons nach Geschlechtern zu trennen. Das Bestreben, hierzu ein leicht wahrnehmbares, äußeres und sicheres Kennzeichen zu finden, ist daher nur zu verständlich. Ein geringer, äußerlich sichtbarer Geschlechtsdimorphismus der Kokons scheint nur bei der Bagdader weißen Rasse zu bestehen. Jedoch gibt auch Chartulari[4], der diese Verhältnisse genauer untersuchte, an, daß die Befunde noch durch umfangreichere Messungen zu bestätigen seien. Während sich nach den Angaben dieses Autors die Annahme nicht bewahrheitete, daß die weiblichen Kokons dieser Rasse weniger tief eingeschnürt und dabei länger und breiter seien als die männlichen, so besteht doch ein Unterschied darin, daß die weiblichen Kokons asymmetrischer sind als die männlichen. Bei der Bagdader Rasse sind nämlich die durch die mittlere Einschnürung getrennten Anschwellungen an einem Kokon verschieden stark, wodurch dieser zur Einschnürungsebene asymmetrisch wird.

Abb. 58. Kokons der Rasse „weiße Japaner". — Nach C. Acqua (1930).

Zur Charakterisierung der äußeren Form von in der Mitte eingeschnürten Kokons sind nach Anučin[5] vier Maße notwendig: Längsdurchmesser, die Quer-

[1] Es ist zu unterscheiden zwischen Seidenbauern, deren Aufgabe es ist, Seidenkokons zu gewinnen, und zwischen Seidenzüchtern, die „Seidensamen", d. h. die Eier des Seidenspinners erzielen wollen.

[2] Bezeichnungen der japanischen Rassen s. S. 16.

[3] Siehe Fußnote S. 6.

[4] Chartulari, E. M.: Variabilität der Kokons von Bagdader weißen Rasse. In: Arb. der Moskauer Forsch. Stat. f. Seiden u. Seidenzucht. Bd. 2 Lief. 1—2, 1927.

[5] Anučin, A. W.: Veränderlichkeit und Vererblichkeit der Kokone von Bombyx mori. Arb. d. Mosk. Forsch. Stat. f. Seiden u. Seidenzucht. Bd. 1 Lief. 3, 1926. — Standard-Projekt der Kokons von Bagdader weißen und Ascolirassen. Arb. d. Mosk. Forsch. Stat. f. Seiden u. Seidenzucht. Bd. 2 Lief. 1—2, 1927.

durchmesser in der Einschnürung und den beiden Anschwellungen. Für die übrigen Kokons genügen die Ermittlung von Längs- und größtem Querdurchmesser. In der nachfolgenden Tabelle sind die betreffenden Messungen, die der genannte Autor für einige Rassen angegeben hat, zusammengestellt. Die relative Kleinheit

| Rasse | Länge in mm | | Ø i. d. Einschnürung | | Ø d. 1. Anschwellung | | Ø d. 2. Anschwellung | |
|---|---|---|---|---|---|---|---|---|
| | Durchschnitt | Grenzwerte | Durchschnitt | Grenzwerte | Durchschnitt | Grenzwerte | Durchschnitt | Grenzwerte |
| Bagdad, weiß | 39,15 | 33—45 | 18,11 | 14—23 | 19,41 | 15,5—23 | 20,39 | 15,5—23 |
| Ascoli | 32,13 | 26—39 | 14,52 | 11—18 | 15,67 | 13—19 | 15,64 | 13—19 |
| Chines. gold. | 26,13 | 19—32 | 17,41[1] | 13,5—21 | — | — | — | — |

der ostasiatischen Kokons und die Schwankungen der Längen der drei Kokonrassen kommen durch die Zahlen der Tabelle und durch die Variationskurven (Abb. 59) zum Ausdruck. Infolge der beträchtlichen Variabilität sind absolute

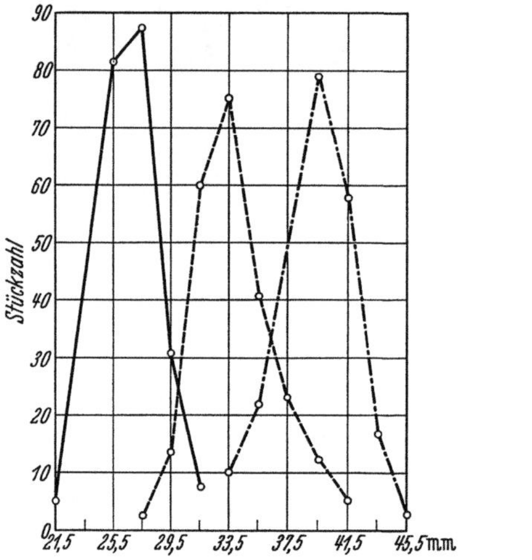


Abb. 59. Variationskurven für die Längen von Bagdad-Kokons —·—·—·, Ascoli-Kokons – – – und Chinesisch Goldkokons ———. — Nach Anučin (1926).

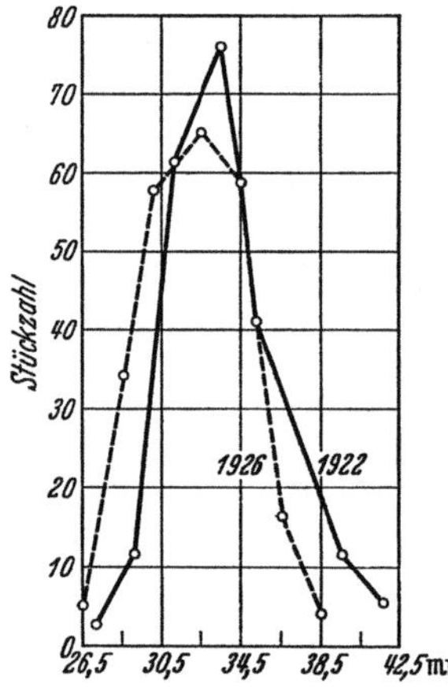


Abb. 60. Variationskurven für die Längen von Ascoli-Kokons in den Jahren 1922 ——— und 1926 – – –. — Nach Anučin (1926).

Größenzahlen weniger charakteristisch als Indexzahlen, wie sie von Pigorini[2] vorgeschlagen wurden. Hierbei werden die verschiedenen Querdurchmesser zum Längsdurchmesser, der als 100 angenommen wird, ins Verhältnis gesetzt, wobei allerdings im Gegensatz zu Anučin für eingeschnürte Kokons bloß zwei Querdurchmesser berücksichtigt wurden. Er fand für die goldene chinesische Rasse die Verhältniszahlen 100 : 69, für eine japanische 100 : 48 : 41, für gelbe Ascoli 100 : 48 : 46. In der gleichen Weise umgerechnet würden die in der obigen Tabelle angegebenen Werte nachfolgende Beziehungen ergeben: für weiße Bagdad 100 : 52 : 50 : 46; für Ascoli 100 : 49¾ : 49¾ : 45; für goldene Chinesen 100 : 69.

Geringe Abweichungen zwischen den Werten für die gleichen Rassen sind häufig, da die Beschaffenheit der Kokons außerordentlich von den Umweltbedingungen abhängig ist und die gleiche Rasse an anderen Orten gezogen durchaus verschiedene Werte ergeben kann. Auch fallen die Variationskurven für eine

---

[1] Für die chinesische Rasse ist der größte Querdurchmesser angegeben.

[2] Pigorini, L.: Di alcuni nuovi caratteri del bozzolo sottoposti a misura. Ann. della R. staz. Boc. di Padova. Bd. 43 u. 44, 1921 u. 1925.

und dieselbe Rasse am selben Ort je nach Jahr verschieden aus (Abb. 60). Eine endgültige exakte zahlenmäßige Festlegung der Rasseneigentümlichkeiten scheint bei der noch geringen Konstanz der Rassen noch nicht möglich zu sein.

Auch bei anderen exakt feststellbaren Größen, wie Volumen und Gewicht der Kokons, dürfte die Genauigkeit der Meßmethoden größer sein als die Konstanz der Rassen insbesondere gegenüber den wechselnden Einflüssen der Umwelt.

Das Volumen des Kokons wurde z. T. rechnerisch (Anučina[1]), teils experimentell (Blanc[2], Pigorini[3]) bestimmt. Anučina macht auch Angaben über die Oberflächengröße der Kokons, doch haben die Daten hierüber und über das Volumen nicht die Bedeutung wie jene über Größe und Gewicht, die ja auch einfacher und schneller zu ermitteln sind. In der Praxis rechnet man für die italienischen Rassen 400—500 Kokons mit lebenden Puppen auf 1kg, so daß ein Kokon 2—2,5 g wiegen würde. Anučin[4] gibt für die italienische Rasse Ascoli das mittlere Gewicht der leeren Kokons auf 0,264 g an (Grenzwerte 0,18 und 0,40), des lebenden Kokoninhalts auf 1,49 (Grenzwerte 0,78 und 2,24). Kokons von besonders großen Rassen erreichen $3\frac{1}{3}$ g Gewicht. Kokons ostasiatischer bivoltiner Rassen sind unter 1 g schwer. Acqua[5] gibt an, daß die Kokonseide durchschnittlich ein Siebentel des Gesamtgewichts eines Kokons mit lebendem Inhalt ausmacht. Ein ähnliches Zahlenverhältnis (1 : 6,7) ergeben auch die obigen Zahlen Anučins. Für abhaspelbare Seide darf aber nur ein Neuntel des Gesamtgewichtes frischer Kokons gerechnet werden. Die Verhältnisse liegen natürlich erheblich anders, wenn als Vorbereitung zur Seidenverwertung die Puppe durch Hitze getötet und getrocknet worden ist (S. 162). Hierdurch vermindert sich das Gesamtgewicht auf ein Drittel. Das Verhältnis von Gesamtgewicht zu Seidenhülle wird zu $2\frac{1}{3} : 1$ angegeben, und der abhaspelbare Faden macht etwa ein Drittel des Totalgewichtes aus.

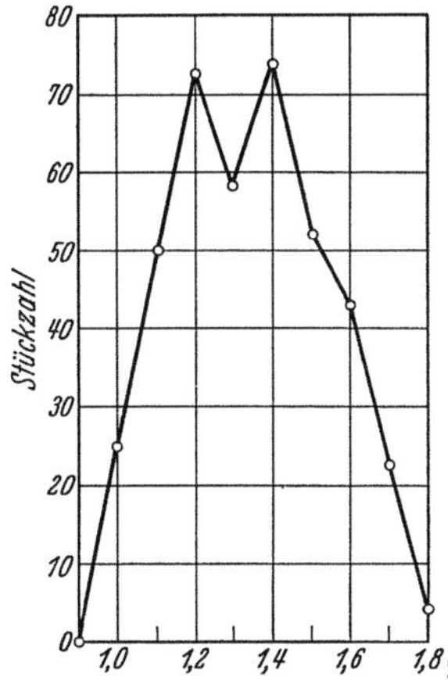

Abb. 61. Variationskurve für das Gewicht frischer chinesischer Goldkokons. — Nach C. Acqua (1930).

Während sich in Form und Größe der Kokons keinerlei Geschlechtsdimorphismus zeigt — vielleicht mit Ausnahme der Bagdader Rasse —, ist im Gewicht der Kokons ein solcher einigermaßen deutlich ausgeprägt. Die weiblichen Puppen sind infolge der Eier, die im Innern heranreifen, schwerer als die männlichen. In Abb. 61 ist die Variationskurve für das Gewicht frischer chinesischer Kokons dargestellt. Bei dieser typisch zweigipfligen Variationskurve entspricht der erste Gipfelpunkt dem Durchschnittsgewicht der männlichen Kokons, der zweite Maximalpunkt dem der weiblichen. In der Industriezucht trennt man bekanntlich mit Hilfe sinnreicher Apparate die männlichen und weiblichen Kokons nach dem Gewicht. Es ist nach diesem Verfahren jedoch bloß möglich, zwei Drittel des Materials entsprechend zu sortieren. Das restliche Drittel entspricht einem mittleren Bereich, in dem sich die Variationsbreiten für die Kokons verschiedenen Geschlechtes überdecken.

[1] Anučina, T. M.: Oberflächen- und Inhaltsbestimmung der Kokons des Bombyx mori L. Arb. d. Mosk. Forsch. Stat. f. Seide u. Seidenraupenzucht. Bd. 3 Lief. 1—4, 1928.

[2] Blanc, L.: Description d'un instrument destiné à mésurer le volume des cocons. Laborat. d'étude de la Soie. Lyon. Bd. 3, 1886.

[3] Zitiert S. 60. [4] Zitiert S. 59.

[5] Acqua, C.: Il bombice del gelso. Ascoli Piceno, 1930.

### Mißgestaltete Kokons.

Außer normalgestalteten Kokons finden sich in jeder Zucht mißgestaltete. Unter diesen sind Doppelkokons am häufigsten, denen gelegentlich besondere Aufmerksamkeit geschenkt wurde (Brocadello[1], Secrétain[2]). Am häufigsten scheinen Doppelkokons bei japanischen Rassen zu sein. In den Zuchtberichten im Bulletin des japanischen Kaiserlichen Instituts für Seidenkultur werden für die Rasse N1 z. B. 7,3% Doppelkokons angegeben, für die bivoltine Rasse J107 sogar 11,8%; für die chinesischen Rassen C4, C7, C8 und C9 dagegen nur 2,8—5%. Bei den europäischen Rassen E1, E3, E7, E10 beträgt der Prozentsatz bloß 1,3 bis 1,8. Inwieweit hierbei tatsächlich besondere Rasseneigentümlichkeiten vorliegen, ist nicht sicher zu entscheiden, da bei den Aufzuchten nicht auf unbedingt gleiche Außenbedingungen geachtet worden ist. Insbesondere muß den Tieren zum Einspinnen der gleiche Raum — relativ nicht bloß zur Menge der Raupen, sondern auch zur Größe — zur Verfügung stehen. Für europäische Rassen scheint keine Erblichkeit für die Erzeugung von Doppelkokons zu bestehen (nach Secrétain[2]). Wie verschieden die Resultate auch sonst hinsichtlich der Doppelkokons sein können, zeigen die Angaben Brocadellos[1] und Secrétains[2]. Nach ersterem enthalten zu 80% der Doppelkokons Tiere beiderlei Geschlechts, nach letzterem bloß etwa 45%.

### Seidenfaden.

Für die weitere Charakterisierung normaler Kokons werden noch mancherlei Faktoren berücksichtigt, so die Färbung, die Dicke, der in Denier angegebene Feinheitsgrad[3], die chemische Natur des Seidenfadens, die Dehnbarkeit, die Reißfestigkeit, die Reißlänge usw. Über die Färbung, die für eine Rasse charakteristisch sein kann, wurde schon früher (S. 14 u. f.) das Wichtigste gesagt. Die anderen physikalischen und chemischen Eigenschaften gehören weniger hierher als in das Gebiet der praktischen Textilwissenschaften. Es muß deswegen hier ein Hinweis auf diesbezügliche Literatur genügen. Zusammenfassende Darstellungen finden sich u. a. bei Bock[4], Heermann[5], Heermann und Herzog[6], von Höhnel[7], Silbermann[8], aus denen auch die Spezialarbeiten zu entnehmen sind. Entsprechend der Entstehung aus einem

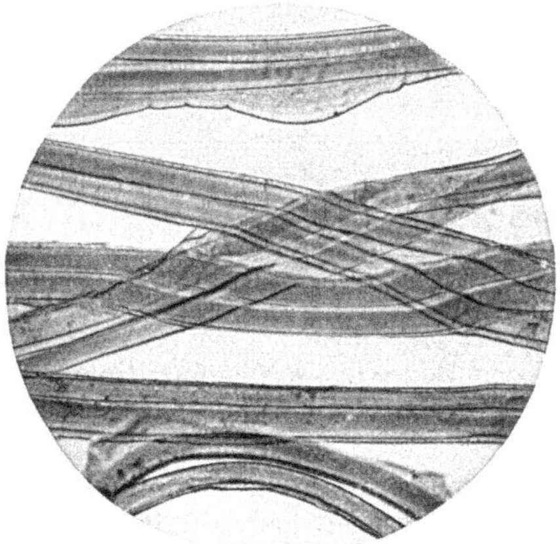

Abb. 62. Rohseide von *Bombyx mori* L. Vergrößerung 40mal. — Nach P. Heermann und A. Herzog (1931).

[1] Brocadello, A.: Del sesso nei doppioni. Boll. mens. di Boch. Serie III. Anno I, 1895.
[2] Secrétain, Ch.: Recherches sur les cocons doubles. Bull. des Soies et des soieries. 50. Jahrg. Lyon 1926.
[3] Der Feinheitsgrad gibt an, wieviel Denier (1 Denier = 0,05 g) ein Seidenfaden von 450 m Länge wiegt.
[4] Bock, Fr.: Arthropodenseiden. In: Rohstoffe des Tierreichs, Bd. 1. Berlin: Verlag Borntraeger 1932.
[5] Heermann, P.: Färberei und textilchemische Untersuchungen, 5. Aufl. Berlin: Julius Springer 1929.
[6] Heermann, P. und A. Herzog: Mikroskopische und mechanisch-technische Textiluntersuchungen. Berlin: Julius Springer 1931.
[7] Höhnel, F. von: Die Mikroskopie der technisch verwendeten Faserstoffe, 2. Aufl. Wien und Leipzig: A. Hartleben (ohne Jahr).
[8] Silbermann, H.: Die Seide, 2 Bde. Verlag G. Küthmann 1897.

Drüsenpaar besteht der unveränderte Seidenfaden der Seidenraupe aus zwei parallel verlaufenden Fäden aus Fibroin und einer diese gemeinsam umschließende Serizinhülle, dem Leim, Bast oder Gummi (Abb. 62). Die Dicke der Fibroinfäden schwankt zwischen 13 und 25 $\mu$ Durchmesser. Chemisch ist die Seide ein kompliziert gebauter Eiweißkörper, dessen Aminosäuren besonders durch E. Abderhalden[1] und seine Schüler ermittelt wurden. Der Unterschied in der chemischen Zusammensetzung von Serizin und Fibroin dürfte nach Fischer und Skitta[2] „wesentlich nur ein quantitativer sein, denn die Monoaminosäuren, welche hier gefunden wurden, scheinen auch dort vorhanden zu sein". Besonders Glycokoll ist im Serizin bedeutend weniger vorhanden als im Fibroin.

## Puppe.

Umgeben von der Kokonhülle macht die Seidenraupe die Umwandlung zum Schmetterling durch. Nachdem nun sowohl der Darm wie auch die Spinndrüsen ganz ohne Inhalt sind, schrumpft die Raupe immer mehr zusammen. Die Segmente sind angeschwollen. Das Aussehen, das vorher durch das durchschimmernde Sekret der Seidendrüsen beeinflußt wurde, wird wachsartig weiß. Noch drei bis vier Tage nach dem Beginn des Einspinnens findet man eine derartig veränderte Raupe im Kokon. Die Entleerung der Seidendrüse ist jedoch nicht immer eine ganz vollständige. So konnte Tonon[3] in der Puppe des Seidenspinners Seide nachweisen und vermutet darum gelegentliches Vorkommen sogar noch im Schmetterling.

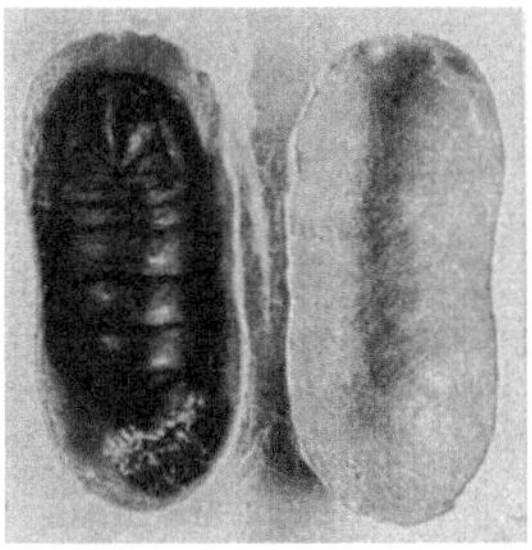

Abb. 63. Geöffneter Kokon mit Puppe in Dorsalansicht und mit Larvenhaut. Natürl. Größe. Original.

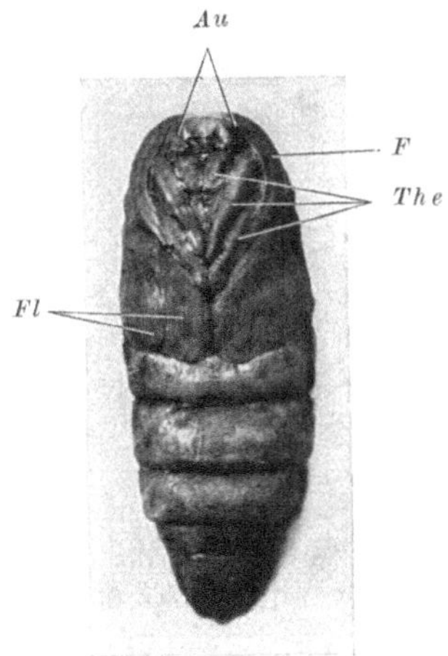


Abb. 64. Puppe in Ventralansicht. Doppelte Größe. *Au* = Augen, *F* = Fühler, *Fl* = Flügel, *The* = Thorakalextremitäten. — Original.

Die Haut der eingesponnenen Raupe hebt sich allmählich ab und wird schließlich ganz abgestreift. Durch diese Häutung verwandelt sich die Raupe in die Puppe oder Nymphe. Nahe ihrem Hinterende befindet sich die abgestreifte Raupenhaut (Abb. 63).

Die Puppe ist im Verhältnis zur Raupe kurz und breit, sie ist anfänglich zitronengelb, dann goldgelb gefärbt, was ihr in den romanischen Sprachen Namen

---

[1] Abderhalden, E. und versch. Mitarbeiter: Z. physiol. Chem., Bd. 62 (1909) S. 131 bis 132; Bd. 74 (1911) S. 427—428; Bd. 80 (1912) S. 198—204; Bd. 120 (1922) S. 207—213; Bd. 178 (1928) S. 253—275.

[2] Fischer, E. und A. Skitta: Über das Fibroin der Seide. In: Z. physiol. Chem., Bd. 33 (1901) S. 177—192; Bd. 35 (1902) S. 221—226.

[3] Tonon, A.: Persistenza della seta nella farfalla del filugello. In: Riv. biol., Bd. 14, 1932.

wie „crisalide“ (italienisch) oder „chrysalide“ (französisch) (vom griechischen χρυσος = Gold) eingebracht hat. Die Farbe dunkelt jedoch, von der Rücken- zur Bauchseite fortschreitend, zu einem tiefen Kastanienbraun nach.

Das Abdomen der Puppe läßt auf der Dorsalseite (Abb. 63) äußerlich zehn Segmente erkennen. Stigmen sind an den Seiten der 2.—7. Abdominalsegmente ausgebildet. Während die Abdominalfüße völlig verschwunden sind, lassen die Anhänge des Brustabschnittes und des Kopfes schon ihre spätere, für den Schmetterling charakteristische Form erkennen (Abb. 64). Alle diese Gliedmaßen sind eng aneinandergelegt und an der Bauchseite der Puppe unbeweglich befestigt. Außer den drei Thorakalbeinen (*The*) und dem Fühlerpaar (*F*) sind auch die vier Flügel (*Fl*) durch die Konturierung der Puppenwandung deutlich wahrnehmbar. Sie verdecken auf der Ventralseite die drei ersten Hinterleibssegmente. Direkt unter der Fühlerbasis sind die Anlagen der Augen (*Au*).

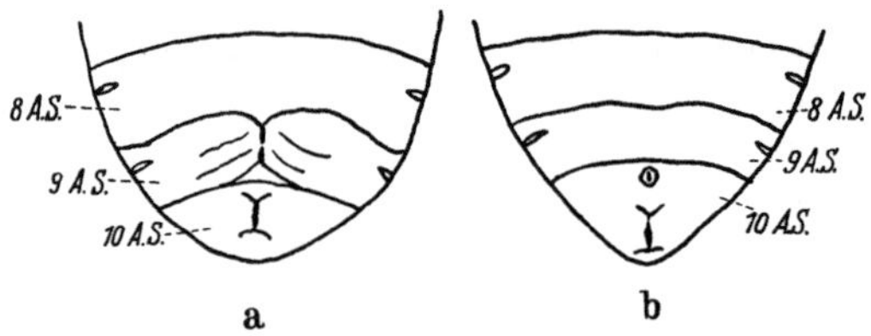


Abb. 65. Letzte Körpersegmente a) einer weiblichen, b) einer männlichen Puppe von *Bombyx mori* L. 8., 9., 10. *A.S.* 8., 9., 10. Abdominalsegment. — Nach D. Levrat und A. Conte (1911).

Schon die spinnreife Raupe läßt äußerlich die Geschlechtszugehörigkeit erkennen (S. 43). Bei der Puppe — nicht beim Kokon! — ist der Geschlechtsunterschied noch deutlicher. Abgesehen davon, daß der Hinterleib der weiblichen Puppen plumper, der der männlichen schlanker ist, hat man auch in der Ausbildung der Chitinteile des neunten Abdominalsegmentes ein sicheres und eindeutiges Kennzeichen, das auch mit bloßem Auge wahrzunehmen ist (Levrat und Conte[1]). Für das weibliche Tier (Abb. 65a) ist es charakteristisch, daß die Grenzlinie zwischen achtem und neuntem Segment sich in eine Kontur fortsetzt, die den neunten Abdominalring der Länge nach durchsetzt, diesen in eine linke und eine rechte Hälfte teilend. Die genannten Konturen umgrenzen die Anlagen von chitinigen Schildern, die beim weiblichen Schmetterling die Geschlechtsöffnungen verdecken können. Bei den männlichen Schmetterlingen und Puppen fehlen solche Einrichtungen bzw. deren Anlagen.

| Rasse | Temperatur °C | relative Feuchtigkeit % | Dauer Tage |
|---|---|---|---|
| E 1 | 23 | 74 | 20½ |
| E 10 | 23 | 73 | 20 |
| N 1 | 23 | 73 | 19 |
| C 4 | 23 | 72 | 16 |
| N 106 | 25 | 78 | 13½ |
| C 101 | 25 | 75 | 11 |

Während die fast unbewegliche Puppe rein äußerlich kaum irgendwelche Lebensvorgänge zeigt, geschieht in ihrem Inneren die bedeutungsvolle Umwandlung von Raupe zu Schmetterling. Die Organe der Raupe werden zum Teil aufgelöst und eingeschmolzen und liefern so das Rohmaterial zum Aufbau neuer und andersartiger Organe. Nach Beendigung dieser Vorgänge erfolgt die letzte Häutung. Der Schmetterling verläßt die Puppenhülle und arbeitet sich durch den Kokon ins Freie.

Die zwischen dem Einspinnen der Raupe und dem Ausschlüpfen des Schmetterlings liegende Zeit ist verschieden je nach Rasse und Außeneinflüssen. Von diesen ist besonders die Temperatur von maßgebendem Einfluß. Für die europäischen Rassen rechnet man in der Praxis mit einer durchschnittlichen Puppenruhe von 15 Tagen bei Zimmertemperatur, die im Juli etwas unter 25° liegen dürfte.

[1] Levrat, D. und A. Conte: Caractères sexuelles externes des Chrysalides. Laborat. d'Etudes de la Soie., Bd. 16. Lyon 1911.

Zwischen dem Beginn des Einspinnens der Raupe und dem Ausschlüpfen des Falters liegen also etwa 20 Tage. Bei den asiatischen Rassen und ganz besonders den bivoltinen ist diese Zeit z. T. erheblich kürzer, wie die vorstehenden Durchschnittswerte zeigen[1] (Tabelle S. 64).

## VIa. Entstehung und kurze Charakteristik anderer Seiden.

Die Seidenerzeugnisse anderer Tiere, die S. 17—35 genauer berücksichtigt wurden, unterscheiden sich mehr oder weniger von der Edelseide des Seidenspinners. Der Unterschied ist im allgemeinen um so größer, je geringer die zoologische Verwandtschaft der Produzenten ist. Die Seide der Schmetterlingsraupen ist — wie bei der Seidenraupe — immer ein Produkt von paarig angeordneten Drüsen und dient in den meisten Fällen zur Herstellung eines einheitlichen Kokons. Ein mehrere bis zahlreiche Tiere gemeinsam einhüllendes Gespinst, ein „Nest", wird von den Raupen der Anaphe-, Yponomeuta- und Eucheira-Arten geliefert. Es ist klar, daß diese Gebilde nicht aus einem einheitlichen, durchgehenden Faden bestehen können. Sie lassen sich daher nicht abhaspeln und werden nur in der Schappeindustrie verarbeitet. Aber auch Einzelkokons mancher Arten sind nicht haspelbar, da die Raupen beim Einspinnen ein Loch lassen, durch das der Falter nachher den Kokon verläßt. Man unterscheidet danach geschlossene und offene Kokons, von denen sich bloß die ersteren bequem in der Seidenspinnerei verwerten lassen, die letzteren dagegen nur für die Schappeindustrie geeignet sind. Geschlossene, also haspelbare Kokons haben von den Wildseidenspinnern die *Theophila-*, *Antheraea-*, *Telea-* und *Actias*-Arten, ferner *Epiphora bauhiniae.* Von *Antheraea pernyi* Guér. haben die Herbstkokons ein Schlupfloch (S. 20), so daß bloß die Frühjahrskokons sich abhaspeln lassen. Auch die Kokons von *Actias selene* Hüb. sollen nach Silbermann[2] meist bloß verzupft und dann versponnen werden.

Vom biologischen Standpunkt aus ist der Kokon eine sehr wirksame Schutzhülle nicht nur gegen tierische oder pflanzliche Feinde, sondern auch gegen physikalische oder chemische Außeneinflüsse, wozu er wegen der besonderen physikalisch-chemischen Eigenschaften der Seide in hohem Maße geeignet ist. Der Schutz gegen feindliche tierische Angriffe wird bei *Anaphe* und *Borocera*-Arten noch dadurch erhöht, daß von der Raupe in das Gespinst Brennhaare hineingeflochten werden. Die technische Verarbeitung solcher Seide erheischt daher besondere Vorsicht. Bei der Nesterseide von *Anaphe* verfährt man nach Godwey[3] folgendermaßen: Man läßt zuerst die Schmetterlinge schlüpfen, führt einen Schnitt in die äußere Hülle des Nestes und taucht das Ganze zum Schutz gegen die Brennhaare für 30 Minuten in Wasser; dann wird die erste Hülle entfernt, der Rest wieder in Wasser eingetaucht usw. Um die Stacheln der Kokons von *Borocera madagascariensis* Bsd. zu entfernen, wälzen nach Sikora[4] die Eingeborenen die Kokons erst durch den Straßenstaub.

Die bei allen Raupen gleichartige Bildung der Seide macht es verständlich, daß deren morphologische und chemische Beschaffenheit sehr ähnlich ist. Die Unterschiede sind meist mehr quantitativer als qualitativer Natur. Während z. B. der Kokonfaden von *Bombyx mori* L. 13—25 $\mu$ dick ist, erreicht der von

---

[1] Aus dem Bull. d. Japan. Kais. Forschungsinstitut für Seidenkultur, Heft 16, 1922.

[2] Zitiert S. 62.

[3] Godwey, C. C.: On the utisilation of an indigenous african silk-worm (*Anaphe infracta* Wlshm.) in Uganda. In: Bull. entom. research. Vol. 3, 1912.

[4] Sikora, F.: Der madagassische Seidenschmetterling *Borocera madagascariensis.* In: Soc. Entomol., 6. Jahrg., 1892.

*Antheraea mylitta* Drury eine Breite von 100 $\mu$; die Fäden im Gespinst der kleinen Yponomeuta sind dagegen bloß etwa 2 $\mu$ dick. Wegen weiterer Unterschiede, die auch zum Erkennen der verschiedenen Seidearten dienen, sei auf die S. 62 genannte Literatur verwiesen.

Der chemischen Zusammensetzung nach sind offenbar bei allen Raupenseiden die wichtigsten Bestandteile des Fibroins immer Glykokoll, Alanin und Tyrosin. Glykokoll ist allerdings am Aufbau der Wildseiden in einem erheblich geringeren Prozentsatz beteiligt als bei der echten Seide. Auch für die Nesterseide von *Anaphe* sind von Abderhalden[1] diese drei Aminosäuren als Hauptbestandteile nachgewiesen worden.

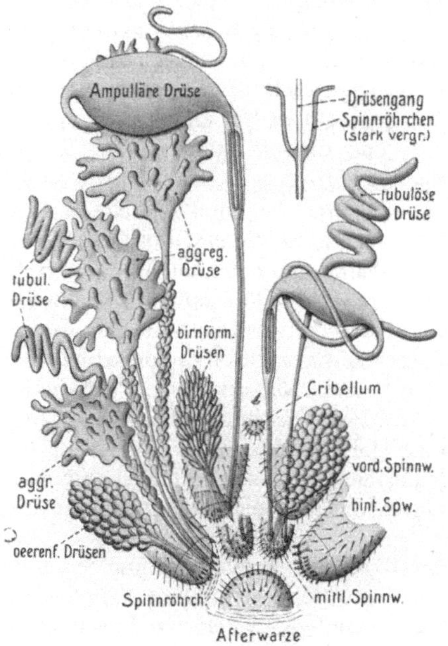


Abb. 66. Schematische Darstellung der Spinnwarzen und Spinndrüsen der Kreuzspinne *Epeira diadema*. Die zu jeder Warze gehörigen Drüsen sind nur jeweils an einer der Warzen dargestellt. Oben rechts stärker vergrößertes Spinnröhrchen einer größeren Drüse. Nach Apstein (1889) aus Bütschli (1921).

Die Spinnen- und Muschelseiden unterscheiden sich besonders ihrer morphologischen Beschaffenheit nach erheblich von der Raupenseide, was ohne weiteres aus dem ganz andersartigen Bau der sie erzeugenden Drüsen zu verstehen ist. Die Spinnenseide ist das Produkt umfangreicher Drüsen, die in großer Zahl im Abdomen der Tiere gelegen sind und die an besonderen höckerartigen Erhebungen, den Spinnwarzen, ausmünden, die in ihrer Gesamtheit das Spinnfeld bilden. Die Radnetzspinnen besitzen sechs Spinnwarzen, die paarweise angeordnet unmittelbar vor dem After liegen. Sie sind mit feinen, haarähnlichen Spinnröhren dicht besetzt, die im einzelnen recht verschieden gestaltet sein können, aber immer aus einem breiteren basalen Teile und einem terminalen, meist haarfeinen Abschnitt (Abb. 66 rechts oben) bestehen. Aus diesen Röhren, die gewissermaßen die Spulen darstellen, tritt das Drüsensekret, die Seide, ins Freie. Zu jedem der mehr als 600 Spinnröhrchen gehört je eine Spinndrüse, die sich in ihrer Gesamtheit weit in das Innere des Abdomens hinein erstrecken.

Die Radnetzspinnen sind im Besitz von fünf verschiedenen Seidendrüsenarten, die ihrer Form nach als Glandulae aciniformes, Gl. piriformes, Gl. ampullaceae, Gl. tubuliformes und Gl. aggregatae bezeichnet werden (Abb. 66. Näheres bei Apstein[2], Warbourton[3] und Comstock[4]).

Die Spinnenseide ist je nach ihrer Funktion von wechselnder Beschaffenheit. Zum Netzbau, zur Herstellung der Eikokons, zum Einspinnen von Beutetieren usw. wird jedesmal andersartige Seide verwendet. Es ist anzunehmen, daß die verschiedenartigen Drüsen hierfür verantwortlich zu machen sind. Für manche

[1] Zitiert S. 63.

[2] Apstein, C.: Bau und Funktion der Spinndrüsen der Areneida. In: Arch. Naturgesch. 55. Jahrg., 1889.

[3] Warbourton, C.: The spinning apparatus of geometric spiders. In: Quart. Journ. microscop. Science. Bd. 31, 1890.

[4] Comstock, J. H.: The silk of spiders and its uses. In: Transact. 2. Entomol. Congress, Oxford 1912.

ist ihre Sonderfunktion bekannt, für einzelne kennt man sie nicht mit Bestimmtheit.

Zur technischen Verwertung gelangt hauptsächlich Kokonseide. Sie liefert auch heute noch das bevorzugteste Rohmaterial zur Herstellung von Markierungslinien [Fadenkreuzen in optischen Instrumenten (Bock[1])]. Nach Apstein[2], dessen Ansicht sich Warbourton[3] und Comstock[4] anschließen, entsteht die Kokonseide in den tubulösen Drüsen, deren Bau aus Abb. 66 zu entnehmen ist. Bei den Epeiriden sind sechs von ihnen ausgebildet. Jederseits münden zwei an der Innenseite der hinteren, eine an der Außenseite der mittleren Spinnwarze.

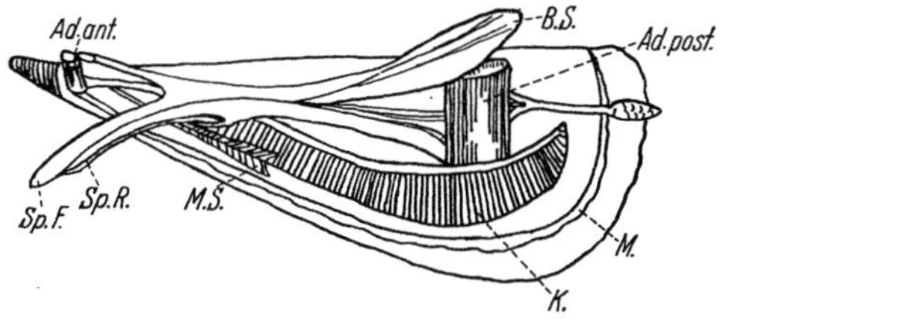


Abb. 67. Anatomische Verhältnisse von *Pinna nobilis* L. Ansicht von der linken Seite, stark verkleinert. *Ad. ant.* und *Ad. post.* = Musculus adductor anterior und posterior, *B.S.* = Byssussack, *K.* = Kieme, *M.* = Mantel, *M.S.* = Mundsegel, *Sp.F.* = Spinnfinger, *Sp.R.* = Spinnrinne. — Nach E. Seidel (1909) und L. Brühl (1932).

Der Faden der Spinnenseide ist einheitlich von kreisrundem Querschnitt. Die Dicke ist je nach Tier- und Seidenart verschieden. In optischen Instrumenten werden Fäden von 5—10 $\mu$ Dicke verwendet. In der Seide der früher erwähnten *Nephila madagascariensis* Vinson sind weiße, durchschnittlich 6—9 $\mu$ dicke und gelbe Fäden von 11,5 $\mu$ mittlerer Stärke zu unterscheiden. Im Vergleich zur echten Seide ist das sehr große Quellungsvermögen (bis zu 42,1 % Dickezunahme) und die größere Elastizität der Spinnenseide bemerkenswert. In chemischer Hinsicht ist beachtlich, daß das Serizin fehlt, der Faden aber einen ähnlichen chemischen Aufbau zeigt wie das Fibroin der echten Seide. Es sind nach E. Fischer[5] fast die gleichen Aminosäuren und zwar in einem ähnlichen Mengenverhältnis nachgewiesen wie in der Edelseide. Nur der Gehalt an Glutaminsäure ist auffallend hoch.

Der Seidenfaden der Muscheln, die Byssusseide, wird nicht wie bei Raupen oder Spinnen aus einem feinen Tubus herausgedrückt oder -gezogen; er wird vielmehr in einer Rinne „gegossen". Die betreffenden Muscheln besitzen an ihrem von den Schalen eingeschlossenen Fuß eine eigentümliche Differenzierung (Abb. 67). Nach vorn verjüngt sich nämlich dieser in einen dünnen, beweglichen Fortsatz, den Spinnfinger (*Sp. F.*). Auf dessen Außenseite ist eine Rinne ausgebildet (*Sp. R.*), die sich als ein geschlossenes Rohr, etwas nach hinten und oben gerichtet, in den Fuß hinein fortsetzt und schließlich als Byssussack blind endet. Innerhalb des Sackes hat sich das Rohr in vier Arme geteilt. Die inneren Teile dieser Einrichtung sind mit Drüsenzellen ausgekleidet, deren körniges Sekret in dem Rohr und seinen vier Armen zum Byssusfaden zusammenfließt (Brühl[6]). Dementsprechend hat der Faden die in Abb. 68 wiedergegebene Form. Am Vorderende gewahrt man eine Erweiterung, die Haftplatte. Diese entsteht in einer Querspalte, mit der die Byssusrinne vorne am Spinnfinger endet. Die Fäden werden von einer gallartigen Masse umgeben und zusammengehalten.

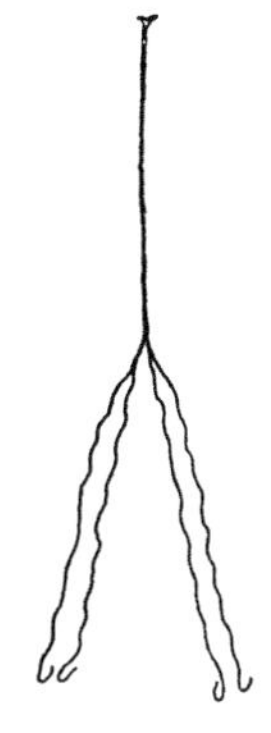

Abb. 68. Einzelner Byssusfaden (verkleinert). — Nach E. Seidel (1909) und L Brühl (1932).

Die Länge der Fäden schwankt im allgemeinen zwischen 3—8 cm, die Dicke etwa zwischen 18—80 $\mu$. Die chemische Natur der Byssussubstanz erscheint

[1] Zitiert S. 33. [2] Zitiert S. 66. [3] Zitiert S. 66. [4] Zitiert S. 66.
[5] Fischer, E.: Über Spinnenseide. In: Z. physiol. Chem. Bd. 53, 1907.
[6] Brühl, L.: Muschelseide. In: Rohstoffe des Tierreichs. Bd. I, 1932.

keineswegs genügend geklärt. Nach Abderhalden[1] ist sie ein dem Seidenfibroin verwandter Eiweißkörper, in dem sich an Aminosäuren besonders viel Prolin nachweisen läßt. Auch konnte aus ihm wie aus den Raupenseiden Glykokoll, Alanin und Tyrosin erhalten werden. Andere Autoren vergleichen die Byssussubstanz mit einem hornähnlichen Eiweiß oder gar mit dem Conchiolin oder Chitin (Näheres bei Brühl[2]).

## VII. Morphologie des Schmetterlings.

### Lebensäußerungen.

Beim Abschluß der Puppenzeit verläßt der Schmetterling die Puppenhaut und den Kokon. In den Fällen, in denen die Raupen beim Anfertigen des Kokons ein Schlupfloch lassen, entweicht der Schmetterling durch dieses ins Freie. Ist der Kokon jedoch, wie beim Maulbeerspinner, geschlossen, so muß erst der Schmetterling eine solche Öffnung schaffen, indem er durch eine aus der Mundöffnung austretende alkalische Flüssigkeit die Kokonwandung erweicht und dann die Seidenfäden mit den Beinen auseinanderzerrt. Beim Auskriechen befeuchtet sich der Falter selbst mit dieser Flüssigkeit. Die feuchten Flügel hängen schlaff und zusammengeknittert herab und nehmen erst allmählich mit dem Trockenwerden die ihnen eigentümliche Form und Beschaffenheit an.

Abb. 69. Soeben geschlüpftes Weibchen von *Bombyx mori* L. mit ausgestülptem Duftorgan. Natürl. Größe. — Original.

Die mit feinen Schuppen dicht bedeckten Schmetterlinge schlüpfen meist nachts oder in den Morgenstunden, gewöhnlich nicht später als etwa 9 Uhr. Die beiden Geschlechter (Abb. 3 u. 70) lassen sich sofort daran erkennen, daß das Weibchen einen viel kräftigeren und plumperen Hinterleib besitzt als das Männchen (über Größe, Form, Farbe s. S. 13). Im Abdomen des weiblichen Tieres sind eine große Anzahl (200—500) Eier gelagert, durch deren Gewicht das Weibchen stark in den Bewegungen gehindert ist. Meist verharrt es ruhig an einer Stelle, selbst die Flügel werden nur selten bewegt. Aus dem Abdomen strecken die Weibchen als Duftorgan seitlich zwei hellgelbe, blasenartige Ausstülpungen hervor (Abb. 69). Bei Beunruhigung werden sie sofort wieder eingezogen (Kellogg[3]), ebenso bei Berührung mit dem Männchen. Nach erfolgter Begattung treten jene Ausstülpungen nicht mehr nach außen vor. Das Sekret der Duftorgane ist für den Menschen durch den Geruch nicht wahrnehmbar.

Das Männchen unterscheidet sich auch im Benehmen nicht unwesentlich vom Weibchen. Es ist weit lebhafter und läuft unruhig hin und her, wobei es mit den Flügeln rasche Bewegungen ausführt, die aber nicht kräftig genug zum Fliegen sind. Nur in ganz seltenen Ausnahmen (Acqua[4]) erheben sich vereinzelt männliche Falter für kurze Zeit in die Luft. Sonst dienen die Flügelbewegungen höchstens zur Unterstützung des Laufens. Bei ihren hastig anmutenden Bewe-

[1] Abderhalden, E.: Die Monoaminosäuren des Byssus von Pinna nobilis L. In: Z. physiol. Chem. 55. Bd.

[2] Zitiert S. 67. [3] Kellogg, V. L.: Some silkworm moth reflexes. Biol. Bull. 12, 1907.

[4] Acqua, C.: Il Bombice del Gelso. Cesari, Ascoli. 1930.

gungen kommt es nicht selten vor, daß sie über andere Schmetterlinge, auch Weibchen, hinweglaufen, um dann schließlich mit irgendeinem weiblichen Schmetterling die Kopula einzugehen (Abb. 70). Zu Beginn der Kopula werden die Flügel etwas nach unten gesenkt, dann üben beide Tiere mit den Flügeln schlagende, fast zitternde Bewegungen aus, die beim Männchen erheblich stärker sind als beim Weibchen. Ließe man die Tiere ungestört, so würde eine Kopulation bis zu zehn Stunden oder gar noch länger dauern. In der Praxis erkannte man schon länger (Verson, E. und E. Quajat[1]), daß eine Kopulation von nur einer halben Stunde für eine erfolgreiche Begattung ausreicht und eine längere Kopulation nur schaden kann, da durch sie das Weibchen bei der Eiablage behindert wird. Der Züchter trennt daher nach zwei Stunden die Tiere und läßt zuweilen das Männchen zu einer zweiten Kopulation gelangen.

Abb. 70. Männchen und Weibchen von *Bombyx mori* L. in Kopula. Natürl. Größe. — Original.

Die Schmetterlinge sterben nach der Kopula bzw. der Eiablage bald ab. Während sonst für die Schmetterlinge Hunger und Liebe die beiden wichtigsten Triebfedern ihrer Lebensäußerungen sind, fällt beim Seidenspinner der Faktor „Hunger" weg. Der Schmetterling nimmt während seines Falterdaseins keinerlei Nahrung zu sich. Die Energie für die Lebens- und Entwicklungsvorgänge in der Puppenzeit und als Schmetterling wird von im Innern aufgespeicherten Vorräten geliefert. Nach deren Abbau geht das Tier zugrunde. Es ist verständlich, daß durch den Energieverbrauch für die Funktionen des Geschlechtslebens dieser Endzustand eher erreicht wird als ohne solche. So konnten Alpatov und Gordeenko[2] beobachten, daß Weibchen von *Bombyx mori* L., *Samia cecropia* und *Calosamia promethea* einen Tag länger lebten, wenn sie nicht begattet wurden. Männchen, die nicht zur Kopula gelangten, hatten jedoch die normale Lebensdauer, was nach den genannten Autoren dadurch erklärt wird, daß bei ihnen der geschlechtliche Erregungszustand bedeutend länger als normal anhält, wodurch sich die Kräfte ebenso rasch erschöpfen. Die Falter leben durchschnittlich acht bis zehn Tage, bei normaler Temperatur selten länger als 14 Tage. Die alten Tiere sind leicht daran zu erkennen, daß infolge von Bewegung und gegenseitiger Berührung zahllose Schuppen verloren gingen. Stellenweise schaut so das glatte, dunkelbraune Chitin durch, und auch die Flügel sind viel durchscheinender geworden. Obwohl die Falter ganz ohne Nahrung bleiben, geben sie von Zeit zu Zeit aus dem Enddarm ein ziegelrotes, flüssiges Exkret ab.

---

[1] Verson, E. und E. Quajat: Sull accoppiamento limitato e illimita delle farfalle del filugello. Ann. della R. Staz. Bac. di Padova. Jg. 1, 1872.

[2] Alpatov, V. und Gordeenko: Über den Einfluß der Begattung auf die Lebensdauer der Schmetterlinge unter besonderer Berücksichtigung des Seidenspinners, *Bombyx mori* L. Zool. Ž., Bd. 11, Lief. 2, 1932.

## Gliederung und äußerer Habitus.

Der ganze Körper ist über und über mit einem zottigen Haarpelz bedeckt, dessen Haare besonders im Brustabschnitt recht lang sind. Der Kopf bildet wie bei der Raupe eine völlig einheitliche Kapsel ohne jede äußere Spur einer Segmentierung. Von den drei Brustsegmenten sind die beiden letzten miteinander unbeweglich verbunden. Das — äußerlich — aus neun Segmenten bestehende Abdomen sitzt mit breiter Basis dem Thorax an.

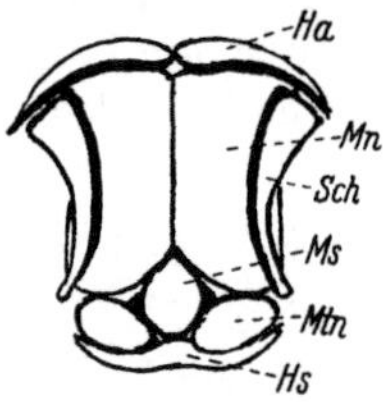


Abb. 71. Die dorsalen Skelettstückchen des Thorax vom Seidenspinner. Schematisiert. *Ha* = Halskragen (Patagium) des Pronotum, *Mn* = Mittelrücken (Mesonotum), *Sch* = Schulterdecke (*Tegula*, Flügelschüppchen), *Ms* = Mittelschildchen (Mesoscutellum), *Mtn* = Hinterrücken (Metanotum), *Hs* = Hinterschildchen (Postscutellum). — Original.

Die genaue Gliederung sowie die Beschaffenheit der eigentlichen Chitindecke sieht man erst nach Entfernung der „Haare". Das Chitin ist dunkel kastanienbraun und glänzend. Es ist wesentlich fester als das der Raupen. Auf der Rückenseite des Thorakalabschnittes sind durch Nähte einzelne Skelettstückchen ziemlich deutlich voneinander abgegrenzt (Abb. 71). Das Tergit (Rückenstück des Segmentes) des ersten Brustringes ist winzig, und wird durch seine zwei blasigen Anhänge, den „Halskragen" (*Ha*), fast völlig verdeckt. Diesem sitzen besonders lange, nach hinten gerichtete Haare an. Die Chitinstücke des Mesothorax (des zweiten Brustringes), das Mesonotum (*Mn*) und das Mesoscutellum [Mittelschildchen (*Ms*)], nehmen den größten Teil des Brustabschnittes ein. Das viel schmalere Metanotum (*Mtn*) des letzten Brustringes wird durch das Postscutellum oder Hinterschildchen (*Hs*) in zwei paarige Abschnitte zerlegt. Am Vorderrand des Mesonotums entspringen die zwei Schulterdecken [Tegulae (*Sch*)], als längliche, nach hinten gerichtete, chitinige Anhänge, die der Wurzel eines jeden Vorderflügels dicht aufliegen.

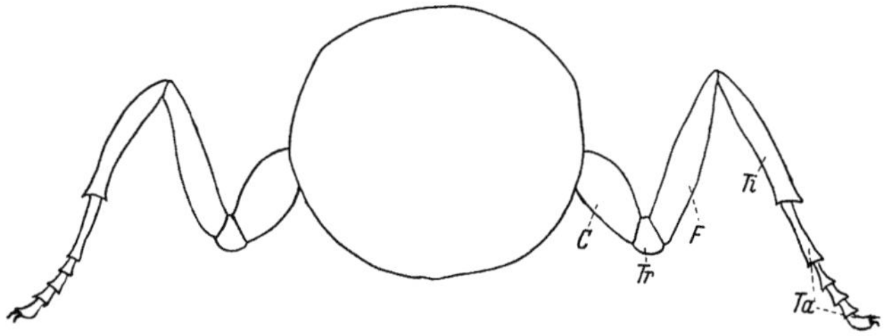


Abb. 72. Schema der Stellung der Thorakalbeine beim Seidenspinner. *C* = Coxa, *F* = Femur, *Ta* = 5 Tarsalglieder, *Ti* = Tibia, *Tr* = Trochanter. — Original.

## Extremitäten.

Von den Extremitäten sind die drei Beinpaare des Thorax in typischer Weise ausgebildet, während die des Kopfes sehr stark rückgebildet sind. Das Abdomen trägt überhaupt keine Gliedmaßen mehr.

Die mit langen Haaren dicht besetzten Thorakalextremitäten sind die eigentlichen Lokomotionsorgane des Seidenspinners. Sie bestehen ganz entsprechend dem normalen Bau der Insektenbeine aus fünf besonders benannten Abschnitten (Abb. 72). Der proximale Abschnitt, Coxa oder Hüfte, ist kurz und kräftig; es folgt dann ein schmales Stück, der Trochanter oder Schenkelring, als Verbindungsstück zu dem nun folgenden, langgestreckten Oberschenkel oder Femur. Daran schließen sich die Schiene (Tibia) und endlich die fünf Glieder des Tarsus oder Fußes an. Das letzte Tarsalglied trägt ein Paar kräftiger, chitiniger Klauen und zwischen diesen eine weichhäutige Haftpapille, jederseits flankiert von einer kräftigen, gefiederten Borste. Das erste Tarsalglied wird vielfach wegen seiner Länge als „Ferse“ den anderen gegenübergestellt. Mittel- und Hinterschienen des Seidenspinners besitzen am terminalen Ende je ein Paar „End“sporen. Die Vorderschiene dagegen ist durch den Besitz eines „Schienenblättchens“ ausgezeichnet, das einen langgestreckten, spornähnlichen Anhang darstellt und auf der Innenseite der Tibia nahe ihrer Basis entspringt.

Die Beinglieder sind durch typische Scharniergelenke verbunden, deren zwei Gelenkpunkte eine Bewegung nur um eine Drehachse, also nur innerhalb einer Ebene gestatten (s. S. 37). Diese Ebene freier Beweglichkeit steht ungefähr senkrecht zur Körperlängsachse. Ein Vorwärts- oder Rückwärtsführen der Extremitäten gestattet dagegen vorwiegend das Gelenk zwischen Bein und Thorax.

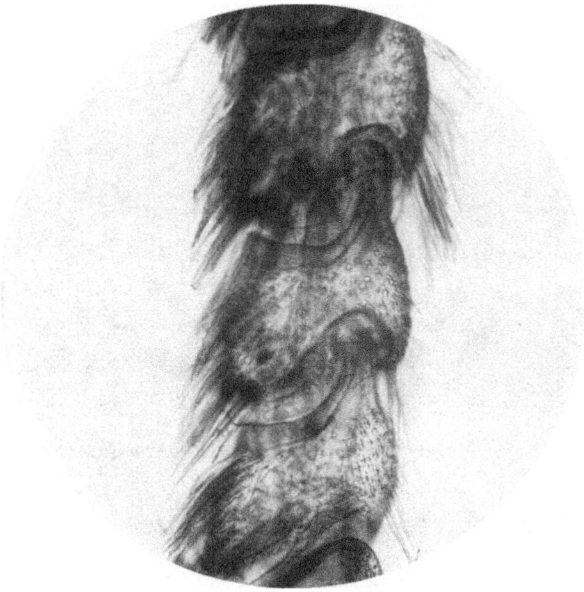

Abb. 73. Kugelgelenke zwischen den Tarsalgliedern eines Thorakalbeines des Seidenspinners. Vergrößerung 24mal. — Original.

Der Exkursionswinkel ist bei den einzelnen Gelenken dadurch eingeengt, daß benachbarte Glieder an den einander zugekehrten Enden Chitinteile besitzen, die bei einer bestimmten Stellung hart aufeinanderstoßen und keine weitere Vergrößerung des Winkels erlauben. So ist es z. B. nicht möglich, daß der Femur eine geradlinige Fortsetzung von Coxa und Trochanter bildet; beide Glieder stehen zueinander in einem spitzen Winkel von maximal etwa 80° (Abb. 72), wobei die Öffnung des Winkels nach oben gerichtet ist. Hingegen können Femur und Tibia bloß einen nach unten geöffneten Winkel miteinander bilden (Abb. 72). Durch diese Anordnung der Glieder und Gelenke stellen die Beine elastische Stützen für den Körper dar; das Tier hängt gewissermaßen in dem Femur-Tibia-Gelenk. Dabei kann das ganze Stützsystem ohne besondere Muskeltätigkeit seinen Zweck erfüllen, da durch die erwähnten Sperrvorrichtungen die Gelenke sich gar nicht weiter durchbiegen können. Die Festigkeit der eigentlichen Stütze (Tibia und Tarsus) wird durch ihre verhältnismäßige Starrheit gewährleistet; ihre Glieder sind gegeneinander nur wenig beweglich. Die Gelenke zwischen den Tarsalgliedern sind als Kugelgelenke ausgebildet, die ganz auf die Außenseite verlagert und deren Gelenkpfannen tief in das vorhergehende Tarsalglied eingesenkt sind (Abb. 73). Hierdurch ist die Exkursionsmöglichkeit sowohl einwärts wie auswärts stark eingeengt. Beim Aufstützen befinden sich die Tarsalglieder in maximaler Krümmung nach außen, wodurch sie in ihrer Gesamtheit einen elastischen Bogen bilden.

## Kopf und Kopfgliedmaßen.

Die Sinnesorgane des Schmetterlings haben gegenüber denen der Raupe eine erhebliche Förderung erfahren. Die Fazettenaugen treten als kleine, kugelige und schwarze Vorwölbungen am Kopf deutlich hervor. Am auffallendsten sind die Fühler, die — wie bei allen Bombyciden — beiderseits gekämmt sind (Abb. 74). Jedes der zahlreichen kleinen Glieder, die den Fühlerstamm zusammensetzen, entsendet nach jeder Seite je einen Fortsatz, der z. T. von beträchtlicher Länge ist, nach der Spitze des Fühlers zu aber immer kleiner wird. Die Kammzähnchen sind wiederum von kleinen Chitinhärchen besetzt, welche ziemlich regelmäßig in zwei Reihen angeordnet sind (Abb. 74). Die Fühler der männlichen Tiere besitzen etwas längere Zähnchen als die der Weibchen.

Abb. 74. Spitze des Fühlers des Seidenspinners. Vergrößerung 250mal. — Original.

Im Gegensatz zu den Sinnesorganen sind die Mundgliedmaßen des Seidenfalters weitgehend rückgebildet, so daß bloß noch kleine, völlig funktionsuntüchtige Reste vorhanden sind. Selbst der sonst für die Schmetterlinge so typische Rüssel ist verschwunden. Als wirklich eindeutige Überreste sind nur die Labialtaster vorhanden (Abb. 75), die — selbst dicht behaart — völlig in der „Gesichtswolle“ verborgen sind und erst nach sorgfältiger Präparation wahrgenommen werden können.

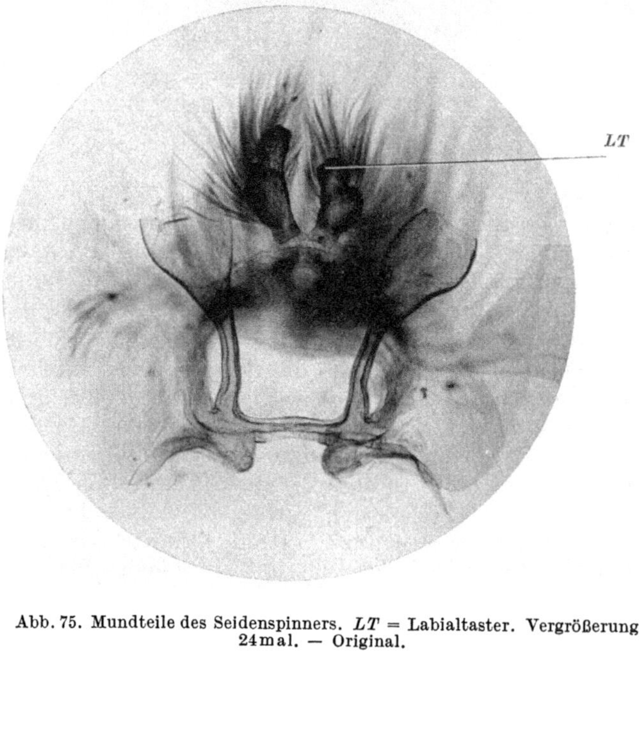


Abb. 75. Mundteile des Seidenspinners. *LT* = Labialtaster. Vergrößerung 24mal. — Original.

## Flügel.

Die Flügel der Schmetterlinge wie der Insekten überhaupt stellen dorsale, häutige Anhänge des 2. und 3. Thorakalsegmentes dar, die gelenkig vom Körper abgesetzt sind. Sie werden von „Adern" durchzogen (Abb. 76), die durch Verdickungen des Chitins gebildet werden und somit zur mechanischen Festigung dienen; zugleich sind sie die Bahnen der Haupttracheen, die den Flügel durchziehen. Die Adern werden durch die Schuppen der Flügel bei den meisten Schmetterlingen zum Teil verdeckt. Die Beschuppung des Seidenschmetterlings ist aber weniger dicht und läßt das Geäder gut erkennen, besonders dann, wenn — wie bei alten Tieren — ein Teil der Schuppen verlorenging.

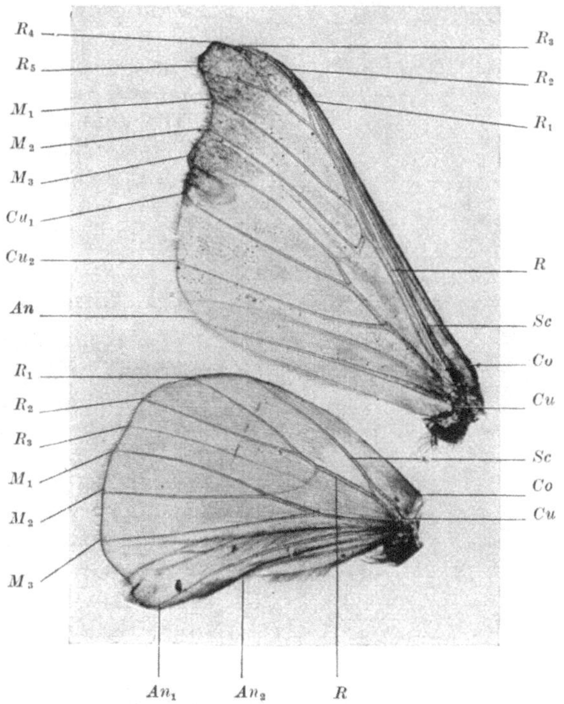


Abb. 76. Flügel des Seidenspinners. Bezeichnung der Adern: *An* ($An_1$ und $An_2$) = Analader, *Co* = Costa, *Cu* ($Cu_1$ und $Cu_2$) = Cubitus, $M_1$ bis $M_3$ = Medius, *R* ($R_1$ bis $R_5$) = Radius, *Sc* = Subcosta. Vergrößerung 2,2mal. — Original.

Die Ausgestaltung des Flügelgeäders ist für die systematische Entomologie von großer Bedeutung. Man findet in den Flügeln aller Insekten mit bestimmten Namen versehene Adern wieder. Die größte Anzahl der Rippen wird vom Radius und Medius geliefert (Abb. 76), die bei ursprünglicher Anordnung sowohl untereinander wie auch von den anderen Adern (Costa, Subcosta, Cubitus und Anal-[Dorsal-] ader) völlig getrennt in die Basis der Flügel eintreten. Radius und Medius gabeln sich derart, daß der jeweils obere Ast sich nicht oder wenig weiter verzweigt, während der untere Ast sich wiederholt aufteilt. Die für den Seidenspinner geltenden Verhältnisse sind aus der beigefügten Figur (Abb. 76) zu entnehmen.

## Äußere Geschlechtsmerkmale.

Die letzten Segmente des Abdomens sind wegen der Geschlechtsöffnungen besonders wichtig. Bei männlichen Tieren befindet sich am 9. Abdominalsegment unter der Afteröffnung ein etwa 4 mm langer Penis aus kräftigem Chitin. An seiner Spitze liegt die männliche Geschlechtsöffnung. Er ist umgeben von einem chitinigen Wall, ist aber weiterhin noch dadurch geschützt, daß das ganze 9. Segment weit in das 8. zurückgezogen werden kann und dieses letztere auf der Rückenseite ein nach hinten gerichtetes und gewölbtes Chitinschild trägt. Am letzten Segment sind seitlich zwei Chitinhaken (Abb. 78 *P*) ausgebildet, mit denen sich das Tier bei der Kopulation am Abdomen des Weibchens festhält. Sie sind beweglich am Körper eingelenkt und sind vielleicht als umgewandelte Abdominalextremitäten zu deuten, worauf auch die Bezeichnung „Gonopoden" hinweist.

Die weiblichen Tiere besitzen zwei Geschlechtsöffnungen: die Mündung des Eileiters und die der Vagina. Erstere befindet sich etwas unterhalb des Afters am 9. Abdominalsegment, letztere auf der Ventralseite des 8. Ringes. Die Ausmündung des Eileiters ist eine vertikale Spalte und auf einer kleinen, kugeligen Vorwölbung gelegen. Letztere ist umgeben und geschützt von vier Chitinstückchen, die zusammen eine Art Ringwall bilden. An diesen klammert sich das Männchen bei der Kopulation mit den beiden Gonopoden fest.

Die Vagina endet mit einem etwas trichterförmig eingerollten chitinigen Gebilde, das als kleines Anhängsel der Körperoberfläche ansitzt. Hierdurch wird für den Penis eine sichere Führung geschaffen. (Über die inneren Geschlechtsorgane s. S. 75 u. 76.)

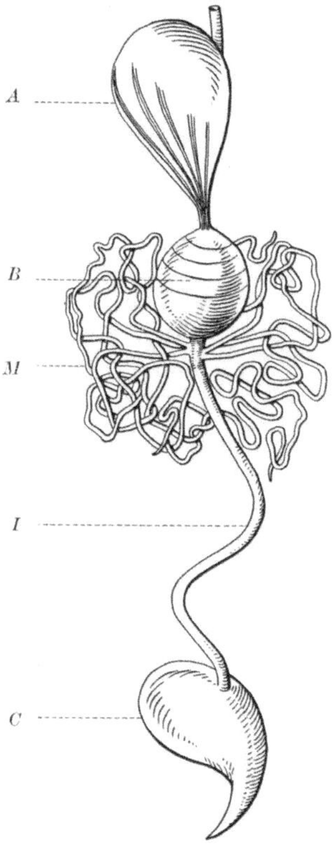


Abb. 77. Schematische Zeichnung des Darmsystems des Seidenspinners. *A* = Luftblase, *B* = Mitteldarm, *C* = Endblase, *J* = Enddarm, *M* = Malpighische Gefäße. — Nach C. Acqua (1930).

## VIII. Innerer Bau des Schmetterlings.

Den Lebensfunktionen des Schmetterlings entsprechend ist von den inneren Organen das Verdauungssystem recht unscheinbar, während die Geschlechtsorgane zur vollen Entfaltung gekommen sind.

**Der Darm** (Abb. 77) ist beträchtlich rückgebildet, besonders der Mitteldarm (*B*) ist auf einen verhältnismäßig kleinen, kugeligen Abschnitt beschränkt. Der Vorderdarm trägt eine umfangreiche „Luftblase" (*A*), die bei aus dem Kokon geschlüpften Schmetterlingen gasgefüllt ist.

Vor dem Schlüpfen enthält diese Blase jene alkalische Flüssigkeit, die aus dem Munde abgegeben wird, die benachbarten Kokonfäden aufweicht und dem Schmetterling so das Ausschlüpfen aus dem Kokon ermöglicht (S. 68). Nach Verson wird nicht der ganze Inhalt auf diese Weise abgegeben, ein Teil durchwandert vielmehr den ganzen Darm nach hinten bis zur Enddarmblase (*C* in Abb. 77) und wird durch den After nach außen gebracht. Möglicherweise wird dadurch der Darm von etwa zurückgebliebenen Fremdkörpern völlig gereinigt. Vielleicht wird hierdurch aber auch die Abgabe der Exkretstoffe gefördert, die aus den Malpighischen Schläuchen stammen. Von diesen sind jederseits drei ausgebildet. Sie münden in den Anfangsteil des dünnen Enddarms, der unmittelbar vor dem After sich zu der erwähnten Endblase erweitert (Abb. 77 und 78, *C*). Im Innern des Mitteldarms ist eine rötliche, harzig klebrige Masse vorhanden; in der Enddarmblase befindet sich die ziegelrote Flüssigkeit, die vom Schmetterling bald nach dem Schlüpfen aus dem After gespritzt wird. In ihr sind die Ausscheidungsprodukte, hauptsächlich Harnsäure (Courtois[1]) enthalten, die sich während der Metamorphose gebildet haben und von den Malpighischen Schläuchen abgegeben wurden.

**Das Nervensystem** des Schmetterlings hat im Vergleich zur Raupe eine stärkere Konzentration erfahren. Im Thorax sind nur zwei getrennte Ganglien zu erken-

[1] Courtois, A.: Sur la composition du méconium des Lépidoptères. In: C. r. Soc. Biol. Paris Bd. 101. 1929.

nen, da die des 2. und 3. Segmentes verschmolzen sind. Die Nervenkette im Abdomen hat bloß fünf Ganglienknoten. Ähnlich wie bei der Raupe ist auch ein Schlundnervensystem mit einem Ganglion frontale und zwei Pharyngealganglien ausgebildet.

Über den Bau des Rückengefäßes und des Tracheensystems ist nichts Besonderes zu bemerken. Letzteres ist noch stärker entwickelt als bei den Raupen und versorgt insbesondere die **Geschlechtsorgane.**

Die beiden Hoden der männlichen Tiere liegen im 4. Abdominalsegment als kompakte, etwa bohnenförmige Gebilde (Abb. 78). Von jedem führt als Aus-

Abb. 78. Photographie eines Modells von einem männlichen Seidenspinner, dessen Abdomen dorsal geöffnet wurde. *B* = Mitteldarm, *C* = Endblase, *P* = Chitinzangen, *T* = Hoden. — Nach C. Acqua (1930).

führgang ein Vas deferens (Samenleiter) nach hinten, das aber erst nach einer Doppelschlinge sich mit dem Vas deferens des Hodens der anderen Seite zu einem mittleren, unpaaren Kanal, dem Ductus ejaculatorius, vereinigt. Dieser setzt sich in den äußerlich sichtbaren Penis fort. Die Vasa deferentia erweitern sich vor ihrer Vereinigung zu den Samenblasen (Vesiculae seminalis), die ihrerseits je zwei akzessorische Drüsen als lange, schlauchförmige Anhänge tragen (Abb. 78 oberhalb *C*). Durch sie wird eine Flüssigkeit ausgeschieden, die sich mit den Spermamassen innerhalb der Samenblase vermischt, wodurch ein leichteres Fortleiten des Samens und Überführen in den weiblichen Geschlechtstraktus ermöglicht wird. Eine Verdoppelung der akzessorischen Drüsen, der Samenblase und des Ductus ejaculatorius, sowie der äußeren Geschlechtsteile beschreibt Umeya[1] bei vier Exemplaren einer japanischen Rasse als gelegentliche Anomalie.

[1] Umeya, Y.: Duplication of sexual organs in the male-moth of Bombyx mori L. In: Proc. imp. Acad. Tokyo Bd. 6, 1930.

Die Geschlechtsorgane des weiblichen Schmetterlings sind durch die große Anzahl von Eiern recht voluminös. Vor der Ablage der Eier erfüllen die beiden Ovarien fast das ganze Abdomen. Jedes von ihnen besteht aus vier Eischläuchen, Ovariolen (Abb. 79), von denen jeder mehr als doppelt so lang wie der ganze Schmetterling ist. Jederseits vereinigen sich diese zu einem kurzen Ausführgang, die zusammen bald einen gemeinsamen, unpaaren Eileiter (Ovidukt, Abb. 79, *O*) bilden. In den Anfangsteil des letzteren mündet jederseits eine Schleimdrüse, deren Endteile baumförmig verzweigt sind. Ihr Ausführgang (*G*) ist vor der Mündung in den Ovidukt als Reservoir beträchtlich erweitert. Der Eileiter mündet auf der Ventralseite des 9. Abdominalringes nach außen.

Die bisher erwähnten Teile des weiblichen Geschlechtsapparates dienen ausschließlich der Erzeugung und dem Abtransport der Eier. Die Begattung und die

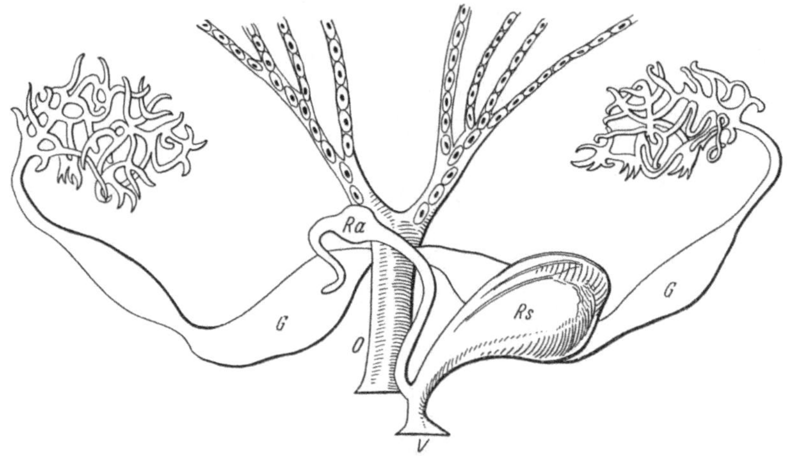


Abb. 79. Schematische Zeichnung des weiblichen Geschlechtsapparates von *Bombyx mori* L. *G* = Schleimdrüse, *O* = Ovidukt, *Ra* = Accessorisches Receptaculum seminis, *Rs* = Receptaculum seminis, *V* = Vagina. Oberhalb des Ovidukts die Eischläuche. — Nach C. Acqua (1930).

Zuleitung des Spermas erfolgen durch die im 8. Segment gelegene zweite Geschlechtsöffnung mit den entsprechenden im Innern gelagerten Organen. An die Vagina (*V*), die von dieser Öffnung ins Innere hinführt, schließt sich das Receptaculum seminis, der Samenbehälter (*Rs*), an, in welchem sich das Sperma nach erfolgter Begattung ansammelt. Durch einen Samengang ist dieser Teil des Geschlechtsapparates mit dem Oviduct in Verbindung. Der Samengang setzt sich aber noch in ein akzessorisches Receptaculum seminis (*Ra*) fort, das ebenfalls mit Sperma gefüllt wird. An der Einmündung des Samenganges findet die Vereinigung von Ei- und Samenzelle statt. Die in den Ovariolen befindlichen Eizellen haben einen größeren Querdurchmesser als die Schläuche, wodurch sie deren Wandungen vorbuchten. In einem Eischlauch befinden sich 60 bis höchstens 100 Eizellen, die aber nicht alle zur Ablage kommen. In der Praxis rechnet man, daß von einem Schmetterling der italienischen Rassen etwa 600 Eier, also durchschnittlich 75 aus jeder Eiröhre abgelegt werden. Nach Manolescu[1] werden die Eier gleichmäßig aus allen Ovariolen nach und nach entlassen. Sie werden dicht nebeneinander abgelegt und kleben infolge des Sekretes der Schleimdrüsen aneinander und an der Unterlage fest.

Die Eiablage erfolgt unmittelbar nach der Begattung und ist normalerweise nach 24 Stunden annähernd beendet.

[1] Manolescu, G.: Come le farfalle vuotano i singoli tubi ovarici durante la deposizione della uova. Annuar. Staz. bacol. sper. Padova Bd. 34, 1907.

# IX. Ei und Embryonalentwicklung.

## Farbe, Größe und Gewicht der Eier.

Die Eier des Seidenspinners haben unmittelbar nach der Ablage hellgelbe Farbe, die sich jedoch nach etwa zwei Tagen als Folge innerer Entwicklungsvorgänge in eine aschgraue verwandelt. Bei noch nicht verfärbten Eiern lassen sich in den Zellen der Serosa (s. u.) blaßgelbe Granula nachweisen, die dann wahrscheinlich durch Tyrosinase in Melanin verwandelt werden (Teodoro[1]). Nur die Eier bivoltiner Rassen, soweit sie keine Überwinterung durchzumachen brauchen, bleiben hell, von jährlichen Rassen bloß die unbefruchteten, die sich meist nicht fortentwickeln, sondern nach kurzer Zeit eintrocknen. Die Form der Eier ist sehr charakteristisch: sie sind linsenförmig abgeplattet und außerdem auf zwei Seiten schüsselförmig ausgehöhlt (Abb. 1). Mit einer Breitseite sind die Eier an der Unterlage festgeklebt.

Größe und Gewicht der Eier sind je nach Rasse sehr verschieden. Der Längsdurchmesser beträgt 1,0—1,5 mm, der Querdurchmesser 1,0—1,2 mm, der Abstand der beiden abgeplatteten Seiten etwa 0,6—0,7 mm. Für die Praxis sind die Gewichte der Eier wichtiger als ihre Größe. Die Angaben hierüber (z. B. Acqua[2], Maillot und Lambert[3], Quajat[4], Warschawskaja und Ignatjewa[5]) wechseln sehr auch für ein und dieselbe Rasse. In der nachfolgenden Tabelle, die angibt, wieviel Eier auf 1 g gehen, sind im wesentlichen die bei Maillot und Lambert[3] aufgeführten Werte enthalten, daneben auch in Klammern von Quajat[4] gemachte Angaben.

| | | | | |
|---|---|---|---|---|
| Französische Rassen | (Roussillon) | mit gelben Kokons | 1537 | (1566) |
| „ „ | (Cévennes) | „ „ „ | 1431 | (1346) |
| „ „ | (Cévennes) | „ weißen „ | 1454 | |
| „ „ | (Basses-Alpes) | „ gelben „ | 1334 | |
| „ „ | (Var) | „ „ „ | 1408 | |
| „ „ | (Corse) | „ „ „ | 1539 | |
| Italienische Rassen | (Fossombrone) | „ „ „ | 1303 | (1429) |
| „ „ | (Gran-Sasso) | „ „ „ | 1525 | (1389) |
| „ „ | (Toscane) | „ „ „ | 1527 | |
| „ „ | (Brianza) | „ „ „ | 1496 | (1352) |
| „ „ | (Ascoli)[6] | | 1432 | |
| Türkische Rasse | (Bagdad) | „ „ „ | 1335 | (1351) |
| Cyprische „ | | „ „ „ | 1236 | (1243) |
| Persische „ | (Khorassan) | „ grün. u. weiß. Kokons | 1930 | (1843) |
| „ „ | (Sebzevar) | „ gelbl. u. grünl. Kokons | 1176 | |
| Japanische „ | | „ weißen Kokons | 2175 | |
| „ „ | | „ grünen Kokons | 2032 | |
| „ bivoltine Rasse (nach Acqua) | | | 2260 | |
| Chinesische jährl. Rasse (Pai-pi-lung chiao, de Ying-ching-chiao) | | „ weißen „ | 1760 | |
| Chinesische Rasse | (Tsché-kiang) | „ „ „ | 2057 | |
| Chinesische polyvoltine Rasse (Pai-pi-tou-eul, de Hou-Kéou) | | „ „ „ | 2151 | |
| Chinesische Rasse | (Wuhsi) (nach Quajat) | | 1902 | |

[1] Teodoro, G.: Pigmentogenesi nell'uovo del *Bombyx mori* L. Bull. Soc. zool. France Bd. 3, 1932.

[2] Acqua, C.: Il Bombice del Gelso. Verl. Cesari in Ascoli Piceno, 1930.

[3] Maillot, E. und F. Lambert: Traité sur le ver à soie du murier et sur le murier. Montpellier, 1906.

[4] Quajat, E.: Dei Bozzoli piu pregevoli che preparano i lepidotteri setiferi. Padua: Gebr. Drucker.

[5] Warschawskaja, P. N. und Z. P. Ignatjewa: Umfang und Gewicht der Eier von „Ascoli“ und „Chines. Goldrasse“. Arb. Moskauer Forsch. Stat. f. Seiden- und Seidenraupenzucht, Bd. 2, 1927.

[6] Errechnet nach P. N. Warschawskaja und Z. P. Ignatjewa[5].

Die ostasiatischen Rassen (besonders die bivoltinen) haben kleinere und leichtere Eier als die europäischen. Die Anzahl der Eier jedoch, die von einem Tier gelegt wird, ist bei den Rassen einigermaßen gleich.

An einem Ende des Längsdurchmessers befindet sich, meist deutlich abgesetzt, eine kleine schwarze Stelle von runder Form, in deren Mitte eine kleine Vorwölbung mit einem weißen Punkt zu erkennen ist (Abb. 80). An dieser Stelle befindet sich die Mikropyle, durch die bei der stattfindenden Befruchtung noch innerhalb des Eileiters (S. 76) das Sperma ins Ei eindringt. Am Mikropylende des Eies

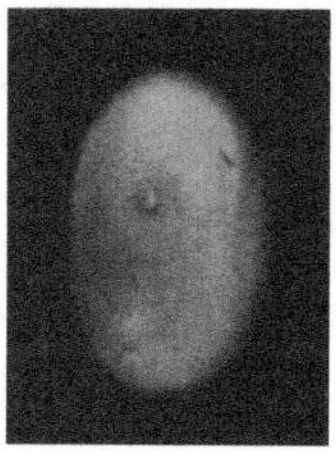

Abb. 80. Ei des Seidenspinners mit Mikropyle. Vergrößerung 20mal. — Original.

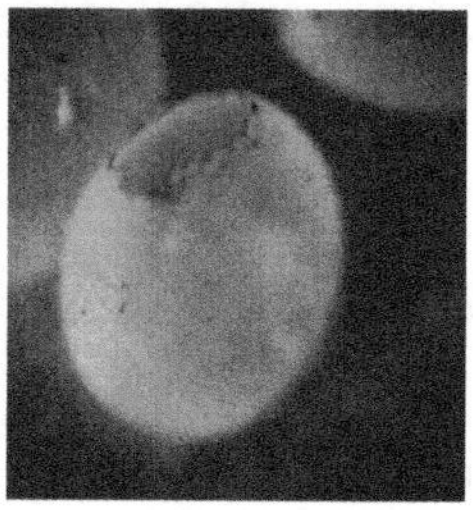

Abb. 81. Ei des Seidenspinners nach dem Ausschlüpfen der Raupe. Vergrößerung 20mal. — Original.

entwickelt sich das Kopfende des jungen Embryos. Beim Verlassen der Eischale bahnt sich an dieser Stelle das junge Räupchen den Weg ins Freie, indem es die Mikropyle samt der weiteren Umgebung von der übrigen Eischale abtrennt (Abb. 81).

## Schale und innerer Aufbau.

Die Eischale, das Chorion, wird noch im Ovarium gebildet, während die klebrige Hülle, mit der das Ei an der Unterlage befestigt wird, erst nach der Befruchtung entsprechend der Einmündung der Schleimdrüsen (Abb. 79) im Ovidukt geliefert wird. Das Chorion hat der allgemeinen Beschaffenheit nach eine gewisse Ähnlichkeit mit dem Chitin. Wie dieses hat es auch die Aufgabe, das darunterliegende Plasma vor physikalischen und chemischen Einflüssen zu schützen, wozu es, wie die Untersuchungen z. B. von Caretta[1] und Quajat[2] zeigen, in hohem Maße befähigt ist (S. 138). Chemisch ist allerdings die Substanz der Eischale, das Chorionin, erheblich verschieden von dem Chitin, wie die Untersuchungen von Verson[3] und Tichomiroff[4] lehren (S. 137).

Die Dicke der Eischale schwankt nach Della Corte[5] etwa zwischen 4 und $6\frac{1}{2}\ \mu$. Die zartesten Schalen haben die Eier der ostasiatischen, besonders der bivoltinen Rassen. Das Chorion macht bei italienischen Rassen etwa 12,1% des Gesamtgewichtes aus, bei japanischen Spinnern 11,1%, bei chinesischen 10,3%.

Die äußere Oberfläche der Schale hat für jede Insektenart ein typisches Relief. Die Eier des Seidenspinners zeigen eine polygonale, nicht sehr regelmäßige

[1] Caretta, A.: Intorno alla tolleranza che il seme bachi manifesta per immersioni prolungata nell'acqua comune. Boll. mens. di Bach. Serie III, IV. Jg. 1869.

[2] Quajat, E.: Impermeabilità delle uova del filugello per l'alcool. Annuar. Staz. bacol. sper. Padova Bd. 30, 1903.

[3] Verson, E.: La composizione chimica dei gusci nelle uova del filugello. Boll. mens. di Bach. Serie II, 2. Jg. 1884.

[4] Tichomiroff, A.: Sullo sviluppo delle uova degli insetti. Boll. mens. di Bach. Serie II, 3. Jg. 1885; s. a. Z. physiol. Chem. Bd. 9, 1885.

[5] Della Corte, M.: Lo spessore del guscio delle uova di Bombyx mori nelle principali razzi oggni allevato. — Boll. Staz. sper. Gels e. Bach. Ascoli Piceno, 4. Jg. 1925.

Felderung (Abb. 82), deren Grenzen scharf eingeschnittene, enge Furchen sind. Nur in unmittelbarer Nähe der Mikropyle sind die Felder regelmäßig in zwei konzentrischen Kreisen zu einer Rosette angeordnet. Zur zentral gelegenen Mikropyle (Abb. 82 u. 83, *M*) führen meist drei, seltener vier Kanäle (*K*) hin, die etwa am

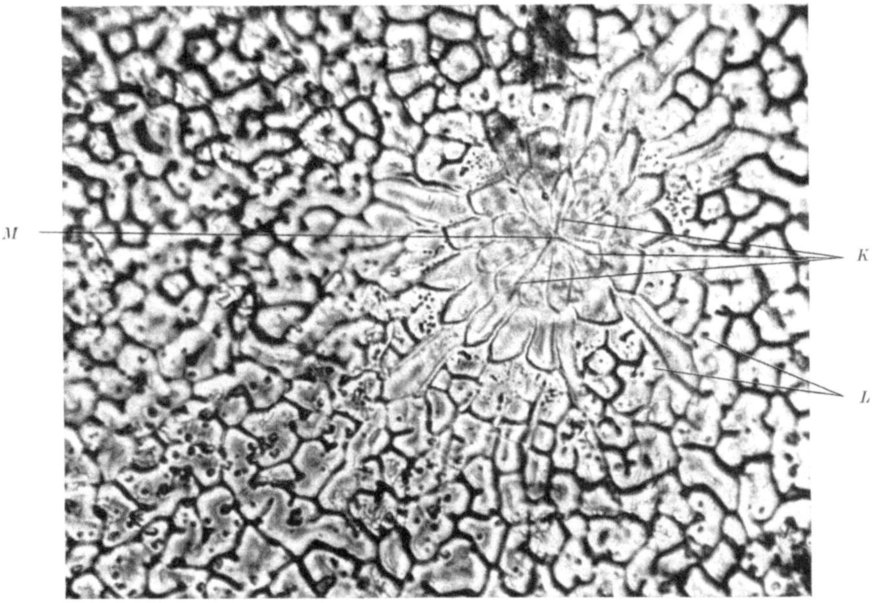


Abb. 82. Eischale mit Mikropyle. *K* = zur Mikropyle (*M*) hinführende Kanäle, *L* = Luftkanäle. Vergrößerung 550mal. — Original.

Rande der ersten „Rosette" nach außen geöffnet sind. Zur besseren Ermöglichung des bei der Entwicklung des Embryos relativ intensiven Gaswechsels ist das Chorion von kleinen Luftkanälen radial durchsetzt (Abb. 82, *L*) (Verson[1]).

Vor dem Beginn der eigentlichen Entwicklung hat das Ei den morphologischenWert einer Zelle, es besteht also aus Kern (Eikern) und Plasma (Ooplasma). Im letzteren sind große Mengen von Dotter eingelagert. Das Ei des Seidenspinners ist ganz nach dem für die Insekten so charakteristischen zentrolezithalen Typ aufgebaut (Abb. 83): in der Eimitte haben sich die Dottermengen konzentriert, während das eigentliche bildungsfähige Plasma diese als einen kontinuierlichen dünnen Belag auf der Oberfläche umgibt. Der Eikern befindet sich, von einer Plasmaschicht umgeben, im Dotter eingesenkt. Weiter nach außen folgt auf das Bildungsplasma (Keimhautblastem) eine äußerst zarte, strukturlose Schicht, die Dottermembran (*D. M.*) oder das Oolemm. Diese ist (Grandori[2]) als eine von der Eizelle ausgehende Bildung anzusehen

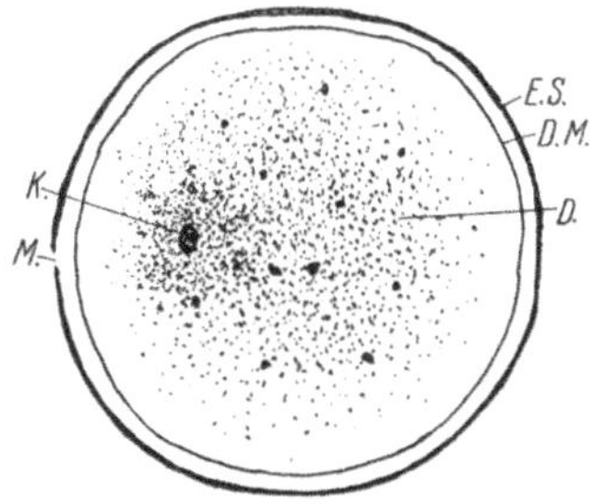


Abb. 83. Schematische Zeichnung des Eies des Seidenspinners. *D.* = Dotter, *D.M.* = Dottermembran, *E.S.* = Eischale, *K.* = Kern, *M.* = Mikropyle. — Original.

[1] Verson, E.: Dei canali aeriferi che attraversono nel filugello il guscio dell'uovo. Boll. mens. di Bach. 10. Jg., 1893.

[2] Grandori, R.: Lo sviluppo embrionale del Baco da seta. Memoria I. Annuar. Staz. bacol. Padova, Bd. 41, 1915.

und gibt dem Ei Festigkeit und Zusammenhalt auch nach der Entfernung der äußeren Eihülle. Letztere, das Chorion (E.S.), ist eine sog. sekundäre Eihülle, die also nicht durch die Eizelle selbst, sondern in anderer Weise (S. 121) im Ovar entsteht.

### Ausbildung der äußeren Form während der Embryonalentwicklung.

Der eigentlichen Entwicklung des Eies, der Embryonalentwicklung, gehen die Vorgänge der Eireifung und der Befruchtung voraus, die sich aber vor Ablage der Eier abspielen (S. 123).

Die Embryonalentwicklung der annualen Seidenspinnerrassen zerfällt in zwei Perioden, in eine, die sich unmittelbar an die Eiablage anschließt und ihr Ende in der unumgänglichen Winterruhe findet, und in eine zweite, die nach erfolgter Überwinterung im Frühjahr beginnt und mit dem Schlüpfen der jungen Räupchen beendet ist. Bei den polyvoltinen Rassen dagegen erfolgt bei den Frühjahrseiern die ganze Entwicklung ohne Einschaltung einer Ruhezeit. Nach Grandori[1] soll für den Seidenspinner die direkte Entwicklung ohne Winterruhe die ursprüngliche sein; die zwangsläufige Einschaltung einer Winterruhe sei dagegen erst eine Folge der jahrtausendelangen Zucht. Der Autor kommt zu diesem Schluß auf Grund seiner Feststellung, daß während der Winterruhe die Entwicklung zwar im großen und ganzen zum Stillstand gekommen, in gewisser morphogenetischer Hinsicht aber sogar in eine Rückbildung umgeschlagen ist (S. 83), die erst in den ersten Tagen der Frühjahrsbrutperiode wieder ausgeglichen wird. Andererseits gibt es Erscheinungen, die eine dem vorigen Schluß entgegengesetzte Folgerung zulassen könnten, wie z. B. folgende Tatsache: Unter den Eiern bivoltiner Rassen befinden sich immer solche, die eine Überwinterung in ihrer Entwicklung durchmachen müssen. Auch die nur sehr geringe Möglichkeit, durch künstliche Stimulantien eine kontinuierliche Entwicklung der Eier annualer Rassen zu erzwingen (S. 124), gibt zu denken.

Die Embryonalentwicklung des Seidenspinners ist durch zahlreiche Arbeiten erforscht (Foà[2], Grandori[3], Selvatico[4], Tichomiroff[5], Tirelli[6], Toyama[7]). Eingeleitet wird sie durch wiederholte Teilung des im Dotter gelegenen Kernes. Diese 2, 4, 8, 16 usw. Furchungskerne sind von sternförmig amöboid verzweigten Plasmahüllen umgeben, mit denen sie sich allmählich der Peripherie nähern und, sich weiter vermehrend, schließlich in das Keimhautblastem einwandern. Es entsteht dadurch eine völlig peripher gelagerte, einzellige Schicht, das Blastoderm (Abb. 84, *B*). In diesem sind die auf der späteren Ventralseite

---

[1] Grandori, R.: Lo sviluppo embrionale del Baco da seta. Memoria IIIa. Sviluppo primaverile fino alla blastocinesi. Boll. Lab. zool. Agrar. Milano Bd. III, 1932.

[2] Foà, A.: Confronto tra i primi stadî evolutivi del baco da seta nelle uova a schiusura normale e in quelle a schiusura estemporanea per l'azione dell'elettricità. Rend. Ist. Bac. di Portici Bd. 3, 1919.

[3] Grandori, R.: Lo sviluppo embrionale del Baco da seta. Memoria Ia. — Le prime 42 ore dalla deposizione dell'uovo. Annuar. Staz. bacol. Padova, XLI. Bd., 1915. — Lo sviluppo embrionale del Baco da seta. Memoria IIa. La diapausa. Boll. Lab. zool. agar. Milano, Bd. I, 1928—29. — Memoria IIIa. S. oben.

[4] Selvatico, S.: Sullo sviluppo embrionale del Bombicini. Annuar. Staz. bacol. Padova, Bd. 9, 1882.

[5] Tichomiroff, A.: Über die Entwicklungsgeschichte des Seidenwurmes. Zool. Anz. Bd. 2, 1897. — Développement du ver à soie du mûrier (B. mori) dans l'oeuf. Labor. d'études de la soie, Lyon 1891.

[6] Tirelli, M.: Atlante microfotografico della embriologia degli Insetti (Bombyx mori). Bergamo, Istit. Ital. Arti Grafiche, 1930.

[7] Toyama, K.: Contributions to the study of Silk-Worms. I. On the Embryology of the Silk-Worms. Bull. Coll. Agric. Tokyo, Imp. Univers., Bd. V, 1902.

gelegenen Zellen wesentlich höher als die übrigen. Erstere bilden den Embryo, der aber durch eine eigentümliche Faltenbildung der aus flachen Zellen bestehenden Region von der Peripherie des Eies in das Innere abgedrängt wird (Abb. 84 b). Nach der Faltenbildung erfolgt eine völlige Abschnürung (Abb. 84 c), so daß jetzt wieder eine kontinuierliche Schicht, die ,,Serosa" (*S*), aus sehr dünnen Zellen das Ei überzieht. Der nach innen abgeschnürte Teil des flachzelligen Blastoderms wird ,,Amnion" (*A*) genannt und ist durch die ,,Amnionhöhle" (*AH*) von dem Embryo getrennt.

Die Ausbildung der Hüllen bis zu der in Abb. 84 c skizzierten Form ist in etwa zwei Tagen nach der Eiablage beendet. Bei den annualen Rassen lagert sich in der Serosa Pigment ab, das nun durch die Chorionschale hindurchschimmernd dem anfänglich blaßgelben Ei die umbrabraune Färbung gibt (S. 14 u. 77). In den Eiern bi- und polyvoltiner Rassen jedoch, die sich ohne Winterruhe völlig entwickeln, bleibt die Serosa pigmentfrei. Bei gelegentlichen Ausnahmen allerdings entwickeln sich pigmentierte Eier direkt bis zum Schlüpfen der Raupe, wenn auch etwas langsamer als die unpigmentierten Eier.

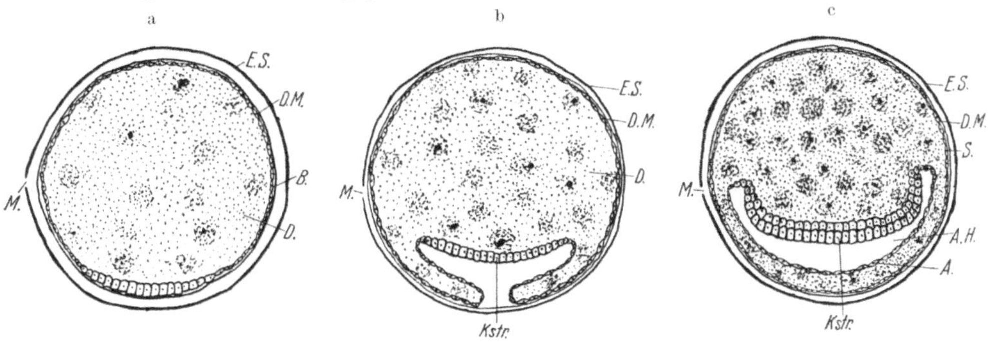


Abb. 84. Schemata zur Entwicklung der Amnionhöhle. Näheres im Text. *A.* = Amnion, *A.H.* = Amnionhöhle, *B.* = Blastoderm, *D.* = Dotter, *D.M.* = Dottermembran, *E.S.* = Eischale, *Kstr.* = Keimstreifen, *M.* = Mikropyle, *S.* = Serosa. — Original.

Die Pigmentierung ist je nach Rasse etwas verschieden. Die Eier der chinesischen Rassen haben einen schwach grünlichen, die der japanischen einen schwach weinroten Farbton in der grauen Grundfarbe. Die Verteilung des Pigmentes ist nach den Angaben von Migliardi[1] insofern verschieden, als es sich manchmal vorzugsweise nahe den Kernen der Serosazellen ansammelt, in anderen Fällen dagegen — z. B. bei den europäischen gelben Rassen — mehr an den Grenzen der einzelnen Zellen. Bei den chinesischen Rassen läßt sich überhaupt keinerlei Regelmäßigkeit in der Pigmentanordnung feststellen.

Während der Ausbildung von Amnion und Serosa entwickelt sich auch der anfänglich bloß aus einer Zellschicht bestehende Embryo, der ,,Keimstreifen", weiter. In seiner Mittellinie stülpt sich das Epithel nach innen ein und breitet sich unter der oberflächlichen Zellschicht aus, so daß jetzt zwei Schichten übereinander liegen (Abb. 84 c): außen das Ektoderm und darunter das ,,Untere Blatt". Über die vergleichend embryologische Bedeutung dieser unteren Schicht ist man sich keineswegs im klaren. Je nach der Anschauung darüber wird sie (ganz allgemein für die Insekten) als Mesoderm (z. B. Heymons[2]), als Entoderm (z. B. Hand-

[1] Migliardi O'Ricordan: Sulla varia distribuzione dei granuli di pigmento nella serosa del Bombyx mori. In: Ann. Staz. bacol. Padova, Bd. 44, 1925.

[2] Heymons, R.: Über die Entwicklung der Keimblätter bei Insekten. Sitzgsber. preuß. Akad. Wiss. 1894. — Die Embryonalentwicklung der Dermapteren und Orthopteren. Jena 1895.

lirsch[1]) oder auch als Mesentoderm (z. B. Acqua[2]) bezeichnet. Im Einklang mit den ausführlichen Untersuchungen Grandoris[3] speziell über die Embryonalentwicklung des Seidenspinners wird hier das ,,untere Blatt" als ,,Mesoderm" angesehen und benannt. In dem aus zwei ,,Blättern" bestehenden Keimstreifen bildet sich eine Querteilung dadurch heraus, daß im Mesoderm mäßige Epithelverdickungen entstehen, die durch zartere Stellen voneinander getrennt sind. Die Verdickungen entsprechen den Segmenten, von denen anfänglich 18 angelegt werden: die dünneren Stellen geben die Segmentgrenzen an. Das an der Mikropyle gelegene Segment ist bei weitem am größten und stellt den vordersten Kopfabschnitt dar. Diese Gliederung wird schon am zweiten Tage nach der Eiablage deutlich. Ferner zeigen sich schon nach 36 Stunden in der Höhe der 1. und der 18. mesodermalen Segmentanlage im Ektoderm kleine, nach innen gerichtete Vorwölbungen, die zur Bildung von Vorder- und Enddarm führen (S. 90).

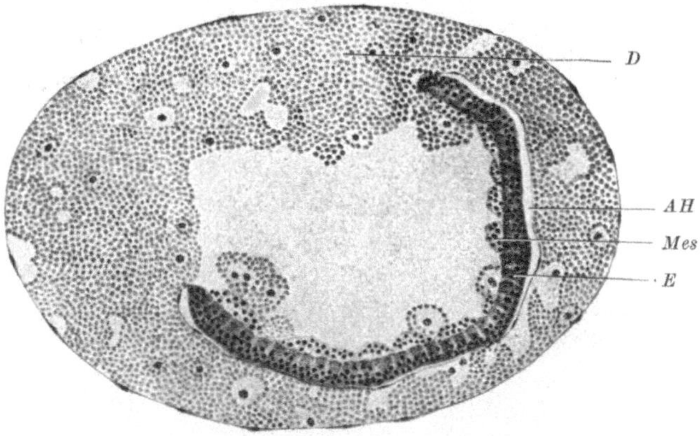


Abb. 85. Sagittalschnitt durch das Ei der Rasse Corsa am Ende der Winterruhe. *AH* = Amnionhöhle, *D* = Dotter, *E* = Ektoderm, *Mes* = Mesoderm. Vergrößerung 70mal. — Nach R. Grandori (1932).

In diesem Stadium besteht also das Ei in der Reihenfolge von ventral nach dorsal aus folgenden Schichten: zu äußerst das Chorion, dann die Dottermembran und die pigmentierte Serosa. Darauf folgt erst eine dünne Dotterschicht, dann das Amnion, die Amnionhöhle und schließlich der zweischichtige Keimstreifen, auf dessen Dorsalseite sich die hauptsächlichen Dottermassen befinden. In ihnen liegen Kerne, die um sich herum einen etwa kugeligen Bezirk von Dotter als Dotterkugeln, Dottersphären oder Dotterzellen abgegrenzt haben. Diesen kommt nach Grandori[3] (1932) für die weitere Entwicklung eine große Bedeutung zu.

In diesem Entwicklungszustand gelangen die Eier zur Winterruhe. Im Oktober werden sie allmählich aus 22—24° C in Temperaturen von 12° C gebracht, in denen sie bis Ende Dezember verbleiben. Danach beginnt erst die eigentliche Überwinterung in Eisschränken oder eisgekühlten Räumen oder — wenigstens zeitweise — im Freien, wenn dazu die Örtlichkeit (wie etwa in Bergregionen) geeignet ist. Als günstigste Überwinterungstemperatur wird von Acqua[2] 4—5° C, von Tonon[4] 1—3° C angegeben, und meist wird in der Praxis eine solche von 2—3° C oder eine etwas tiefere angewendet. Aber auch noch tiefere Temperaturen können nach Quajat[5] ertragen werden. So hatte eine 14 Tage anhaltende Temperatur von —20° C bloß eine 3proz. Sterblichkeit zur Folge. Längere Frostdauer, die aber in den eigentlichen Seidenzuchtländern nicht in Frage kommt, bringt allerdings erheblichen Schaden.

[1] Handlirsch, A.: Insecta. In: Handbuch der Zoologie, 4. Bd. Berlin—Leipzig: de Gruyter 1927. [2] Acqua, C.: Il Bombice del gelso. Ascoli. Piceno. 1930.
[3] Zitiert S. 80.
[4] Tonon, A.: Osservazioni sulla vita intraovulare del filugello. In: Annuar. Staz. bacol. sper. Padova Bd. 46, 1931.
[5] Quajat, E.: Dell'influenza della basse e medie temperature sulla nascita del semi bachi. In: Boll. mens. di Bach. Bd. 9, 1883.

Die Beendigung der Winterruhe und die Aufnahme der Bebrütung der Eier in künstlich erhöhter und regulierter Temperatur richten sich nach den örtlichen klimatischen Verhältnissen und der jedesmaligen Witterung. Meistens wird jedoch Ende April oder Anfang Mai mit dem Brutgeschäft begonnen, das im allgemeinen eine von 18 bis etwa 23° allmählich ansteigende Temperatur erfordert und eine Zeitdauer von rund 18 Tagen beansprucht. Während dieser Zeit erfolgt die Ausbildung des jungen Räupchens und seiner Organe, ausgehend von dem zweischichtigen Keimstreifen.

Die zeitliche Aufeinanderfolge der einzelnen Entwicklungsstadien ist bei derselben Rasse abhängig von der genauen Regelung der Bruttemperatur. Bei den von Grandori[1] gemachten Untersuchungen über die Embryonalentwicklung

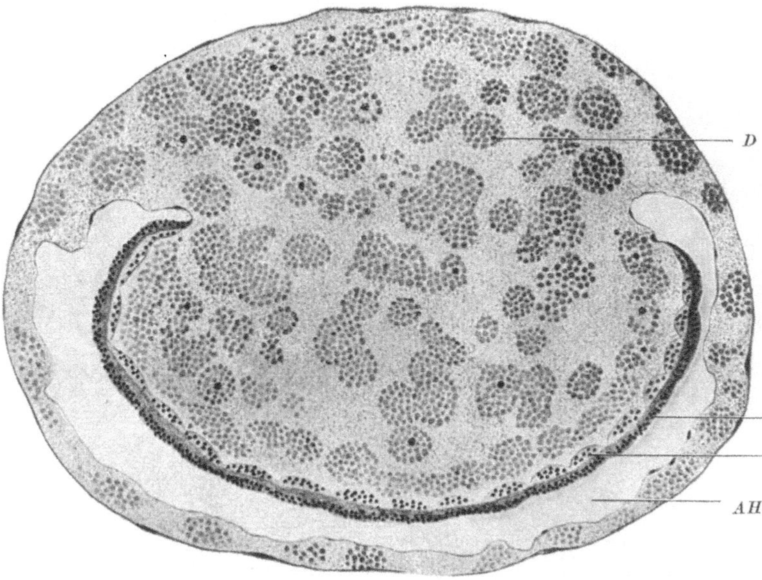


Abb. 86. Sagittalschnitt durch das Ei der Rasse Corsa am 2. Bebrütungstage. *AH* = Amnionhöhle. *D* = Dotter, *E* = Ektoderm, *Mes* = Mesoderm. Vergrößerung 105mal. — Nach R. Grandori (1932).

folgte auf die Überwinterung eine sechstägige „Vorbereitungszeit", in der die Temperatur allmählich von 2—15° C erhöht wird. In der anschließenden, eigentlichen Bebrütungsperiode wird die Wärme 12 Tage lang täglich um je ½° C, also von 15 auf 21° C gesteigert; sie bleibt dann vier Tage lang konstant, erreicht jedoch am nächstfolgenden, dem 17. Tag, 22° und am 18. Tag 23° C.

Gegen Ende der Winterruhe finden sich in der Ausbildung des Embryos häufig einige Veränderungen, die auf eine rückläufige Entwicklung während der Überwinterung schließen lassen: Die Segmentierung des Mesoderms ist undeutlich geworden, die scharfe Abgrenzung der Dotterkugeln ist verschwunden, die ersten Anlagen des Vorder- und Enddarms können sich in vielen Fällen rückgebildet haben, verschiedentlich sind Unregelmäßigkeiten in der Form und Lagerung des Embryos zu erkennen (Abb. 85). Außerdem ist die Amnionhöhle sehr schmal geworden. In den beiden ersten Tagen der Bebrütungsperiode werden die Folgen dieser rückwärtigen Entwicklung wieder beseitigt. Neben der segmentalen Gliederung des Mesoderms tritt nunmehr eine solche auch im Ektoderm auf

[1] Zitiert S. 80.

(Abb. 86). Die metamere Anordnung in beiden Schichten entspricht nach Grandori[1] einander (im Gegensatz zu Tirellis[2] Angaben).

In den ersten beiden Tagen erfolgt eine deutliche Verlängerung des Keimstreifens um etwa ein Fünftel der ursprünglichen Länge. Dieses Wachstum schreitet bis zu einem Maximum am fünften Tage der Frühjahrsentwicklung fort. Zu dieser Zeit steigt das Ende des Keimstreifens auf der dorsalen Seite des Eies bis zu ein Drittel des halben Eiumfanges hoch, bei Eiern bivoltiner Rassen sogar bis zur Hälfte (Abb. 87). In den nächsten fünf Tagen verkürzt sich der Embryo sehr stark, und am 11. Tag ist er schließlich so klein (Abb. 88), daß er fast völlig auf die Ventralseite des Eies konzentriert ist.

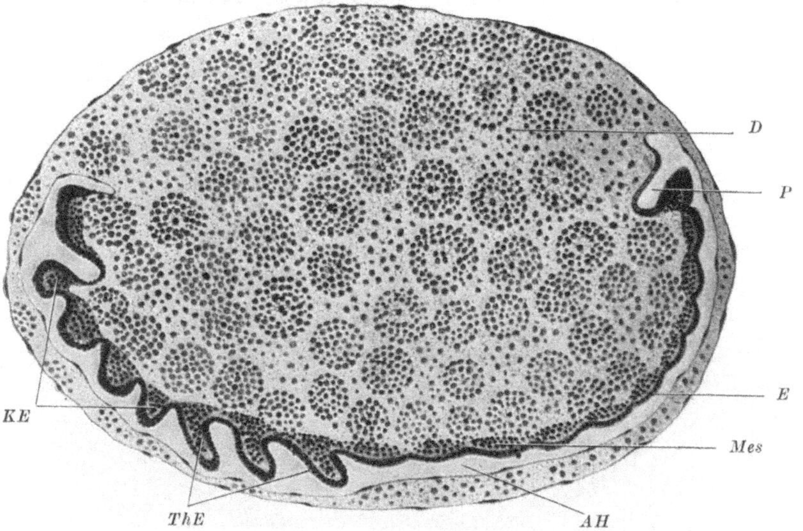


Abb. 87. Schematischer Sagittalschnitt durch das Ei der Rasse Corsa am 5. Bebrütungstage (Stadium *F*), aus mehreren Schnitten rekonstruiert. *AH* = Amnionhöhle, *D* = Dotter, *E* = Ektoderm, *KE* = Kopfextremitäten, *Mes* = Mesoderm, *P* = Proctodaeum, *ThE* = Thoralextremitäten. Vergrößerung 95mal. — Nach R. Grandori (1932).

Am dritten Tage lassen die vorderen Segmente die Anlagen der Extremitäten als kleine, paarige Vorwölbungen erkennen. Am frühesten entwickeln sich zunächst die vier vorderen Gliedmaßenanlagen, die zum Kopf gehören, während sie nach hinten zu immer geringfügiger werden, so daß die des 3. Thorakalsegments kaum zu erkennen sind. Zwei Tage später, zur Zeit der maximalen Länge des Keimstreifens, sind die drei Regionen: Kopf mit 4 Segmenten, Thorax mit 3 Segmenten und Abdomen mit 11 Segmenten eindeutig gegeneinander abgehoben (Abb. 87). Die Extremitätenanlagen des Kopfes verlängern sich schräg zur Körperlängsachse, die des Thorax dagegen genau in der Sagittalebene, so daß sie im Schnitt (Abb. 87) zwar länger erscheinen als jene, es in Wirklichkeit aber nicht sind. Die Extremitäten des Kopfes entwickeln sich zu den Antennen, den Mandibeln, den ersten Maxillen und zweiten Maxillen (Unterlippe). Die Thorakalextremitäten erwerben ihre Dreigliedrigkeit am 8. Bebrütungstage.

Die Abdominalbeine werden erst bei beginnender Verkürzung des Keimstreifens, am 6. Bebrütungstage, als kleine paarige Vorwölbungen angelegt (Abb. 89). Nach Grandoris[1] Angaben bilden sich solche von vornherein bloß an den 3., 4., 5., 6. und 11. Abdominalsegmenten (S. 38). An den übrigen Segmenten

[1] Zitiert S. 80. [2] Zitiert S. 80.

treten entsprechende Vorwölbungen niemals auf, wie von Tichomiroff[1] und Verson[2] offenbar irrtümlich angegeben wurde. Die Oberfläche der Höcker für die Abdominalgliedmaßen bleibt zunächst glatt, bis etwa am 14. Tage der Entwicklung (nach Verson[2]) auf ihr Gruppen kleiner, länglicher Papillen entstehen, die in kurzer Zeit das Aussehen kegelförmiger Gebilde erhalten. Sie stellen die Anlagen der Haken (S. 38) dar, die aber erst frühestens zwei Tage vor dem Schlüpfen völlig ausgebildet sind.

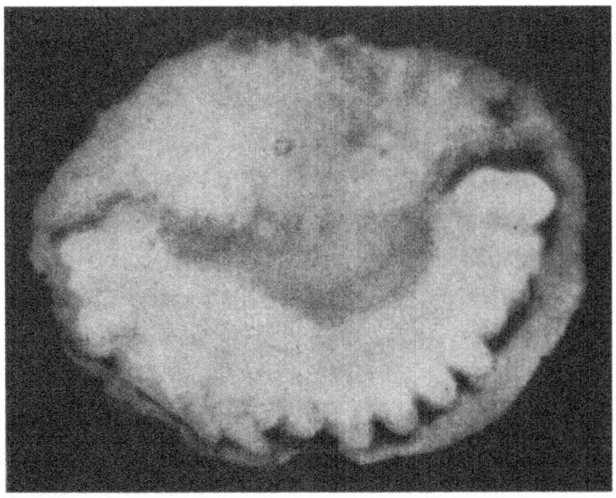

Abb. 88. Rasse Gran Sasso, Stadium N: Embryo am 11. Bebrütungstag in maximaler Verkürzung. Vergrößerung 55mal. — Nach R. Grandori (1932).

Die obenerwähnte Verkürzung des Keimstreifens führt zu wichtigen Segmentverschmelzungen. Mit dem ersten, größten Kopfsegment vereinigen sich in der Zeit vom 9. bis 11. Tage der Bebrütungsperiode die nachfolgenden drei Kopfsegmente. Am 10.Tag verschmelzen das 10. und 11. Abdominalsegment miteinander. Zur Zeit der maximalen Verkürzung besteht also der Körper aus einem einheitlichen Kopfabschnitt, aus drei Brust- und zehn Hinterleibsegmenten. Der Kopfabschnitt ist aus vier miteinander verschmolzenen Teilen entstanden, was auf eine Zusammensetzung aus vier Segmenten hinweist, die durch den Besitz

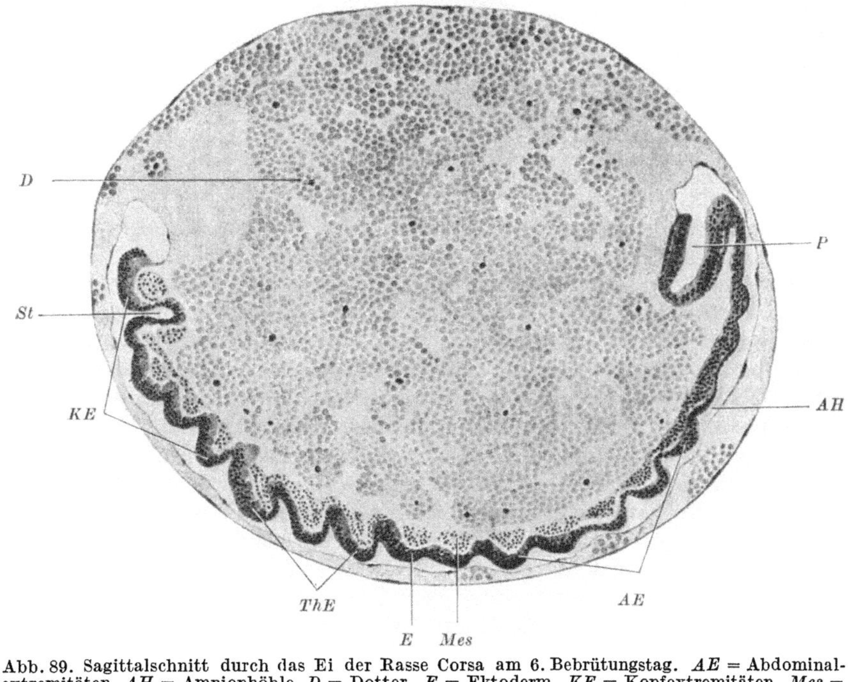


Abb. 89. Sagittalschnitt durch das Ei der Rasse Corsa am 6. Bebrütungstag. *AE* = Abdominalextremitäten, *AH* = Amnionhöhle, *D* = Dotter, *E* = Ektoderm, *KE* = Kopfextremitäten, *Mes* = Mesoderm, *P* = Proctodaeum, *St* = Stomodaeum, *ThE* = Thorakalextremitäten. Vergrößerung 90mal. — Nach R. Grandori (1932).

[1] Zitiert S. 80.

[2] Verson, E.: Sull armatura delle zampe spurie nella larva del filugello. Annuar. Staz. bacol. sper. Padova, Bd. 29, 1901.

der vorhin genannten Extremitäten gekennzeichnet sind. Auf Grund der vergleichenden Entwicklungsgeschichte innerhalb des ganzen Arthropodenreiches ist jedoch anzunehmen, daß dem ersten Kopfabschnitt der Wert von drei Segmenten zukommt. Im Kopf sind demnach im ganzen sechs Segmente einbezogen (S. 43) (Heymons[1] und Hirschler[2]).

Nach der maximalen Verkürzung des Embryos beginnt dieser am 11. Tag mit jenen eigentümlichen Vorgängen, die man nach Wheeler[3] unter dem Namen „Blastokinese" zusammenfaßt. Bisher lag der Embryo auf der Ventralseite des Eies und war derart gekrümmt, daß seine Ventralseite konvex, die Dorsalseite dagegen konkav war. Während der Blastokinese findet eine langsame Wanderung des Keims von der Ventralseite zur Dorsalseite des Eies statt. Die Bewegung geschieht ganz allmählich ohne Zerreißung des Amnions. Gleichzeitig findet eine Durchbiegung des Embryos statt. Bei diesen Vorgängen bleiben nämlich Kopf-

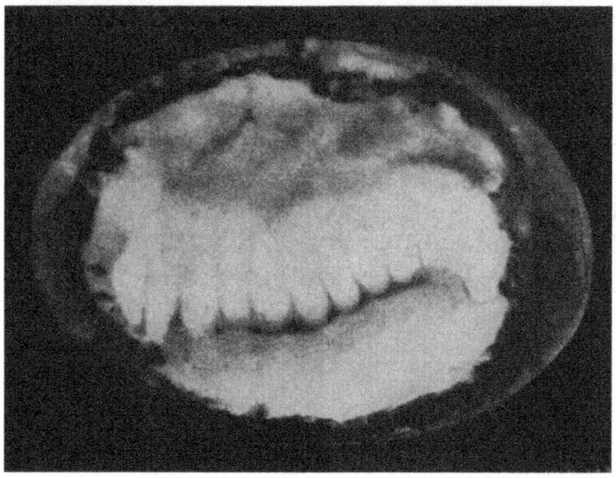

Abb. 90. Rasse Ascoli, Stadium O: Embryo am 12. Bebrütungstag; Blastokinese im Gange. Vergrößerung 65mal. — Nach R. Grandori (1932).

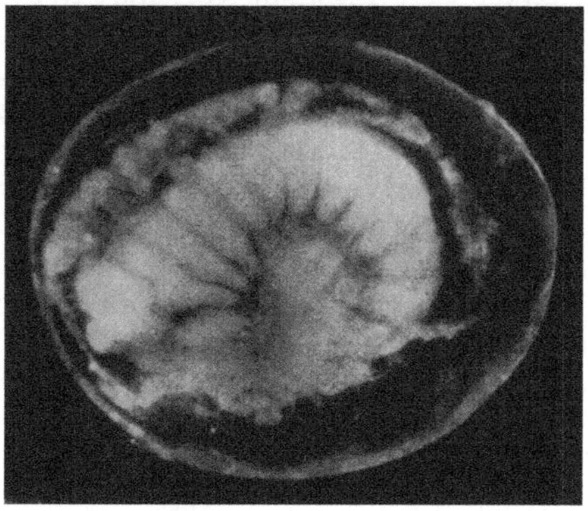

Abb. 91. Rasse Gran Sasso, Stadium Q: Embryo am 14. Bebrütungstag. Vergrößerung 50mal. — Nach R. Grandori (1932).

und Hinterleibsende unverändert in ihrer Lage, ersteres am Mikropylende des Eies, letzteres am Gegenpol. Dabei bleibt die Symmetrieebene des Embryos immer unverändert in der des Eies. Der Erfolg dieser Prozesse geht aus einem Vergleich zwischen den beiden Abb. 88 und 91 hervor. Zugleich erfahren natürlich die Dottermassen eine Verlagerung, indem sie allmählich von der Dorsal- zur Ventralseite abgedrängt werden. Nach der Umbiegung ist jedoch diese Verdrängung des Dotters noch nicht vollständig (Abb. 91), vielmehr bildet er noch eine mäßig starke Lage zwischen der Serosa und der Rückenseite des Embryos. Erst nach und nach dringt letzterer ganz bis zur Peripherie des Eies vor.

Die Blastokinese tritt bei der Seidenraupe — gleiche Zuchtbedingungen vorausgesetzt — in allen Eiern mit großer Gleichzeitigkeit ein. Die ersten Anfänge zeigen sich daran, daß der Embryo vom 4. bis zum 10. Abdominalsegment geradlinig wird, wodurch er sich an dieser Stelle vom ventralen Eirand entfernt. Dann werden diese Segmente umgekrümmt (statt ventralkonvex nun ventralkonkav), wobei der Embryo etwa in die Mitte des Eies rückt (Abb. 90). Danach greift die Umbildung auch auf die vorderen Abschnitte über, so daß schließlich das in Abb. 91 dargestellte Stadium erreicht wird. Die Blastokinese ist in 48 Stunden vollendet;

[1] Zitiert S. 81.
[2] Hirschler, J.: Embryologische Untersuchungen an Aphiden nebst theoretischen Erwägungen. Z. wiss. Zool. Bd. 100, 1912.
[3] Wheeler, W. M.: A contribution to Insect Embryology. J. Morphol. Bd. 8, 1893.

bis zur vollständigen Verdrängung des dorsalen Dotters werden weitere 48 Stunden benötigt.

Eine notwendige Vorbedingung für die Blastokinese ist die Verkürzung des Embryos auf eine passende Länge (= dem halben Eiumfang). Diese hat außerdem

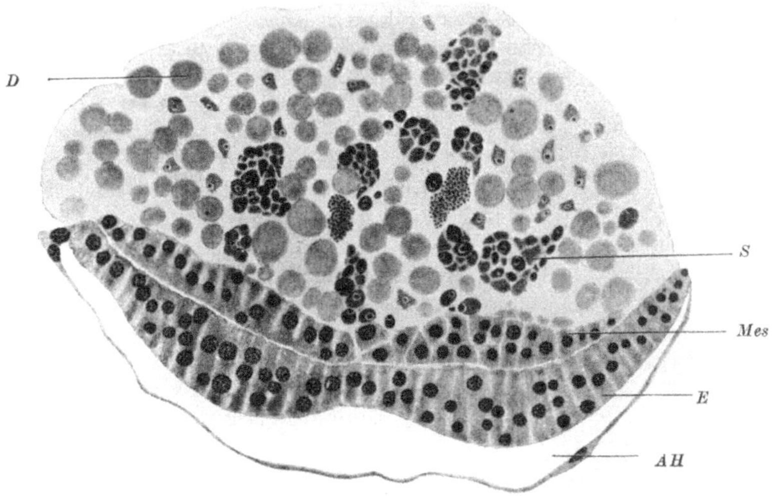


Abb. 92. Querschnitt durch den Keimstreifen des Eies der Rasse „bivoltine weiße Chinesen" am 3. Bebrütungstag. *AH* = Amnionhöhle, *D* = Dotter, *E* = Ectoderm, *Mes* = Mesoderm, *S* = Symbiont. Vergrößerung 420mal. — Nach R. Grandori (1932).

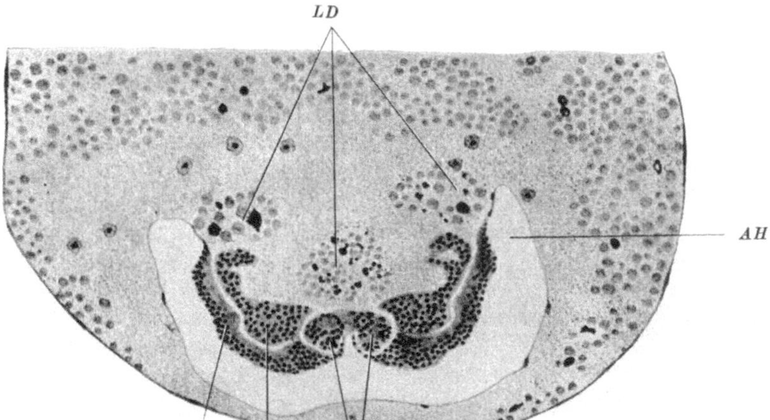


Abb. 93. Querschnitt durch ein Ei der Rasse Gran Sasso am 5. Bebrütungstag in Höhe des 2. Abdominalsegmentes. *AH* = Amnionhöhle, *E* = Ectoderm, *G* = Anlage der Ganglienkette, *LD* = 3 Längsstränge von Dotterzellen, *Mes* = Mesoderm. Vergrößerung 200mal. — Nach R. Grandori (1932).

den Erfolg, daß das Amnion, das vorher eine größere Ausdehnung hatte, sich zu einigen Falten zusammenlegen kann, wodurch es befähigt ist, den Bewegungen des Embryos zu folgen, ohne zu zerreißen.

Die Bedeutung der Blastokinese liegt nach Tirelli[1] und Grandori[2] in folgen-

[1] Zitiert S. 80. [2] Zitiert S. 80.

dem: Vor diesen Vorgängen war die Ventralseite der dorsalen gegenüber erheblich begünstigt, da sie infolge der relativ größeren Oberfläche zu einem schnelleren Wachstum befähigt war. Infolge der Umkrümmung durch die Blastokinese gewinnt nun die Dorsalseite die größere Oberfläche und somit die günstigeren Entwicklungsmöglichkeiten. Wheeler[1] sieht die Bedeutung der Blastokinese darin, daß der Embryo durch sie in Dotterregionen gelangt, die weniger mit schädlichen Stoffwechselprodukten durchsetzt sind als die ursprünglich benachbarten. Die genannten italienischen Autoren weisen jedoch darauf hin, daß der Dotter gute Diffusionsmöglichkeiten bietet, so daß die schädlichen Stoffwechselendprodukte in allen Teilen des Eies sich gleichmäßig verteilen dürften. Für den Gaswechsel aber erscheinen mir durch die Umlagerung erheblich andere Bedingungen geschaffen zu sein. Dieser wird sich in einer randlichen Zone, die bloß durch die Serosa von außen getrennt ist (in der Schale befinden sich ja zahlreiche Luftkanäle), zweifellos schneller und reibungsloser abwickeln als in einer zentralen Partie, die durch dicke Schichten von Dottermaterial von der Oberfläche getrennt ist. Vor der Blastokinese ist die Ventralseite des Embryos hinsichtlich des Gaswechsels stark bevorzugt, während nachher die Dorsalseite eben diesen Vorteil genießt. Entsprechend spielen sich zuerst die Hauptentwicklungsvorgänge auf der Ventralseite ab und erst nach der Blastokinese auf der Dorsalseite. Über die entwicklungsmechanischen Ursachen, die zur Blastokinese führen, ist nichts bekannt.

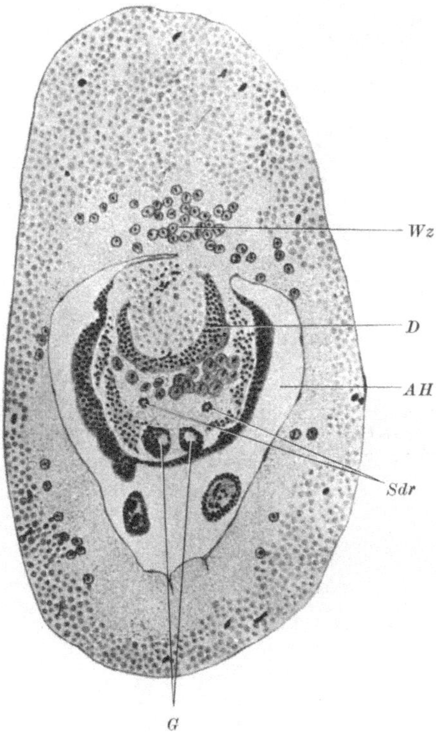

Abb. 94. Querschnitt durch ein Ei der Rasse Gran Sasso am 12. Bebrütungstag in Höhe der vorderen Mesothoraxregion. *AH* = Amnionhöhle, *D* = Darmwand, *G* = Anlage der Ganglienkette, *Sdr* = Anlage der Seidendrüse, *Wz* = Wanderzellen. Vergrößerung 100mal. — Nach R. Grandori (1932).

Bei gleichbleibender Länge des Embryos vereinigen sich während oder unmittelbar nach der Blastokinese — der Zeitpunkt ist individuell ziemlich verschieden — die 8. und 9. Abdominalsegmente, so daß sich nunmehr die definitive Körpergliederung, Kopf, drei Thorakal- und neun Abdominalsegmente, herausgebildet hat. Zugleich vervollständigen sich die Seitenwandung und der Rücken des Embryos. Nach der Winterruhe besteht der Embryo eigentlich bloß aus der zukünftigen Ventralseite, die Amnionhöhle reicht seitlich nur wenig empor (Abb. 92). Später steigen die Seitenränder der Amnionhöhle weiter dorsalwärts an (Abb. 93), bis sie schließlich nach innen einbiegen, aufeinander zuwachsen und so die Dorsalseite des Embryos umreißen (Abb. 94), was während der Blastokinese geschieht. An den meisten Stellen vereinigen sich die auf der Dorsalseite aufeinander zuwachsenden Amnionfalten unter Auflösung der Trennungswände vollständig, so daß im Querschnitt an solchen Stellen der Embryo von einem vollständig in sich geschlossenen Ring der Amnionhöhle umgeben wird. Nur in der

[1] Zitiert S. 86.

Höhe des 2. Thorakalsegmentes verschmelzen die Ränder nicht miteinander; sie bleiben vielmehr noch lange um ein beträchtliches Stück voneinander getrennt. An dieser Stelle (Abb. 95) befindet sich also der Embryo durch eine dorsale Nabelschnur (*NS*) in direkter Verbindung mit dem Eidotter.

Nach der Blastokinese ist somit die äußere Form und Gliederung der jungen Raupe ausgebildet. Die weitere Entwicklung besteht äußerlich in einem beträchtlichen Heranwachsen des Embryos; besonders nimmt das Abdomen sehr an Länge zu. Am 15. Tage nimmt der Embryo ungefähr den vollen Umfang des Eies ein. Am 17. und 18. Tag rollt sich der immer weiter wachsende Embryo zur Spirale ein. Das Räupchen ist vor dem Schlüpfen etwa 2½mal so lang wie der Längsdurchmesser des Eies und folgendermaßen gelagert: Der Kopf liegt in unmittel-

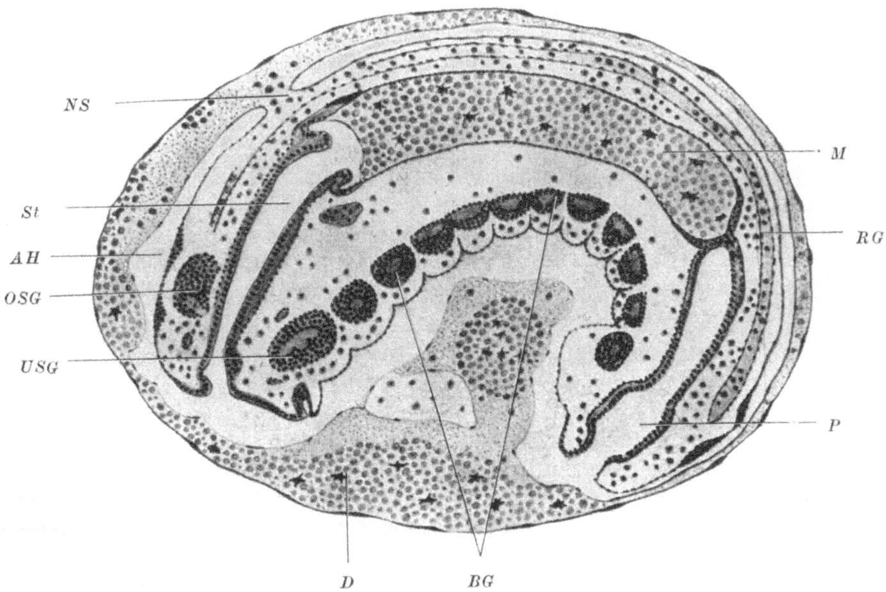


Abb. 95. Sagittalschnitt durch das Ei der Rasse Corsa am 14. Bebrütungstag (Stadium Q). *AH* = Amnionhöhle, *BG* = Bauchganglienkette, *D* = Dotter, *M* = Mitteldarm, *NS* = dorsale Nabelschnur, *OSG* = Oberschlundganglion, *P* = Proctodaeum, *RG* = Rückengefäß, *St* = Stomodaeum, *USG* = Unterschlundganglion. Vergrößerung 95mal. — Nach R. Grandori (1932).

barer Nähe der Mikropyle; am Gegenpol des Eies befindet sich etwa in der Höhe des zweiten Abdominalsegmentes die erste Umbiegungsstelle des Körpers (die „große Kurvatur"); die letzten Hinterleibsringe sind nahe der Mikropyle nochmals in der „kleinen Kurvatur" umgebogen und dabei meist nach links, seltener nach rechts (Grandori[1]) aus der Einrollungsebene des übrigen Körpers herausgelegt.

Ein bis zwei Tage vor dem Schlüpfen nehmen die bis dahin umbrabraunen Eier eine hellere, bleigraue Färbung dadurch an, daß im Inneren das Amnion und die Serosa mit ihrem Pigment zerreißen und der Embryo durch die Schale hindurchschimmert. Zu gleicher Zeit läßt sich ein leises, knisterndes Geräusch in vielen Eiern wahrnehmen; außerdem zeigen die Eier kleine Bewegungen. Beide Erscheinungen werden durch die Bewegungen des eingeschlossenen jungen Räup-

[1] Grandori, R.: Studî sulla nascita della larve del Bombyx mori L. Boll. Lab. zool. agrar. Milano Bd. 2, 1931.

chens und durch eine gewisse Nachgiebigkeit und Elastizität der Eischale verursacht (Grandori[1] und Lombardi[2]).

Die Eihüllen werden von dem jungen Räupchen noch vor dem Schlüpfen gefressen und lassen sich infolge des Pigmentgehaltes der Serosa im Darminhalt frisch geschlüpfter Räupchen nachweisen. Mit Hilfe der Mandibeln trägt das Tier etwa am 18. Tag der Bebrütung einen Teil der Eischale mit der Mikropyle in der Mitte ab und verläßt das Ei. Die gezähnte Kontur der Abtragungsstelle (Abb. 81) trägt kleine schwarze Flecke. Diese sind nach Foà[3] dadurch zu erklären, daß das Räupchen vor dem Schlüpfen aus dem Vorderdarm einen Saft abgibt, der die Eischale an der betreffenden Stelle aufweicht, der aber auch Reste des Serosapigmentes enthält. Leere Eier polyvoltiner Rassen mit unpigmentierter Serosa zeigen nicht diese schwarzen Male.

Wenn aus einem Teil der befruchteten Eier eines Geleges keine Räupchen ausschlüpfen, so hat das nach Grandori (1931)[4] sehr verschiedene Ursachen. Die Entwicklung des Embryos kann schon sehr frühzeitig zum Stillstand kommen, manchmal wird die Blastokinese nicht überstanden. Auch äußerlich völlig normal entwickelten Räupchen fehlt zuweilen die Kraft, die Eischale zu durchbrechen. Sie können dann, eingeschlossen in ihr, noch bis zu fünf Tagen leben.

Die nachfolgende, aus Grandori[4] entnommene Tabelle gibt eine zusammengedrängte Übersicht über die Morphogenese. Die zeitlichen Angaben gelten nur bei der S. 83 angegebenen Temperaturregelung. Die Bezeichnungen *A*, *B* usw. dienen dazu, bei der anschließenden Schilderung der Ausbildung der inneren Organe kurze Benennungen für bestimmte Entwicklungsstadien zu haben.

## Ausbildung der inneren Organe.

Die ersten Anlagen des Vorder- und Enddarms treten am zweiten Tage nach der Eiablage als kleine Vorwölbungen des Ektoderms in Erscheinung. Am Ende der Winterruhe sind sie anfänglich verschwunden, treten aber im Stadium C und besonders deutlich im Stadium D wieder auf. Während die Vorwölbungen weiter in das Innere des Eies hineinwachsen, treiben sie anfänglich das ihnen vorgelagerte Mesoderm des 1. und 18. Segmentes vor sich her, um es schließlich zu durchbrechen. Die beiden Anlagen wachsen zuerst nicht direkt aufeinander zu, ihre Längsachsen stehen vielmehr fast senkrecht aufeinander (Abb. 89 *St* u. *P*). Erst nach der Verkürzung im Stadium L weisen sie aufeinander hin. Im Stadium M ist die Vorderdarmanlage bis zum 2. Thorakalsegment vorgedrungen, die des Hinterdarms bis zum 6. Abdominalsegment. Diese Lagebeziehungen bleiben dann bis zur Geburt erhalten. In dieser Zeit haben beide Anlagen zusammen etwa ein Viertel bis ein Drittel der Gesamtlänge des Embryos erreicht. Aus dem blindgeschlossenen Ende der Enddarmanlage entsprossen im Stadium E und F sechs seitliche Auswüchse, die zu den Malpighischen Gefäßen heranwachsen. Während Tichomiroff[5] eine Entstehung der letzteren aus zwei später sich teilenden Anlagen behauptet, konnten Toyama[6] und Grandori (1932)[7] von vornherein sechs getrennte Auswüchse beobachten. Diese wachsen nach hinten, erreichen im Stadium L das Körperende und biegen dann nach vorne um.

Das Stomodaeum endet vom Stadium G ab mit einem etwas erweiterten Sack,

[1] Grandori, R.: Movimenti e rumori del seme bachi in avanzate incubazione. Boll. della R. Staz. di Gelsicolt. e Bach. di Ascoli Piceno. Bd. 1, 1922.

[2] Lombardi, L.: Ricerche sul peso specifico delle uova del baco da seta. Boll. della R. Staz. di Gelsicolt. e Bach. di Ascoli Piceno. Bd. 4, 1925.

[3] Foà, A.: Piccole osservazioni embriologiche che possono avere un'applicazione nella pratica. Boll. Sericoltura, Jg. 33, 1926.

[4] Zitiert S. 80. [5] Zitiert S. 80. [6] Zitiert S. 80. [7] Zitiert S. 80.

| Bebrütungstag | Bezeichnung des Stadiums | Morphologische Charakterisierung der Embryonalstadien |
|---|---|---|
| — | A | Überwinternder Keimstreifen. |
| 1 | B | Keimstreifen mit noch nicht angedeuteter oder unvollkommener Metamerie des Mesoderms und des Ektoderms. |
| 2 | C | Verlängerter Keimstreifen; deutliche Metamerie des Mesoderms und des Ektoderms. |
| 3 | D | Verlängerter Keimstreifen; die Segmente der Kopfregion stärker vorgewölbt als die folgenden. |
| 4 | E | Stark verlängerter Keimstreifen; 3 Thorakalsegmente mit Beinanlagen; 11 Abdominalsegmente deutlich unterscheidbar. |
| 5 | F | Kopfgliedmaßen deutlich unterscheidbar; Thorakalbeine deutlich sichtbar und hervorragend, aber noch nicht gegliedert. |
| 6 | G | Embryo merklich verkürzt; Kopfsegmente genähert; erste Anlage der Abdominalbeine. |
| 7 | H | Embryo sehr verkürzt; die Spitze des Kopfes gegen das Innere des Eies gebogen; die Kopfsegmente sehr genähert. |
| 8 | J | Embryo sehr verkürzt; nimmt die Hälfte des Eiumfangs oder wenig mehr ein; Thorakalbeine deutlich dreigliedrig. |
| 9 | L | Embryo sehr verkürzt; nimmt nur die Hälfte des Eiumfanges ein; die Kopfgliedmaßen sehr gut ausgebildet; man zählt noch deutlich 11 Abdominalsegmente. |
| 10 | M | Embryo maximal verkürzt; viel kürzer als der halbe Eiumfang; Abdomen nur noch aus 10 Segmenten; Abdominalbeine deutlich unterscheidbar, als Vorwölbungen des 3., 6. und letzten Abdominalsegments. |
| 11 | N | Embryo maximal verkürzt, wie im vorhergehenden Stadium, aber mit vervollkommneter Seitenwandung; die hintere Abdominalregion beginnt sich von der Oberfläche mit leichter Konkavität gegen das Innere zu lösen, was die Blastokinese einleitet. |
| 12 | O | Blastokinese in vollem Gange; S-Krümmung des Embryos. |
| 13 | P | Blastokinese fast überstanden; es bleibt jedoch noch eine leichte konvexe ventrale Biegung bei den Kopfsegmenten und dem 1. Thorakalsegment; geringe Verlängerung des Abdomens. |
| 14 | Q | Blastokinese vollständig überstanden; aber Durchbiegung noch nicht ganz beendet, da Embryo noch nicht mit der dorsalen Fläche an die Serosa anstößt. Beträchtliche Verlängerung des Abdomens. |
| 15 | R | Abdomen des Embryos sehr weit verlängert, daß es ungefähr bis zur Hälfte der Länge der ventralen Eiseite wiederaufsteigt. |
| 16 | S | Abdomen des Embryos verlängert bis zur ganzen oder teilweisen Berührung mit dem Kopfende; Lagerung und Gestalt eines U. |
| 17 | T | Ende des Abdomens beginnt sich gegen die Höhlung der großen Embryonalkurvatur zu biegen (Beginn der Einkrümmung; Hellerwerden der Eier). |
| 18 | U | Embryo eng zur Spirale eingerollt; vollständige Einkrümmung; Räupchen zum Schlüpfen bereit. |

dessen Wandung dünn bleibt und bis gegen Ende der Embryonalentwicklung diesen Darmteil gegen den Mitteldarm abschließt. Schon jetzt bilden sich im Vorderdarm vier bis fünf ins Innere vorspringende Längsfalten.

Die Entstehung des Mitteldarmes ist wesentlich komplizierter und in Einzelheiten nicht völlig geklärt. Nach Selvatico[1] und Tichomiroff[2] sind für seine Bildung Längsstreifen von Dotterkugeln (Abb. 93, *L D*) bedeutungsvoll, die zu dreien dorsal vom Keimstreifen liegen. Von diesen Streifen, zum mindesten von den paarigen, sollen sich Wanderzellen ablösen, die sich zum Epithel des Mitteldarmes zusammenschließen. Nach Grandori (1932)[3] ist jenen Autoren aber eine

[1] Zitiert S. 80. [2] Zitiert S. 80. [3] Zitiert S. 80.

Verwechslung insofern unterlaufen, als sich in den genannten Längsstreifen überhaupt keine oder nur ganz verschwindend wenige Wanderzellen bilden. Wohl sind in ihnen nach Grandoris[1] Angaben symbiontische Mikroorganismen, die zu den *Sporozoa* gehören sollen, vorhanden, die die Entstehung von Wanderzellen vortäuschen können, deren Natur und Bedeutung jedoch noch ungeklärt ist.

Die Untersuchungen Grandoris[1] (1932) bestätigen hinsichtlich der Bildung des Mitteldarms in wesentlichen Teilen die Befunde von Toyama[2], die auch mit den Ergebnissen von Untersuchungen an anderen Insekten übereinstimmen. Danach entsteht die Wandung des Mitteldarmes hauptsächlich aus Zellwucherungen, die an den blinden Endigungen der Vorder- und Enddarmanlagen ihren Ursprung nehmen und in das Lumen des Dotters hinein einander entgegenwachsen. Diese Wucherungen bezeichnet man als Epithellamellen. Ihre ersten Anfänge im Seidenraupenei sind im Stadium F zu finden. Die vorderen und hinteren Epithellamellen werden paarig und der Ventralseite genähert angelegt (Abb. 96). Bei ihrem fortschreitendem Wachstum vereinigen sich die vorderen mit den hinteren; sie verbreitern sich ferner, so daß die rechte und die linke Lamelle in der ventralen Mittellinie zusammenstoßen und dort zur Zeit der Blastokinese verschmelzen. Die seitlichen Teile wachsen dorsalwärts in die Höhe, wodurch die Seitenteile des Mitteldarms gebildet werden; zum dorsalen Zusammenschluß der Darmwand kommt es aber erst nach der Blastokinese.

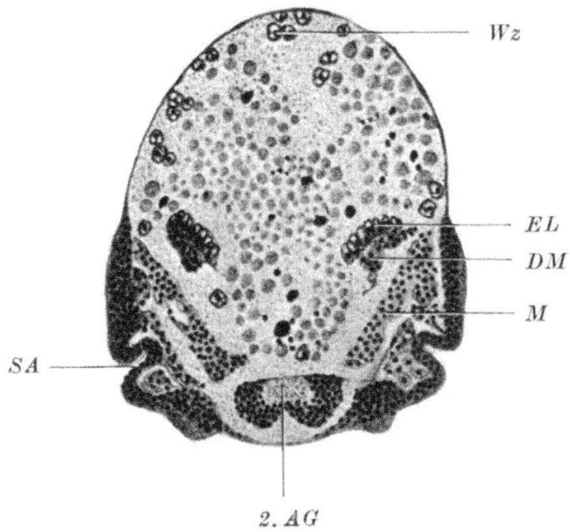

Abb. 96. Querschnitt durch einen Embryo der Rasse Brianza am 10. Bebrütungstag in Höhe des 2. Abdominalsegmentes. *2. AG* = Anlage des 2. Abdominalganglions, *DM* = Anlage der Darmmuskulatur, *EL* = Epithellamelle, *M* = Mesoderm, *SA* = Stigmenanlage, *Wz* = Wanderzellen. Vergrößerung 125mal. — Nach R. Grandori (1932).

Die Epithellamellen bilden also allmählich ein geschlossenes Rohr und schließen bei diesen Vorgängen einen Teil des Dotters als Darmdotter von dem übrigen ab. In diesem sind die drei eben erwähnten Dotterlängsstreifen enthalten, die vorher zu einer einzigen, in der Mitte gelegenen Dottermasse zusammenschmelzen, in welcher Dotterkugeln nicht mehr kenntlich sind.

Die Trennungswände zwischen Vorder-, Mittel- und Enddarm bleiben bis zum Schluß der Embryonalentwicklung bestehen (Abb. 97 $Gr_1$ u. $Gr_2$). Erst kurz vor dem Schlüpfen werden sie resorbiert, so daß erst dann ein durchgehender Darmtraktus geschaffen ist.

Nach Grandori (1932)[1] gesellen sich zu den Zellen der Epithellamellen Wanderzellen hinzu, die sich den ursprünglichen Zellen völlig angleichen. Sie entstammen Dotterzellen, die nicht zu den drei wiederholt genannten Streifen gehören, sondern außerhalb des eigentlichen Embryos liegen. Das Epithel des Mitteldarmes besteht demnach aus zwei verschiedenen Elementen: die Grundlage bilden die dem Ektoderm entstammenden Epithellamellen; hinzu treten die Wanderzellen, die von den Dotterzellen gebildet werden und somit nach Grandoris Ansicht entodermaler Natur sind.

Den eigentlichen Epithellamellen lagern sich ventral andersartig gebaute Zellen an (Abb. 96 *DM*). Diese entstammen den Seitenteilen der Mesodermstreifen und beteiligen sich an den gesamten Wachstumsvorgängen der Epithel-

[1] Zitiert S. 80. [2] Zitiert S. 80.

lamellen, bzw. gehen diesen in einigen Punkten voran. Sie bilden die das eigentliche Mitteldarmepithel umhüllende Darmmuskelschicht.

Die Entwicklung des Nervensystems wird im Stadium B und C damit eingeleitet, daß das Ektoderm genau in der ventralen Mittellinie eine Längsfurche, die Neuralfurche, bildet, die sich gegen das Mesoderm hin vorwölbt. Die Seitenteile der Neuralfurche enthalten nach Grandori (1932)[1], dessen Angaben im Gegensatz zu den früheren von Tichomiroff[2] stehen, die „Neuroblasten", die sich in Nervenzellen umwandeln und die Ganglien bilden. Die Ganglienanlagen werden allmählich nach innen abgeschnürt (Abb. 93 *G*). Die zwischen einem jeden Ganglienpaar gelegenen, regelmäßig palisadenförmig angeordneten Zellen werden bei der Verschmelzung der paarigen Ganglienanlagen zu einer medianen Ganglienmasse in diese einbezogen.

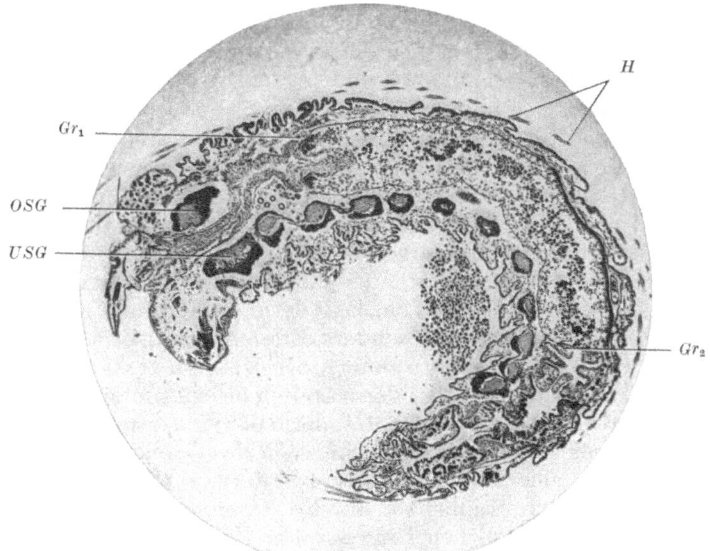


Abb. 97. Längsschnitt durch einen Embryo der Seidenraupe (Stadium *R*). Vergrößerung 58mal. $Gr_1$ = Grenze zwischen Vorder- und Mitteldarm, $Gr_2$ = Grenze zwischen Mittel- und Enddarm, *H* = Haare, *OSG* = Oberschlundganglion, *USG* = Unterschlundganglion. — Original.

Ursprünglich werden 17 gesonderte Ganglienpaare angelegt, vier im Kopf, drei im Thorax und zehn im Abdomen; das letzte Körpersegment bleibt ohne eine solche Anlage. Unmittelbar vor der Verschmelzung der zehnten und elften Hinterleibsringe vereinigt sich das letzte mit dem vorletzten Ganglienpaar, so daß nunmehr das letzte im 9. Abdominalring liegt. Dieses Doppelganglion verbindet sich schließlich bei der Vereinigung vom achten und neunten Hinterleibsring (S. 88) mit dem des 8. Abdominalsegmentes zu einem einzigen großen Ganglion, das sich somit aus drei Ganglienpaaren zusammensetzt. In der Kopfregion bleibt das vordere Ganglion als Oberschlundganglion für sich, während sich die drei folgenden Ganglien zum Unterschlundganglion zusammenschließen. Diese Vorgänge finden gleichzeitig mit der S. 85 beschriebenen Verschmelzung der Kopfsegmente statt. Während also ursprünglich vier Kopf-, drei Thorakal- und zehn Abdominalganglien angelegt werden, bleiben von diesen im Kopf bloß zwei,

[1] Zitiert S. 80. [2] Zitiert S. 80.

im Thorax drei und im Abdomen acht Ganglien getrennt voneinander erhalten; diese endgültige Anzahl wird unmittelbar nach der Blastokinese erreicht (Abb. 97).

Außer dem Nervensystem und Teilen des Darmes bilden sich aus dem Ektoderm die Drüsen und die Tracheen. Die Seidendrüsen sind im Stadium F als zwei unmittelbar benachbarte (fast einheitliche), kleine Einstülpungen des Ektoderms zu erkennen. Sie liegen im letzten Kopfsegment, rechts und links von der ventralen Mittellinie. In der weiteren Entwicklung wachsen die Aussackungen zunächst geradlinig nach hinten, das vierte Kopfganglion zu beiden Seiten umziehend. Die blinden Enden erreichen im Stadium M die hintere Grenze des 1. Abdominalsegmentes, später (Stadium O) die Grenze zwischen dem 6. und 7. Abdominalsegment. Die Zellen sind sehr klein, im Schnitt kommen fünf bis sechs auf den Drüsenumfang. Von irgendwelchen Anzeichen einer Sekretion ist nichts zu merken.

Im vorletzten Kopfsegment entstehen auf dessen Ventralseite etwa am siebenten Tage der Frühjahrsentwicklung zwei dünne Ektodermausstülpungen, die zu den Speicheldrüsen auswachsen.

Die Stigmen sind im Stadium D und E als kleine Einstülpungen des Ektoderms wahrzunehmen, von denen sich drei im Thorax und acht im Abdomen anlegen. Im zweiten und dritten Brustsegment bilden sich vom Stadium M ab diese Einbuchtungen zurück, bei den übrigen zeigen im Stadium N die ursprünglichen Ausbuchtungen einige Abzweigungen, die die vier von jedem Stigma ausgehenden Haupttracheenstämme ergeben (S. 53). Ein wenig unterhalb der Anlagen der abdominalen Stigmen treten (Stadium L) im Ektoderm größere Zellen auf, die nachher (Stadium M) sich vom Ektoderm sondern und ein wenig ventral und unterhalb dieser Stigmen zu besonders differenzierten Zellen heranwachsen, die man in ihrer Gesamtheit als hypostigmale Drüsen bezeichnet.

Die segmental angeordneten Mesodermstreifen liefern zum großen Teil das Material für die Muskulatur. Aus dem Mesoderm des vordersten Segmentes heraus entsteht ein in seiner Bedeutung bisher rätselhaftes Gebilde, der suboesophageale Körper. Bei der Bildung des Vorderdarmes wird, wie erwähnt, das Mesoderm des vordersten Segmentes durchwachsen. Dabei wird ein Teil des Mesoderms aus der ursprünglichen Lage herausgerissen und etwas ins Innere des Eies hineingebracht, wo es unterhalb des Vorderdarmes (Stadium E) liegen bleibt. Die unregelmäßig angeordneten Zellen sind von rundlicher Form, ihre Kerne werden ein wenig polymorph; der Plasmainhalt ist dicht und grobkörnig und färbt sich intensiv mit Eosin oder Orange *G*. Die Zellen vermehren sich nicht mehr aus sich heraus, vielmehr wird der Komplex durch hinzustoßende Wanderzellen vergrößert [Grandori (1932)[1]]. Nach der Blastokinese bildet sich der Zellkomplex wieder zurück; in der jungen Raupe ist keine Spur von ihm zu entdecken. Daß es sich bei diesem Gebilde um ein Organ mit innersekretorischer Funktion handelt, wie gelegentlich behauptet wird, bedarf noch näherer Beweise.

Über das Auftreten der Geschlechtszellen während der Embryogenese und die Anlage der Geschlechtsdrüsen bei den Insekten existiert eine umfangreiche Literatur, die auch die speziellen Verhältnisse von *Bombyx mori* gelegentlich oder bevorzugt berücksichtigt (z. B. Beer[2], Ishiwata[3], Rizzi[4]). Nach Grandori (1932)[1] lassen sich die Keimzellen mit Sicherheit erst im Stadium L im 5. Ab-

[1] Zitiert S. 80.

[2] Beer, S.: Lo sviluppo delle ghiandole genitali nell'embrione e nella larva del filugello. I. Boll. Lab. zool. agrar. Milano Bd. 3, 1931.

[3] Ishiwata, S.: Sur le sexe de l'oeuf du ver à soie. Zool. Anz. Bd. 43, 1913.

[4] Rizzi, M.: Sullo sviluppo dell'uovo di Bombyx (Sericaria) mori L. nel primo mese della deposizione. Redia. Bd. 3. Florenz 1912.

dominalsegment erkennen, dann ist allerdings schon eine Differenzierung in eigentliche Geschlechtszellen und Hüllzellen eingetreten. Alle Angaben über ein früheres Auftreten der Keimzellen, z. B. bei Rizzi[1], sind unsicher, da es bisher nicht möglich war, eine kontinuierliche Reihe von diesen mutmaßlichen bis zu den völlig eindeutig erkennbaren Keimzellen aufzustellen. Die Keimzellen scheinen sich nach Grandori u. a. aus dem Mesoderm abzuleiten. Doch ist es anzunehmen, daß die Geschlechtszellen, wenn sie auch räumlich dem Mesoderm eine Zeitlang eingelagert sind, sich doch schon längst vorher von dem übrigen Gewebe getrennt haben. Denn zahlreiche Untersuchungen an geeigneten Objekten, an denen die Geschlechtszellen schon außerordentlich frühzeitig durch besondere Umstände leicht zu erkennen sind, haben für viele Insekten die frühe Isolierung der Keimzellen dargetan (s. die zusammenfassende Darstellung bei Harms[2]). Manchmal lassen sich die Keimzellen zurück bis zum Blastoderm oder der Substanz nach gar noch weiter verfolgen. Sind die Geschlechtszellen bei anderen Insekten, wie auch beim Seidenspinner, nicht frühzeitig durch besondere Eigentümlichkeiten ausgezeichnet, so wird eine Rückverfolgung bis in sehr frühe Stadien unmöglich, was aber die Wahrscheinlichkeit einer frühzeitigen Isolierung nicht ausschließt.

Aus den Dotterzellen stammende Wanderzellen vereinigen sich nach Tichomiroff[3] und Grandori[4] zum Fettkörper und liefern die Blutzellen, welche sich beide aber erst nach der Blastokinese entwickeln. Jedoch bestehen hinsichtlich der Bedeutung der Dotterzellen sehr verschiedene Ansichten, und auch Toyama[5] schreibt ihnen keinerlei direkte Beteiligung am Aufbau des Embryos zu; ihre wesentliche Aufgabe sei die, als „Vitellophagen" den Dotter zu verflüssigen und ihn in eine für das embryonale Gewebe resorbierbare Form überzuführen. Durch die wiederholt angeführten Arbeiten Grandoris scheinen aber die Ansichten früherer Autoren (z. B. Heymons, Tichomiroff) bestätigt zu werden, die den Dotterzellen eine wichtige direkte Beteiligung am Aufbau des sich entwickelnden Lebewesens zuschreiben. Grandori weist besonders darauf hin, welch ungeheuere Mengen von Wanderzellen zur Zeit der Blastokinese und nachher durch den Nabelstrang in den Embryo eindringen. Er schätzt, daß im Verlaufe von acht Tagen etwa 50 000 Wanderzellen von den Dotterzellen geliefert werden und kommt daher zu dem Schluß, daß die Dotterzellen alles andere sind als abortive, dem Verfall geweihte Zellen. Sie haben vielmehr eine außerordentliche Lebenskraft und Bedeutung und stellen nach seiner Ansicht das eigentliche Entoderm der Insekten dar.

Da die Rückenseite des Embryos erst nach der Blastokinese gebildet wird, erfolgt auch die Entstehung des Herzens, des Dorsalgefäßes, relativ spät. Es bildet sich dadurch, daß sich aus den dorsalen Teilen der Mesodermstreifen stammende Zellen erst zu einem ventral, später auch dorsal geschlossenen Rohr über dem Darm zusammenschließen. Zur Ausbildung besonderer Blutgefäße kommt es nicht; die zwischen den einzelnen Organanlagen bestehenden Hohlräume werden durch den sich aus den Wanderzellen bildenden Fettkörper eingeengt, wodurch ein unregelmäßiges Hohlraumsystem, „Myxocoel", entsteht, das mit dem Rückengefäß durch Ostien oder durch dessen vordere Öffnung (S. 57) im Zusammenhang steht.

[1] Zitiert S. 94.
[2] Harms, J. W.: Körper und Keimzellen, 1. Tl. Berlin: Julius Springer 1926.
[3] Zitiert S. 80. [4] Zitiert S. 80. [5] Zitiert S. 80.

# X. Feinerer Bau.

## Haut und Hautdrüsen.

Die Raupenhaut (Abb. 98) besteht aus einem ziemlich mächtigen Chitinlager (*C*) und den darunter liegenden Epidermis- oder Hypodermiszellen (*E*) von mäßig hoher, beinahe kubischer Form. Gegen das Innere des Körpers werden die Zellen durch eine zarte und strukturlose, aber deutliche Basalmembran abgegrenzt.

In der Chitindecke sind durch ihre Färbbarkeit gegenüber den in der Mikrotechnik üblichen Reagenzien zwei Schichten zu unterscheiden (Abb. 98). An der äußersten Oberfläche befindet sich eine dünne, homogene Schicht, die als „Emailschicht", „Grenzhäutchen" oder auch als „Cuticula" (*A*) bezeichnet wird; nach innen folgt dann die eigentliche Chitinschicht, die aus zahlreichen parallel gelagerten Lamellen besteht. Eine Sonderung der letzteren in Außenlage (Pigmentlage) und Hauptlage ist nicht oder nur wenig angedeutet. Dem Grenzhäutchen sitzen aus gleicher Substanz bestehende winzige Häutungshärchen (*H*) auf, die entweder — sich allmählich verjüngend — mit einer Spitze auslaufen, oder aber am Ende schirmartig verbreitert sind. Nach Kuwana[1] stehen die Härchen am dichtesten in der Region der Farbenmuster; am größten sind sie an den Seitenwandungen in der Stigmenlinie. Von der Härchendichte ist auch der Glanz der Haut abhängig. An stark glänzenden Stellen, wie man sie z. B. auf der Haut der Raupe von *Antheraea pernyi* Guér. (S. 20) findet, ist die Oberfläche vollkommen glatt (Van-der-Flaas[2]).

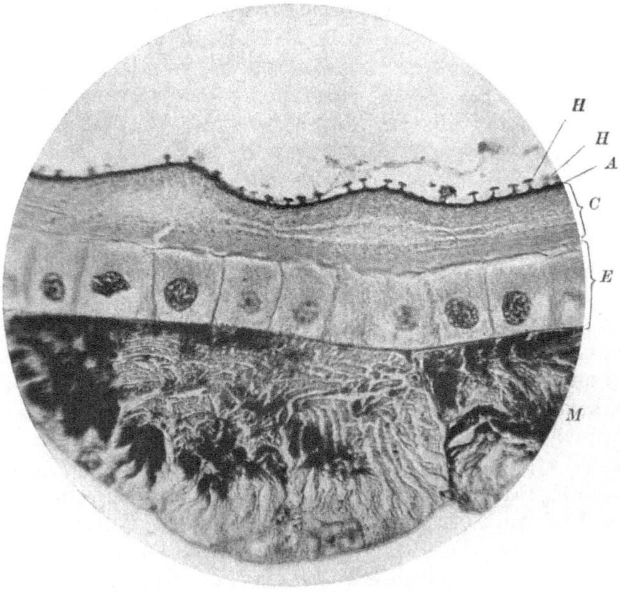


Abb. 98. Querschnitt durch die Haut der Seidenraupe. Vergrößerung 310mal. Färbung Eisenhämatoxylin Orange G. *A* = Äußerste Chitinschicht, C = Chitin, *E* = Epidermis, *H* = Härchen, *M* = Muskeln. — Original.

Die Substanz des Grenzhäutchens und des eigentlichen Chitins sind voneinander in sehr vielen Punkten verschieden, worauf früher schon von Bütschli[3] und neuerdings besonders von Yonge[4] hingewiesen wurde. So löst sich die Cuticula — im Gegensatz zum Chitin — nicht in Mineralsäuren oder in der Chitinase der Schnecken. Die einzelnen Chitinlamellen haben nach Kapzov[5] u. a. ausgesprochen wabigen Bau.

[1] Kuwana, Z.: Distribution density of nodules on the skin of the silkworm larva. Proc. imp. Acad. Tokyo Bd. 8, 1932.

[2] Van-der-Flaas, D.: Bemerkungen über den Bau der Haut bei den Raupen Antheraea pernyi Guér. In: Arb. zentr. Forschungsst. f. Seide u. Seidenraupenzucht, Bd. 3, 1928.

[3] Bütschli, O.: Untersuchungen über Strukturen. Leipzig 1898.

[4] Yonge, C. M.: On the nature and permeability of Chitin I. In: Proc. roy. Soc. Lond., Bd. 111, 1932.

[5] Kapzov, S.: Untersuchungen über den feineren Bau der Cuticula bei Insekten. Z. wiss. Zool. Bd. 97 (1911).

An den wenigen gefärbten Stellen der Raupenhaut befindet sich in den Hypodermiszellen — wahrscheinlich lipochrome (Teodoro[1]) — Pigmentgranula. Im übrigen wird das Aussehen der Raupe durch die Farbe der durch die Haut hindurchschimmernden inneren Organe mit beeinflußt.

Die vereinzelten Haare der erwachsenen Raupe oder die verhältnismäßig zahlreichen des jungen Tieres werden von der Hypodermis aus gebildet. In ihr befinden sich unter einem jeden Haar mehrere, meist zwei, besonders große Haarzellen (oder trichogene Zellen) mit umfangreichen und intensiv färbbaren Kernen nahe der Basis. Sie dringen anfänglich durch eine Aussparung des Chitins bis zur Oberfläche vor und scheiden über ihr das chitinige Haar aus. Ein feiner Fortsatz der Zellen dringt zunächst bis in die äußerste Spitze des Haares ein; nach dessen Fertigstellung zieht er sich jedoch wieder zurück. Die Häkchen an den Abdominalextremitäten bilden sich in ähnlicher Weise von den Hypodermiszellen aus (Verson[2]) und sind somit als modifizierte Chitinborsten anzusehen.

Haarartige Bildungen können mit Sinneszellen verbunden sein und dadurch die Bedeutung von Sinneshaaren haben (s. S. 106); vielfach stehen sie auch mit Drüsenzellen in Verbindung (Antheraea [Van-der-Flaas[3]]).

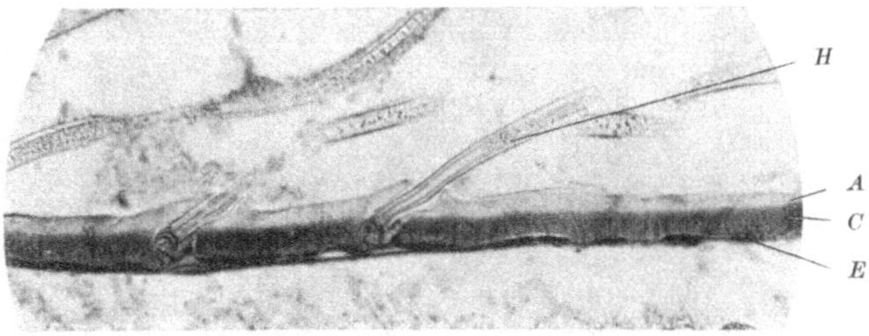


Abb. 99. Querschnitt durch die Haut des Schmetterlings. Vergrößerung 480mal. Färbung: Hämalaun Orange G. *A* = Äußerste Chitinschicht, *C* = Chitin, *E* = Epidermis, *H* = Haare, — Original.

Die Haut des Schmetterlings besteht im Prinzip aus den gleichen Elementen, jedoch ist die Epidermis ein außerordentlich flaches Epithel geworden (Abb. 99), dessen Kerne schmale, scheibenförmige Gebilde sind. Das Chitin besteht deutlich aus zwei etwa gleich dicken Schichten (*A* und *C*). Nur in den Intersegmentalhäuten ist die Außenlage sehr zart; sie trägt dort zahlreiche Häutungshärchen, die länger sind als die der Raupe. Die ungemein zahlreichen Haare (*H*) des Schmetterlings sind in ähnlicher Weise gebildet worden wie bei der Raupe. Schon in der Puppe erfolgt eine Sonderung der gewöhnlichen Hypodermiszellen von den trichogenen; letztere sind jedoch später kaum größer als die übrigen Epidermiszellen. Ebenso wie aus den Haaren hat sich auch aus den Flügeln nach deren Fertigstellung das Plasma zurückgezogen. Die die Flügel bedeckenden Schuppen entsprechen ihrer Anheftung und Entstehung nach den Haaren der übrigen Körperwandung.

Das Chitin wird vor jeder Häutung von den Hypodermiszellen aus neu gebildet. Hinsichtlich seiner Entstehung gibt es im wesentlichen zwei Ansichten. Entweder ist das Chitin ein Sekret der Hypodermiszellen, das zunächst als eine weiche, homogene Masse ausgeschieden wird, oder es entsteht aus einer Umwandlung der peripheren Plasmaschicht der Hypodermiszellen. In ersterem Falle erklärt sich leicht der lamellöse Aufbau des Chitins, im letzteren die wabige Struktur der Lamellen. Vielfach ist man geneigt, für die Entstehung der Chitindecke beiderlei Vorgänge, die sich dann zu gleicher Zeit nebeneinander abspielen

[1] Teodoro, G.: Sul tegumento della larva del Bombyx mori. Atti Acc. Sci. Veneto—Trentino—Istriano, Bd. 14 (1924).

[2] Verson, E.: Sull'armatura della zampe spurie nella larva del filugello. Ann. Staz. bacol. Padova, Bd. 29, 1901.

[3] Zitiert S. 96.

müßten, verantwortlich zu machen (Plotnikow[1], Berlese[2], Kapzov[3] und Casper[4]). Yonge[5] schneidet neuerdings die Frage an, ob die Cuticula, die vom eigentlichen Chitin in vielen Eigenschaften so verschieden ist, vielleicht kein Produkt der gewöhnlichen Hypodermiszellen ist, sondern von bestimmten, an einzelnen Stellen lokalisierten Hautdrüsen ausgeschieden wird, von wo das Sekret sich durch erhöhte Oberflächenspannung über den ganzen Körper verbreiten könnte.

Unter bzw. in der Haut der Raupen befinden sich die Häutungs- und Exuvialdrüsen, die von Verson[6] bei der Seidenraupe entdeckt wurden. Es sind beutelförmige Zellen (Abb. 100), die mit rundlichem oder ovalem Bauch in die freie Leibeshöhle hineinragen und mit ihrem schmalen Halse die Hypodermis durchsetzen. Die Seidenspinnerraupe besitzt von ihnen 15 Paar, und zwar je 2 Paar in den drei Thorakalsegmenten und im 8. Hinterleibsring, je 1 Paar in den 1. bis 7. Abdominalsegmenten. Sie liegen unmittelbar vor und über dem jeweiligen Stigma (beim 2. und 3. Thorakalsegment an der entsprechenden Stelle). In den Brustsegmenten befinden sich die Zellen des 2. Drüsenpaares an der äußeren Basalfläche der Beine, im 8. Abdominalsegment dagegen hinter dem 9. Stigma mit ihm in gleicher Höhe. Die Zellen nehmen von vorn nach hinten im Tier progressiv an Größe zu, allerdings verwischt sich nach der 4. Häutung der Größenunterschied ganz. In der Puppe sind diese Drüsen mit Ausnahme der beiden letzten Paare voll ausgebildet und fast während der ganzen Puppenzeit in Tätigkeit. Am Ende der Puppenzeit werden jedoch alle rückgebildet, so daß keine von ihnen vom Schmetterling übernommen wird.

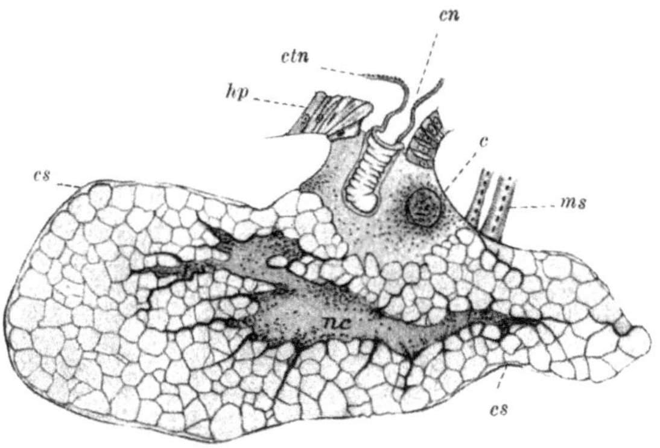


Abb. 100. Versonsche Drüse zu Beginn der 3. Häutung. *c* = Deckzelle, *cn* = Ausführgang, *cs* = Grenze des sezernierenden Plasmas, *ctn* = neue Chitindecke, *hp* = Hypodermis, *ms* = Muskelfasern, *nc* = Kern der Drüsenzelle. — Aus Verson (1911).

Die Drüsenzellen haben sich gegen Ende der Embryonalzeit aus Hypodermiszellen dadurch gebildet, daß sich ihr eigentlicher basaler Zellkörper erheblich vergrößerte und aus der Hypodermisschicht heraus in das Innere des Tieres hineinwuchs. Der periphere Teil bleibt aber noch in der Höhe der übrigen Zellen liegen, wobei er im Vergleich zum basalen Teil halsartig verjüngt erscheint. In den Hals der Zelle senkt sich von außen her eine röhrenförmige und mit Chitin ausgekleidete Einstülpung ein, die bis gegen den eigentlichen Zelleib vordringt und zum Ausführgang dieser einzelligen Drüse wird. Diese besteht somit (Abb.100) aus einer Drüsenzelle mit ihrem Kern (*nc*) und einem Ausführgang (*cn*). Letzterer wird nach Van-der-Flaas[7] von nur einer Deckzelle (*c*) umgeben. Der Ausführ-

[1] Plotnikow, W.: Über die Häutung und über einige Elemente der Haut bei Insekten. Z. wiss. Zool. Bd. 76, 1904.
[2] Berlese, A.: Gli Insetti. 1. Bd. Mailand 1909.
[3] Zitiert S. 96.
[4] Casper, A.: Die Körperdecke und die Drüsen von Dytiscus marginalis L. Z. wiss. Zool. Bd. 107, 1913.
[5] Zitiert S. 96.
[6] Verson, E.: Beitrag zur näheren Kenntnis der Häutung und der Häutungsdrüsen bei Bombyx mori. Z. wiss. Zool. Bd. 97, 1911. [7] Zitiert S. 96.

gang durchsetzt nicht die Chitindecke, sondern endet unmittelbar unter ihr. Das Sekret kann dadurch in den Hohlraum zwischen der alten, sich abhebenden Chitindecke und der neu sich bildenden (*ctn*) abgegeben werden, bis sich letztere gleich nach der Häutung über der Ausmündung wieder zusammenschließt. Unmittelbar vor der Häutung gewinnen die Drüsenzellen einen erstaunlichen Umfang, indem sich in ihrem Plasma eine Unmenge von hellen Flüssigkeitsvakuolen bilden. Diese entleeren sich, wodurch die Zellen nach erfolgter Häutung ganz zusammenschrumpfen, um erst vor der nächsten Häutung wieder in Tätigkeit zu treten.

Die Bedeutung der Exuvialflüssigkeit, dem Ausscheidungsprodukt dieser Drüsen, wird von Verson[1] im Zusammenhang mit der S. 45 geschilderten eigentümlichen Stellung der Raupe vor der Häutung (Abb. 44) in überzeugender Weise folgendermaßen dargelegt. Durch die Haltung des Körpers wird die Flüssigkeit hauptsächlich zum Abdomen des Tieres hinfließen, während die dorsalen Stellen des Thorax mit ihr überhaupt nicht in Berührung kommen. Hier wird daher das alte Chitin trocken und spröde, während es an den anderen Stellen weich und verhältnismäßig nachgiebig bleibt. Am engsten erweist sich nun für die sich vergrößernde Raupe die feste Kopfkapsel, weshalb aus ihr schon vor der sonstigen Häutung der Kopf zurückgezogen wird, der nunmehr seinen Platz in dem noch geschlossenen alten Chitinpanzer des Prothorax bekommt. Der Kopf drückt gegen die Grenze zwischen dem ersten Brustring und dem Hinterrand der alten, leeren Kopfkapsel, welch letztere daher nach ventral stark abgebogen wird. Hier wird die alte Chitinhülle von der Raupe gesprengt, die sofort ihren Kopf in das entstandene Loch hineindrückt. Dadurch wird dieses verschlossen und ein vorzeitiges Ausfließen der Exuvialflüssigkeit vermieden. Aus der übrigen, noch relativ geschmeidigen Chitinhülle kriecht dann die Raupe allmählich heraus.

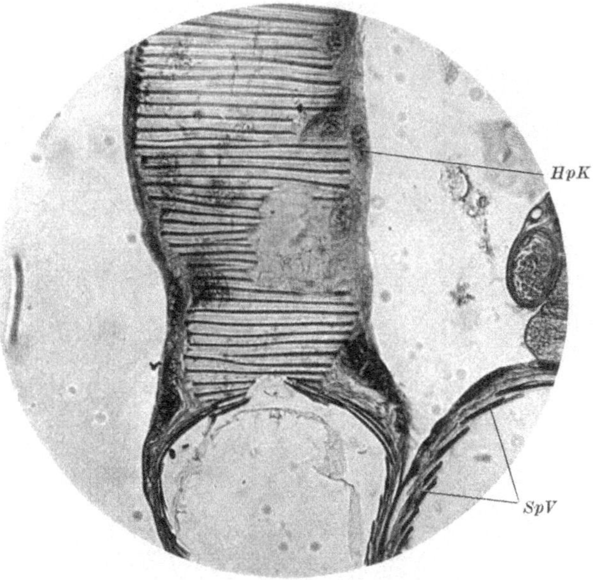

Abb. 101. Schnitt durch eine Trachee der Seidenraupe. Vergrößerung 260mal. *HpK* = Hypodermiskern, *SpV* = Spiralverdickung. — Original.

In die Exuvialflüssigkeit hinein ergießt sich auch der Inhalt der Malpighischen Gefäße, so daß sich in der Flüssigkeit tafelförmige Kristalle von Kalziumoxalat finden (Shimizu[2]).

## Tracheen.

In ähnlicher Weise wie die Haut bestehen alle direkt aus dem Ektoderm als Einstülpungen entstandenen Organe aus einer einschichtigen Zellage, die der

[1] Zitiert S. 98.
[2] Shimizu, S.: On the origin of the crystals in the exuvial fluid of silkworm larva. In: Proc. imp. Acad. Tokyo Bd. 7, 1931.

Hypodermis entspricht, und der von ihr ausgeschiedenen Cuticula. Letztere ist allerdings bloß dann vorhanden, wenn die Zellen nach außen liegen oder an ein nach außen führendes Lumen angrenzen. Die Hypodermis der Tracheen besteht aus platten, polygonalen Zellen. Dem Lumen zu ist eine dünne Chitincuticula ausgeschieden, die durch ihre spiralige Verdickung außerordentlich charakteristisch ist (Abb. 52 u. 101). Durch sie wird ein Zusammengedrücktwerden der so lebenswichtigen Atemröhren verhindert. Der Spiralfaden fehlt den horizontalen Tracheenstämmen auf ein kurzes Stück dort, wo die aus den beiden benachbarten Segmenten stammenden Teile sich vereinigt haben (Abb. 53). Die letzten Aufzweigungen, die Tracheenkapillaren (Abb. 102), sind ebenfalls ohne Spiralfaden. Über deren Einzelheiten — offene oder geschlossene, mit Luft oder Flüssigkeit gefüllte Enden, Bildung von Anastomosen, inter- oder intrazellular endend — besteht keine hinreichende Klarheit. Nach den alten Untersuchungen von Wistinghausens[1] speziell bei der Seidenraupe stehen dort die offenen Röhrchen der Tracheenendkapillaren miteinander in Verbindung; die Kapillaren sollen zwischen den Zellen des durch sie versorgten Gewebes bleiben, ohne in sie einzutreten.

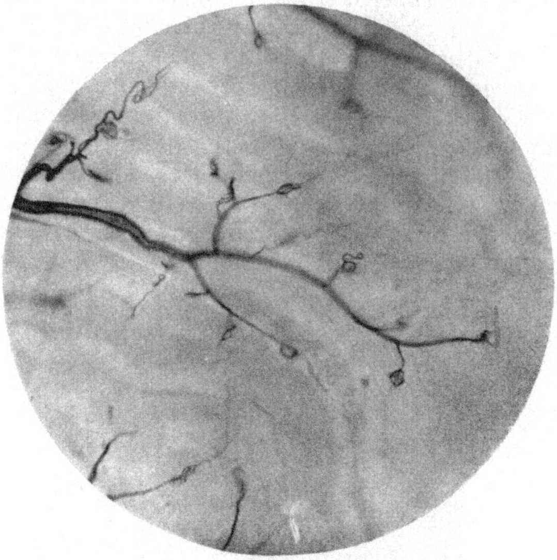

Abb. 102. Trachee und Tracheenkapillaren der Seidenraupe. Vergrößerung 150mal. — Original.

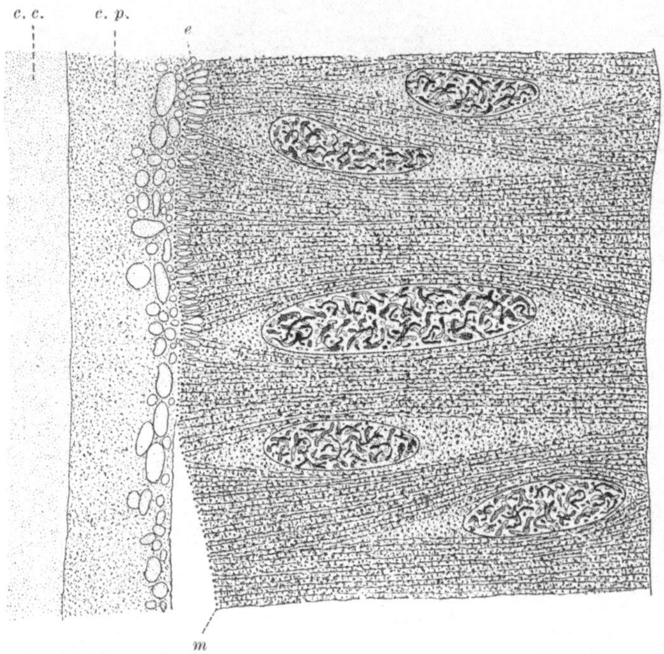


Abb. 103. Längsschnitt durch den geknäuelten Teil der Seidendrüse. *m* = Intima, *e* = Sekreteinschlüsse im Zytoplasma, *cc* = Zentralzylinder, *cp* = Außenschicht. Vergrößerung $^1/_{12}$ Im. Ok. 4. — Nach G. Gilson (1894).

Die zu den Tracheen führenden Stigmen sind in beson-

[1] Wistinghausen, C. von: Über Tracheenendigungen in den Serektarien der Raupen. Z. wiss. Zool., Bd. 49, 1890.

derer Weise gegen das Eindringen von Fremdkörpern in die Atemröhren geschützt. Von den Längsrändern der elliptischen Öffnung springen zahlreiche, dicht nebeneinanderstehende Chitinhaare weit in das Innere des Loches vor. Diese, bloß Differenzierungen des Chitins (ohne besondere trichogene Zelle), sind fein verästelt, so daß sie in ihrer Gesamtheit ein sehr wirksames Filter bilden. Nach innen von jedem Atemloch schließt sich der Vorhof an, dessen Verbindung zum eigentlichen Tracheensystem durch eine tiefe Falte sehr eingeengt ist und u. U. ganz abgeschnitten werden kann. Dann erst folgt das „Vestibulum“, von dem aus nach allen Seiten die Haupttracheen ausstrahlen (s. Abb. 52 und S. 53).

In der Nähe der Abdominalstigmen und der Tracheen befinden sich außer den Häutungsdrüsen noch die einzelligen hypostigmalen und peritrachealen einzelligen Drüsen mit zum Teil recht verzweigten Kernen. Ausführgänge besitzen sie nicht, so daß man in ihnen Drüsen mit innerer Sekretion vermutet.

## Seiden- und Speicheldrüsen.

Die Seidendrüse besteht aus einer großen Zahl von Zellen, die als eine Zellage das gemeinsame, meist mit Seide gefüllte Lumen kontinuierlich umgeben.

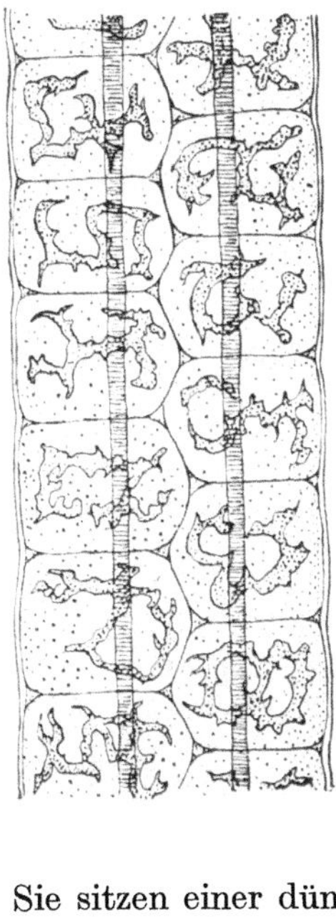

Abb. 104. Spinndrüsenteil von *Bombyx mori* L., außen mit Tunica propria. nach dem Lumen zu mit der radiärgestreiften subkutikularen Schicht innerhalb der Drüsenzellen (vom Autor fälschlich als Tunica intima bezeichnet). — Nach F. E. Helm (1876) aus F. Bock (1932).

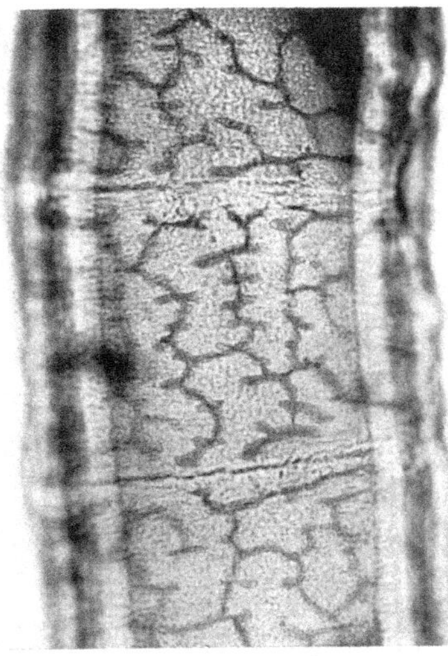

Abb. 105. Zellen des Ausführgangs der Spinndrüse der Seidenraupe im 5. Stadium. Vergrößerung 220mal. — Original.

Sie sitzen einer dünnen Basalmembran (Abb. 106 *B*) auf und werden zum Lumen hin durch eine zarte Membran, „Intima“, begrenzt. Erstere ist nach Gilson[1] und Korschelt[2] zelliger Natur. In ihr liegen in großer Zahl kleine Verzweigungen des Tracheensystems, oder diese treten sogar (nach v. Wistinghausen[3]) durch sie hindurch.

Die Intima ist außerordentlich zart. Sie zeigt nach Gilson[1] (1890) eine sehr

[1] Gilson, G.: La soie et les appareils séricigènes. In: La Cellule, Bd. 6 und Bd. 10, 1890 und 1894.

[2] Korschelt, E.: Über die Struktur der Kerne in den Spinndrüsen der Raupen. In: Arch. mikrosk. Anat., Bd. 47 (1896). [3] Zitiert S. 100.

regelmäßig angeordnete zirkuläre Streifung von 3—4 μ Abstand (Abb. 103), die durch kleine und zarte Querleisten miteinander verbunden sind, so daß durch diese Strukturierung ein sehr zartes Netz gebildet wird. Die Intima ist im hinteren Abschnitt der Drüse so zart, daß Gilson auf den Schnitten nur die Streifung, nicht die Membran selbst sehen konnte und daher die Existenz der letzteren im hinteren Abschnitt in Frage stellte.

Die Drüsenzellen umfassen zu je zweien das Lumen des Schlauches (Abb. 104). Sie greifen wie verzahnt ineinander, so daß die Längsnaht als Zickzacklinie verläuft. Im mittleren, verdickten Teil des Drüsenschlauches einer spinnreifen Raupe hat eine solche Zelle einen Längsdurchmesser („längs" und „quer" im Sinne des Verlaufes des Drüsenschlauches) von 782 μ und einen Querdurchmesser von 2380 μ. Die Kerne dieser Zellen sind eigentümlich verzweigt (Abb. 104 u. 105). Die einzelnen Zweige sind teils kolbig angeschwollen, teils wie Fäden ausgezogen. Dabei kann sogar der Zusammenhang zwischen den einzelnen Teilen des Kernes verloren gehen. Durch diese Beschaffenheit wird die für die Beziehung zwischen Kern und Zellplasma so wichtige gegenseitige Berührungsoberfläche ganz besonders vergrößert; außerdem erstreckt sich der Kern durch das gesamte Plasma der sehr großen Drüsenzellen hindurch. Die Kerne sind nach Meves[1] (1897) sehr reich an Chromatin, das in Form kleiner, fast durchweg gleichgroßer Körper vorhanden ist. Die Zahl der Nukleolen beträgt mehrere Hundert.

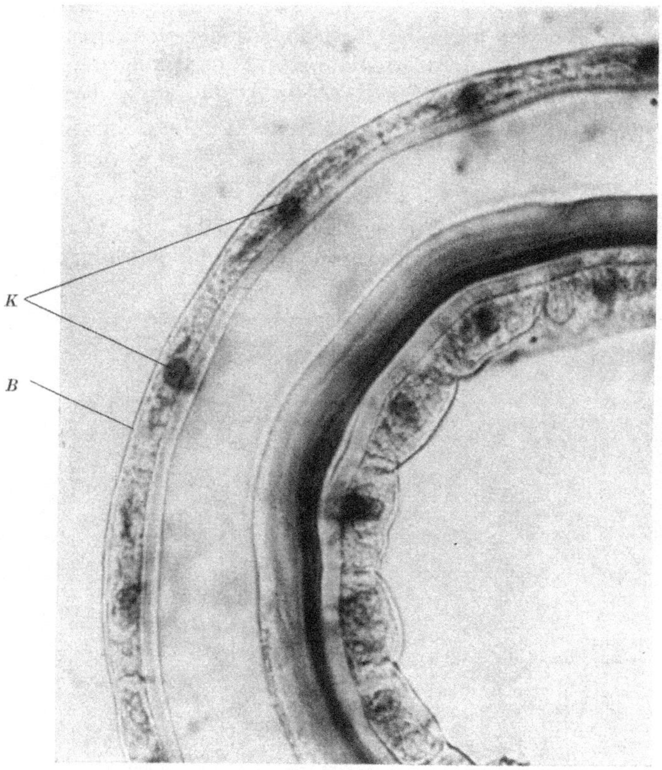


Abb. 106. Ausführgang der Spinndrüse der Seidenraupe im 2. Stadium. *B* = Basalmembran, *K* = Kern. Vergrößerung 650mal. — Original.

In jungen Raupen mit ihren bloß 3 mm langen Drüsen ist nach Helm[2] schon die volle Zahl der Drüsenzellen ausgebildet. Eine Vermehrung der Zellen findet also im Laufe des Wachstums nicht statt, so daß die früher (S. 51) angegebene Größenzunahme der Drüsen zugleich die Größenzunahme der Zellen charakterisiert. Ursprünglich ist der Kern noch ein regelmäßig kugeliges Gebilde (Abb. 106 u. 107 *a*); in der drei Tage alten Raupe strecken sie sich (Abb. 107 *b*), und am sech-

[1] Meves, F.: Die Struktur der Kerne in den Spinndrüsen der Raupen. In: Arch. mikrosk. Anat., Bd. 48, 1897.
[2] Zitiert S. 51.

zehnten Tage sind die Kerne gabelförmig (Abb. 107*c*), um sich dann weiter zu verzweigen (Abb. 105)[1].

Nach Gilson[2] wird die Seide in den Zellen gebildet. Das Plasma der Zellen — besonders der aus dem hinteren Abschnitt der Drüse — zeigt fixiert eine deutlich radiär gestreifte Struktur (Abb. 103). Unter der Intima ist eine subkutikulare Schicht durch dunklere Färbbarkeit zu unterscheiden. In ihr befinden sich die in Abb. 103 mit *e* bezeichneten Einschlüsse. Sie haben die gleiche Färbbarkeit wie das im Lumen des Hohlschlauches befindliche Sekret. An der Produktion dieses Sekrets ist nach Gilson der Kern direkt beteiligt; die Drüsensubstanz muß also die Intima passieren, um in das Drüsenlumen zu gelangen. Diesen Durchtritt hat man sich je nach der Ansicht über den Bau der Intima verschieden vorzustellen. Besteht sie im hinteren Drüsenabschnitt bloß aus einem Netzwerk ohne kontinuierliche Membran (Gilson), so handelt es sich um eine einfache Filtration. Ist dagegen eine zusammenhängende Membran vorhanden, so müßte das Sekret durch osmotische Vorgänge in das Drüsenlumen gelangen, was aber nach Gilson unwahrscheinlich ist.

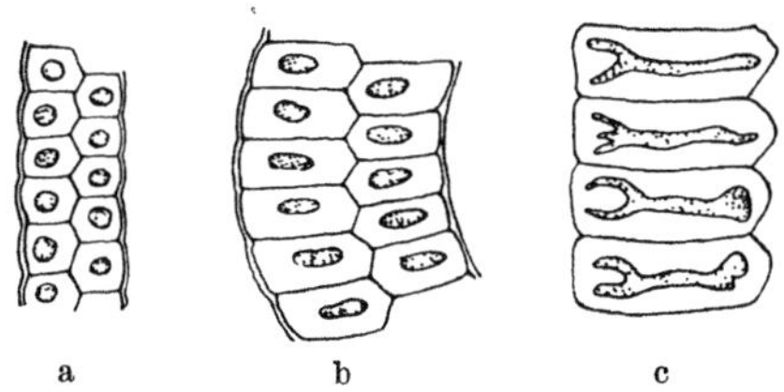


Abb. 107. Sekretionszellen der Seidendrüse von *Bombyx mori* L. aus Raupen verschiedenen Alters. *a* = Raupe von 1 Tag, *b* = Raupe von 3 Tagen und *c* = Raupe von 16 Tagen. — Nach F. E. Helm (1876), aus F. Bock (1932).

Die Beziehungen der beiden Plasmaschichten zu dem eigentlichen Seidenfaden mit dem basophilen Fibroin und dem peripheren Seidenleim aus azidophilem Serizin sind nicht eindeutig geklärt. Eine Sonderung in diese beiden Komponenten ist erst vom mittleren, als Seidenreservoir angesehenen Teil der Drüse zu erkennen. Nach Gilson und Tanaka[3] sind Fibroin und Serizin gleichen Ursprungs. Nach ersterem bildet sich der zentrale Zylinder durch Veränderung des einheitlichen Drüsensekrets, das peripher unverändert bleibt und den Seidenleim darstellt. Tanaka jedoch vermutet, daß aus der einheitlichen Masse heraus sich der periphere Teil durch oxydative Vorgänge zum Seidenleim umwandelt. Nach Ansicht anderer Autoren entsteht das Fibroin im eigentlichen Drüsenteil der Seidendrüse, während die Zellen der mittleren Region das Serizin liefern. Yamanouchi[4] glaubte sogar, die beiden Substanzen in ihrer Verschiedenartigkeit in den Zellen der entsprechenden Regionen nachweisen zu können. Der im Serizin deponierte Farbstoff, der der Seide je nach Rasse eine verschiedene Färbung gibt, stammt aus dem Blut, von wo er zunächst in die Spinndrüsen gelangt (Jucci[5]) und von dort gleichzeitig mit dem Serizin abgegeben wird.

In dem kurzen gemeinsamen Ausführgang der Seidendrüsen bleiben die Einzelfäden getrennt nebeneinander; wohl werden sie miteinander verklebt. Der vom Tier abgegebene Seidenfaden besteht somit aus zwei nebeneinanderliegenden Einzelfäden. Beim Verkleben und Erhärten der Fäden haben vielleicht die Filippischen Drüsen eine Bedeutung. Andererseits wird diesen letzteren (nach

[1] Im Gegensatz dazu bleiben die Kerne in den Spinndrüsen der Spinnen immer von annähernd kugeliger Form.

[2] Zitiert S. 101.

[3] Tanaka, Y.: On the structure of the silkglands and the silk formation in Bombyx mori. J. Coll. Agric. Sapporo, Bd. 4, 1911.

[4] Yamanouchi, M.: Morphologische Beobachtung über die Seidensekretion bei der Seidenraupe. In: J. Coll. Agric. Sapporo, Bd. 10, 1922.

[5] Jucci, S.: Sui pigmenti del sangue, del bozzolo e delle uova nei bachi da seta. In: Atti. Acad. naz. Lincei, Bd. 11, 1930.

Verson[1]) dieselbe Aufgabe wie den Häutungsdrüsen zugeschrieben, mit denen sie auch gleichen Bau haben. Im mittleren Teil des unpaaren Ausführganges ist das Lumen zu einem im Querschnitt halbmondförmigen Spalt verengt. An der Wandung sitzen drei Paare sehr kräftiger Muskeln in radiärer Richtung an, die durch Zug den Spalt erweitern können. Man vermutet, daß diese Anordnung in dreierlei Hinsicht von Wichtigkeit ist: Dem Faden wird seine abgeplattete Form gegeben, seine Stärke kann reguliert werden, und schließlich ist es dem Tier möglich, den Faden an dieser Stelle festzuhalten, was notwendig ist, um ihn zu spannen oder abzureißen.

Die Spinndrüsen fallen während (und nach) der Metamorphose einer fettigen Degeneration anheim (Ito[2], Tonon[3] und Vaney und Maignon[4]) und verschwinden durch Phagozytose schließlich ganz. Reste der Drüsen finden sich gelegentlich noch im Schmetterling als gelbliche Massen ohne Spur eines tubulösen Charakters (Tonon).

Die Speicheldrüsen, die ebenfalls als Einstülpungen vom Ektoderm aus entstanden sind, haben ein enges und kurzes Lumen. Die etwas breiteren als höheren Zellen besitzen auf der Oberfläche eine dünne Chitinschicht, die mit kurzen Chitinhärchen besetzt ist. Nach Vitalfärbung (Paillot[5]) ist am äußeren Rande der Zellen eine Schicht von kugeligen Einschlüssen zu erkennen.

## Nervensystem.

Während der Entstehung des Nervensystems bildeten sich die Neuroblasten in den Seitenteilen der Neuralfurche (S. 93). Die aus den Neuroblasten sich entwickelnden Ganglienzellen sind daher auf die Peripherie der Ganglienknoten beschränkt, so daß sich diese auffällig von der inneren „Markschicht" (Neuropil, Punktsubstanz) unterscheidet (Abb. 57 u. 108).

Die in der Rindensubstanz (Abb. 108, *RS*) befindlichen Zellen sind meist unipolare Ganglienzellen, die ihre Fortsätze in die Marksubstanz (*M*) entsenden, so daß in ihr im wesentlichen die Anschnitte der Neurite und Dentrite getroffen sind. Während beim Seidenspinner die Ganglienzellen durchweg von mäßiger Größe sind, fallen im vordersten Abschnitt des Oberschlundganglions nahe der Mittellinie einige größere Ganglienzellen auf, deren Plasma sich außerdem durch besonders intensive Färbbarkeit auszeichnet (Abb. 108, *Gl.*).

In der Marksubstanz des Oberschlundganglions lassen sich durch verschiedenen Faserverlauf und abweichende Färbbarkeit einige Bezirke und gewisse Zentren unterscheiden. So werden die von den Fühlern und Augen aufgenommenen Reize durch Neurone zu einem als Zentralkörper bezeichneten Reflexzentrum hingeleitet.

Für die Tracheaten außerordentlich typisch sind die sog. Pilzkörper (Stielkörper, Corpora pedunculata oder Globuli) des Vorderhirns, die eine manchmal beträchtliche Anschwellung der frontalen Rindensubstanz darstellen. Sie werden als das Assoziationszentrum für komplizierte Instinkte (Nestbau, Brutpflege usw.) angesehen. Beim Seidenspinner sind sie sowohl in der Raupe wie im Schmetterling recht unbedeutend (Bretschneider[6]). In Abb. 108 ist ein Pilzkörper (*P*) angeschnitten; in ihm ziehen die von den als Becherzellen bezeichneten Ganglien-

[1] Zitiert S. 98.

[2] Ito, H.: On the metamorphosis of the silkglands of Bombyx mori. In: Bull. Imp. Tokyo Seric. College Japan, Bd. 1, 1925.

[3] Tonon, A.: Persistenza della seta nella farfalla del filugello. In: Riv. Biol., Bd. 14, 1932.

[4] Vaney, C. et F. Maignon: Contribution à l'étude physiologique des metamorphoses du ver à soie. Laborat. d'Étud. de la soie, Bd. 12, 1906. Lyon.

[5] Paillot, A.: Traité des maladies du ver à soie. Paris: Verlag E. Doin 1930.

[6] Bretschneider, Fr.: Über die Gehirne des Eichenspinners und des Seidenspinners. In: Jena. Z. Naturwiss., Bd. 60, 1924.

zellen ausgehenden Dentrite zunächst (im „Stiel") ventralwärts, um dann fast rechtwinklig in den „Balken" (*BP*) umzubiegen. Die geringe Ausgestaltung dieses Organs steht im Einklang mit den wenig entfalteten geistigen Fähigkeiten des Seidenspinners.

Die von den Ganglienzellen ausstrahlenden Neurite verlaufen zum Teil von der einen Seite zur anderen, wodurch sie Querverbindungen (Kommissuren, Abb. 108, *Kom*) bilden; ein anderer Teil stellt die die Ganglien miteinander verbindenden Längsstränge, die Konnektive der Ganglienkette dar; wieder andere verlassen das Zentralnervensystem, um als Nerven zu den Sinnesorganen, zu den Muskeln oder zu anderen Organen hinzuführen.

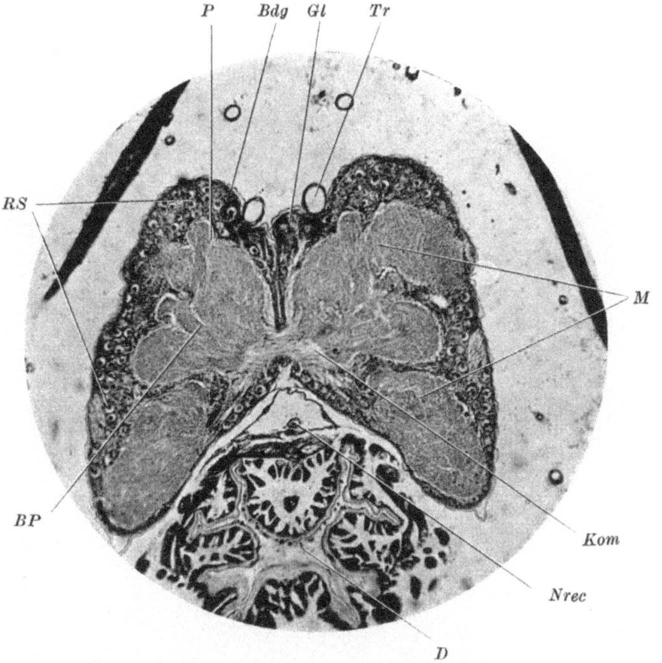


Abb. 108. Querschnitt durch das Oberschlundganglion einer Seidenraupe im 2. Stadium. Vergrößerung 200mal. *Bdg* = Bindegewebe, *BP* = Balken des pilzförmigen Körpers, *D* = Darm (Pharynx). Die schwarzen Punkte auf dem Chitin sind die Anschnitte kleiner Haare. *Gl* = Große Ganglienzellen, *Kom* = Kommissur, *M* = Marksubstanz, *Nrec* = Nervus recurrens, *P* = Pilzförmiger Körper, *RS* = Rindensubstanz, *Tr* = Trachee.

In den Nerven wie in den Konnektiven sind zahllose, parallel zueinander gestellte Dentrite miteinander vereint. Im Gegensatz zu den bei Wirbeltieren angetroffenen Verhältnissen sind die einzelnen Dentrite nicht durch eine besondere Hülle gegeneinander isoliert. Wohl aber werden die Nerven und Konnektive von Bindegewebe umscheidet. Auch die Ganglien werden nach außen durch eine Bindegewebshülle (Abb. 108, *Bdg*) abgegrenzt.

## Sinnesorgane.

Die Sinnesorgane sind bei Raupe und Schmetterling des Seidenspinners in sehr verschiedener Weise ausgebildet. Außer Fühlern und Augen besitzt der Falter noch sog. Sinneskuppeln, die bei Schmetterlingen allgemein von Vogel[1]

[1] Vogel, R.: Über die Innervierung der Schmetterlingsflügel und über den Bau und die Verbreitung der Sinnesorgane auf denselben. Z. wiss. Zool., Bd. 98, 1911.

genauer untersucht wurden. Der Seidenspinner besitzt nach Graber (zitiert aus Vogel) allerdings bloß an der Basis der Hinterflügel eine Gruppe solcher Organe, die in der Chitinstruktur durch eine flache, kuppelartige Vorwölbung kenntlich sind. In der Mitte der Kuppel ist das Chitin außerordentlich dünn und überlagert dort das „Stiftkörperchen", das terminale Ende einer Sinneszelle. Die Sinneskuppeln sind vielleicht Tast- oder Druckorgane, die ein Empfinden für den Luftdruck vermitteln. Ihre geringe Anzahl beim Seidenfalter dürfte mit dem reduzierten Flugvermögen des Schmetterlings im Zusammenhang stehen.

Die Fühler sind Organe mit sicherlich recht verschiedenen und zahlreichen Sinneswahrnehmungen und haben vor allem beim Imago sich zu einer stattlichen Größe entwickelt. Die kleinen Härchen, die man schon bei mäßiger Vergrößerung auf den Fiederzweigen sieht (Abb. 74), dienen vermutlich dem Tastsinn, ebenso die relativ langen Borsten am Ende des Raupenfühlers (Abb. 39). In sie dringen die sehr zarten Fortsätze von mehreren (etwa drei) Sinneszellen (Abb. 109, *S*) ein, die unter ihrer Basis gelagert sind und mit dem Nerv in Verbindung stehen. Wird das Tasthaar durch irgendeine Berührung leicht abgebogen, so entsteht dadurch auch an den Enden jener im Haar befindlichen Zellfortsätze eine Zerrung, welcher Reiz dann durch die Nervenbahnen fortgeleitet wird.

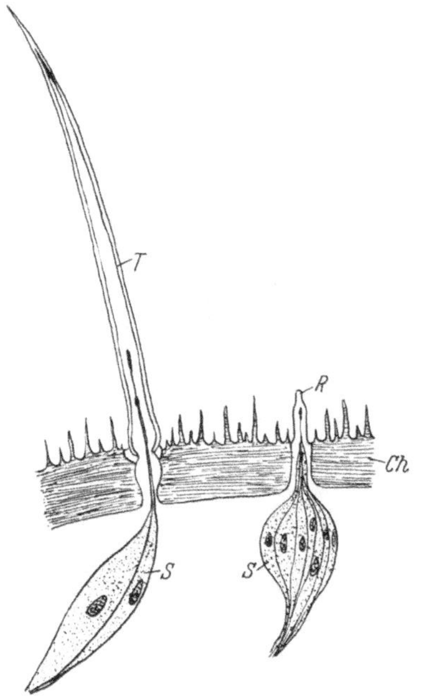


Abb. 109. Teil eines Querschnitts durch einen Fiederzweig am Fühler des Seidenspinners. Schematisiert. *Ch* = Chitin, *R* = Riechhaar, *S* = Sinneszellen, *T* = Tasthaar. — Original.

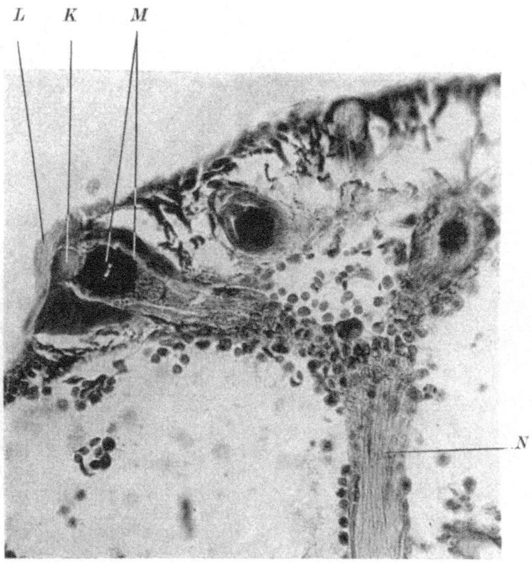


Abb. 110. Längsschnitt durch ein Punktauge der Seidenraupe. *K* = Kristallkegel, *L* = Linse, *M* = Mantelzellen, *N* = Nerv. Vergrößerung 200mal. Original.

Neben diesen relativ langen Haaren gibt es auf dem Schmetterlingsfühler sehr viel kleinere, die kaum über die Chitinoberfläche hervorragen (Abb. 109, *R*). Sie sind kaum größer als einfache, haarartige Skulpturierungen des Chitins, sind jedoch von diesen leicht dadurch zu unterscheiden, daß sie mit dem darunterliegenden Gewebe durch einen das Chitin durchsetzenden Kanal in Verbindung sind. Durch ihn treten die Fortsätze einer ganzen Zellgruppe in das Haar hinein. Infolge ihres zarten Chitins sind diese Haare wahrscheinlich Geruchsorgane. Von ihnen befinden sich besonders beim männlichen Tier zahlreiche sowohl auf den Seitenästen als auch auf dem Fühlerstamm. Die Sinneshaare sind am Stamm und an den Fiedern des Schmetterlingsfühlers bloß auf deren Innenseite ausgebildet, wenn wir als solche diejenige bezeichnen, nach der die Fiederteilchen eingeschlagen sind. Eine den ganzen Fühlerschaft der Länge nach durchziehende Trachee gibt in der Höhe dieser zu Gruppen vereinten Haare je einen Querast ab.

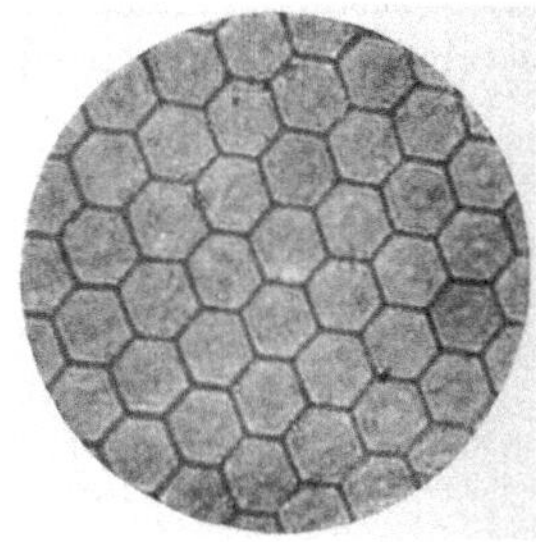

Abb. 111. Fazetten aus dem Fazettenauge des Seidenspinners in Aufsicht. Vergrößerung 175mal. — Original.

Auch auf dem Fühler der Raupe sind neben den auffällig langen Borsten einige kleinere ausgebildet, die vielleicht Geruchssinnesorgane oder Organe für das Feuchtigkeitsempfinden sind. Letztere dürften für das Auffinden frischer Nahrung besonders wichtig sein.

Die Augen der Seidenraupe und des Schmetterlings sind trotz erheblicher Unterschiede in mancher Hinsicht recht ähnlich gebaut. Die Sehorgane der Raupe sind jederseits sechs Punktaugen. Der Schmetterling dagegen besitzt zwei große Fazettenaugen, die durch einen engen Zusammenschluß von zahlreichen solchen Punktaugen entstanden zu denken sind. Jedem dieser einzelnen Punktaugen entspricht an der Oberfläche ein sechseckiges Areal, Fazette genannt (Abb. 111). Von Bretschneider[1] wurde die Zahl der Einzelaugen für den Seidenspinner auf 6236 berechnet.

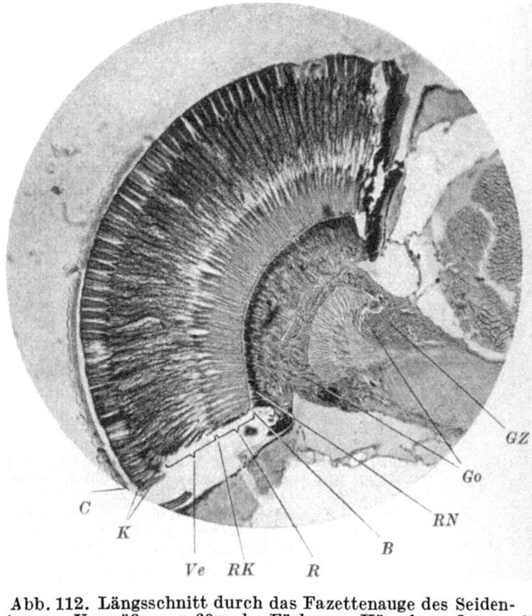


Abb. 112. Längsschnitt durch das Fazettenauge des Seidenspinners. Vergrößerung 60mal. Färbung: Hämalaun Orange G. *B* = Basalmembran, *C* = Cornea, *Go* = Ganglion opticum, *GZ* = Ganglienzellen, *K* = Kristallkegel, *R* = Retinula, *RK* = Kerne der Retinulazellen, *RN* = Retinulanerv, *Ve* = Verbindungsstück zwischen Rhabdomeren und Kristallkegel. Original.
(Der durch eine Klammer zusammengefaßte Hinweis bezeichnet die Region der betreffenden Teile.)

Die Punktaugen der Raupe von *Bombyx mori* L. sind ganz nach dem auch sonst für die Raupen geltenden Typ gebaut (Abb. 110). Über ihnen ist das Chitin glashell durchsichtig und beträchtlich als Linse vorgewölbt (*L*). Unter dem Chitin liegen zunächst als ihre Erzeuger drei Epidermiszellen, die aber weit ins Innere verlängert und stark pigmentiert sind. Sie umhüllen den eigentlichen lichtempfindlichen Apparat und werden daher als Mantelzellen (*M*) bezeichnet. An ihrem distalen Ende befindet sich ein Kristallkegel (*K*), der von drei ihn umhüllenden Kristallkörperzellen ausgeschieden wurde. Unterhalb des Kristallkörpers folgt die Retinula aus sieben Sehzellen, die in zwei hintereinanderliegenden Schichten angeordnet (vorne drei, weiter zurück vier Zellen) in der Medianachse des Auges zusammenstoßen. An dieser Stelle bildet jede Sehzelle einen Stäbchensaum, ein Rhabdomer, der den eigentlichen lichtempfindlichen Teil der Sehzelle darstellt. Die zentripetal verlaufenden Nervenfortsätze der Sehzellen vereinigen sich zum Sehnerv (Abb. 110, *N*).

[1] Zitiert S. 104.

Das Fazettenauge des Schmetterlings besteht aus einer großen Zahl von Einzelaugen (Ommatidien, Augenkeile, Abb. 112), von denen ein jedes im Prinzip den gleichen Bau wie ein Punktauge der Raupe hat. In jedem Ommatidium finden wir erstens Einrichtungen eines dioptrischen Apparates: Linse und Kristallkörper; zweitens den lichtperzipierenden Teil, die Retinula, und drittens zur Lichtisolation dienende Pigmentzellen. Die Linse oder Cornea (Abb. 112 u. 113, *C*), die in der Aufsicht (Abb. 111) die zu jedem Augenkeil gehörende Fazette darstellt, ist bikonvex. Jede Linse wurde von zwei Corneagenzellen, modifizierten Hypodermiszellen, gebildet, die aber als Hauptpigmentzellen in die Tiefe verlagert sind und die Linse bloß noch am Rande berühren. Unmittelbar unter der Linse liegen die vier kristallogenen Zellen mit ihrem nicht immer deutlich vierteiligen Kristallkegel

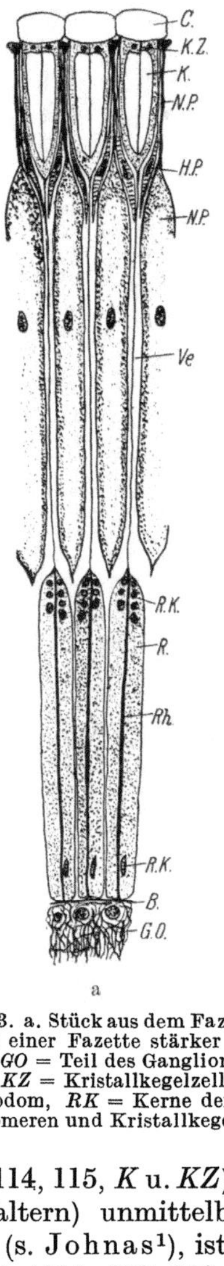


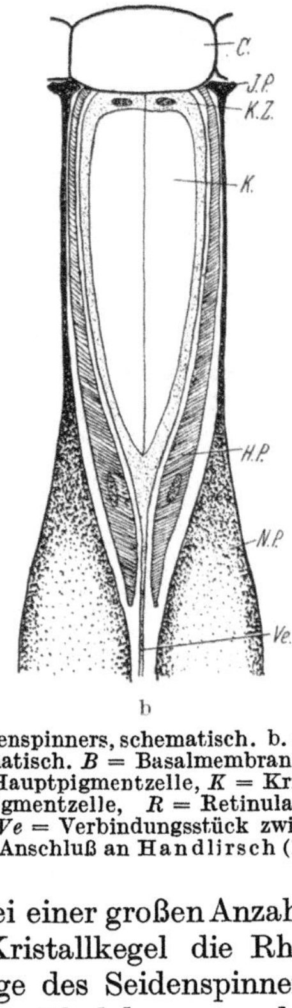


Abb. 113. a. Stück aus dem Fazettenauge des Seidenspinners, schematisch. b. distaler Teil einer Fazette stärker vergrößert, schematisch. *B* = Basalmembran, *C* = Cornea, *GO* = Teil des Ganglion opticum, *HP* = Hauptpigmentzelle, *K* = Kristallkegel, *KZ* = Kristallkegelzelle, *NP* = Nebenpigmentzelle, *R* = Retinula, *Rh* = Rhabdom, *RK* = Kerne der Retinulazellen, *Ve* = Verbindungsstück zwischen Rhabdomeren und Kristallkegel. — Original, im Anschluß an Handlirsch (1926).

(Abb. 112, 113, 114, 115, *K* u. *KZ*). Während bei einer großen Anzahl von Schmetterlingen (Tagfaltern) unmittelbar auf die Kristallkegel die Rhabdomere der Retinula folgen (s. Johnas[1]), ist diese im Auge des Seidenspinners sehr tief ins Innere verlagert (Abb. 112, 113, *R*). Zwischen Rhabdomen und Kristallkegel befindet sich eine Schicht, in der dünne Fasern von diesem zu jenem verlaufen (Abb. 112, 113 u. 116 *Ve*). Man vermutet in ihnen entweder proximale Fortsätze der Kristallogenzellen oder distale Verlängerungen der Retinulazellen, die jedoch in dieser Region lichtunempfindlich sind und keine Rhabdomere tragen (Plate[2]).

[1] Johnas, W.: Das Fazettenauge der Lepidopteren. In: Z. wiss. Zool., Bd. 97, 1911.

[2] Plate, L.: Allgemeine Zoologie und Abstammungslehre. Zweiter Teil: Die Sinnesorgane der Tiere. Jena: Verlag G. Fischer 1924.

Sieben Kerne der acht Retinulazellen befinden sich im proximalen Teil (Abb. 113, 116, *RK*) unmittelbar bevor die Verbindungsfasern ansetzen; der achte Kern liegt an der Basis der Retinula (Abb. 113). Die Retinulazellen bilden gewissermaßen die Wandung eines sehr engen, langgestreckten Rohres, dessen Lumen von den Rhabdomeren der acht Retinulazellen ausgefüllt ist. Die Rhabdomere sind aber

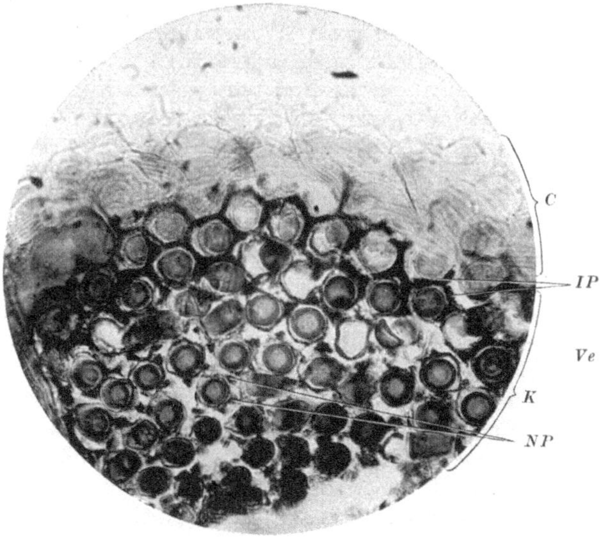


Abb. 114. Querschnitt durch das Fazettenauge des Seidenspinners in der Region der Cornea und Kristallkegel. Vergrößerung 270mal. Färbung: Hämalaun Orange G. *C* = Cornea, *JP* = Irispigment, *K* = Kristallkegel, *NP* = Nebenpigmentzellen. — Original.

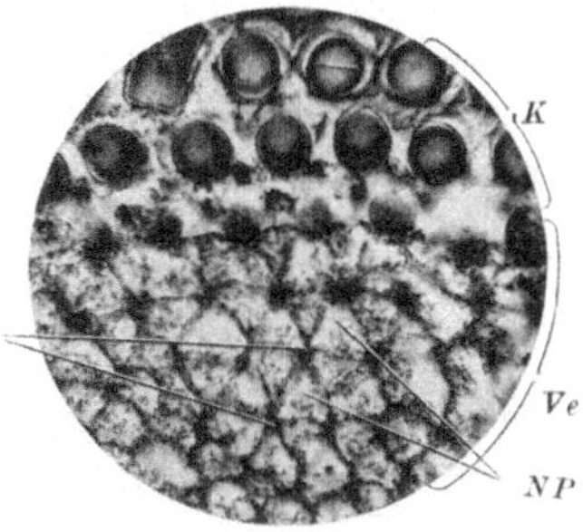


Abb. 115. Querschnitt durch das Fazettenauge des Seidenspinners in der Region der Kristallkegel und der Verbindungsstücke. Vergrößerung 270mal. Färbung: Hämalaun Orange G. *K* = Kristallkegel, *NP* = Nebenpigmentzellen, *Ve* = Verbindungsfasern. — Original.

zu einem einheitlichen Rhabdomen verwachsen, das somit in der zentralen Längsachse der Retinula verläuft und sich von der kernhaltigen Region bis zur Basis erstreckt. Hier wird das Auge durch eine Basalmembran (Abbildung 112, 113, *B*) von dem weiter innen liegenden Gewebe getrennt.

Jeder Augenkeil ist gegen die benachbarten durch die Ausbildung von Pigment abgegrenzt, wenn auch nicht vollständig optisch isoliert. Die Hauptpigmentzellen (Abb. 113, *H.P.*) umgeben den Kristallkegel nur als dünnen Schleier. Trotz ihres Namens haben sie keineswegs den Hauptanteil als Pigmentträger, diesen besitzen vielmehr die Nebenpigmentzellen (Abb. 113, *N.P.*), die sich vom distalen Teil der

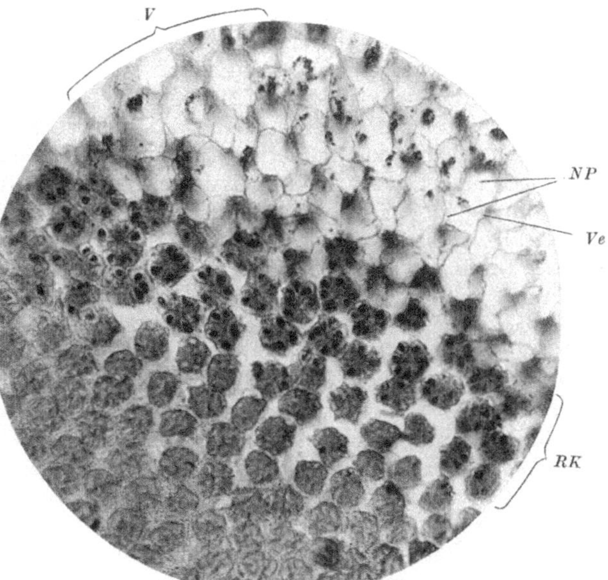


Abb. 116. Querschnitt durch das Fazettenauge des Seidenspinners in der Region der Verbindungsstücke und der Retinula. Vergrößerung 270mal. Färbung: Hämalaun Orange G. *NP* = Nebenpigmentzellen, *RK* = Retinula (Kernregion), *V* = Region der Verbindungsfasern (*Ve*). — Original.

Kristallkegel bis annähernd zum proximalen Ende der Verbindungsfasern ausdehnen. Sie werden ebenfalls als umgewandelte Hypodermiszellen angesehen. In der Region der Verbindungsfasern (Abb. 115, *Ve*) sind sie — leicht kenntlich durch ihre dreieckigen Querschnittsbilder (*NP*) — zu fünf oder sechs einigermaßen regelmäßig um die Verbindungsfasern (*Ve*) gruppiert. Während hier die Nebenpigmentzellen sich gegenseitig berühren und eng aneinanderschließen, lösen sie sich in der Region der Kristallkegel voneinander los und verjüngen sich so sehr (Abb. 113), daß sie im Querschnitt fast nur noch als Punkte (Abb. 114, *NP*) sichtbar sind. An der Peripherie der Kristallkegel dehnen sie sich jedoch plötzlich wieder aus, was ihnen — eingeengt durch die Kristallkegel — jedoch nur in einer Ebene möglich ist. Doch kommt es wieder zum Zusammenschluß der benachbarten Zellen, wodurch ein sechseckiger, dichter Pigmentring zustandekommt, der als Irispigment den äußersten Teil der Kristallkegel umschließt (Abb. 113 u. 114, *IP*).

Basalwärts enden die Nebenpigmentzellen, sich plötzlich verjüngend, nahe dem Distalende der eigentlichen Retinulazellen (Abb. 113), so daß sie letztere nicht mehr optisch isolieren können. Diese Aufgabe fällt jenem Pigment zu, das sich zumeist unterhalb der Basalmembran um den Nerv befindet, aber auch durch erstere hindurchtreten und sich zwischen die Retinulae einschieben kann (Abb. 112).

Die aus den Retinulazellen austretenden Nervenfasern durchsetzen die Basalmembran, die daher den Namen „Membrana fenstrata" trägt, und hängen durch drei, als Ganglion opticum bezeichnete Ganglien mit dem Gehirn zusammen (Abb. 112 u. 113 *G.o.*). Im Ganglion opticum finden komplizierte und zahlreiche Überkreuzungen der Nervenfasern statt.

## Der Darm.

Die in der Entwicklung so scharfe Trennung zwischen Vorder- und Enddarm auf der einen und Mitteldarm auf der anderen Seite kommt auch im feineren Bau deutlich zum Ausdruck. Die Zellen von Vorder- und Enddarm scheiden zum Darmlumen hin eine Chitinschicht aus (Abb. 108), die bei den Häutungen regelmäßig erneuert wird. Die beiden Teile des Vorderdarmes, Pharynx und Oesophagus, unterscheiden sich dem feineren Bau nach. Im Pharynx sind die unter dem Chitin liegenden Darmzellen relativ hoch und zylindrisch. Auf dem Chitin finden sich zahlreiche kleine Härchen. Zuerst treten sie auf der dorsalen Wandung, weiter hinten aber auch auf der ventralen Seite auf. Sie sind alle nach rückwärts gerichtet, so daß sie ein Herausgleiten der Nahrung verhüten. Es handelt sich bei ihnen um reine Oberflächenstrukturen des Chitins ohne irgendeine Verbindung mit der Hypodermis. Es erscheint mir daher nicht wahrscheinlich, ihnen — wie Michin[1] es tut — Sinnesfunktion zuzuschreiben.

Die Oberfläche des Pharynx ist durch Vorwölbungen in vier tiefe Längsrinnen geteilt (Abb. 108). Nach Michin ist die ventrale Vorwölbung zu aktiver Beweglichkeit befähigt, durch die die Nahrung in den Falten gepreßt und weiter zerkleinert werden kann. Zugleich sollen dabei die allerdings bisher noch nicht bekannten Fermente des Sekretes der Speicheldrüsen eine „primäre Bearbeitung" der Nahrung bewirken (Michin).

Im Oesophagus sind die Epithelzellen sehr flach; nur in der Nähe des Kernes bilden die Zellen eine kleine Vorwölbung. Das Chitin ist glatt; ins Lumen vorspringende Falten sind nicht oder fast nicht vorhanden.

Dem Mitteldarm fehlt im Gegensatz zu den beiden anderen Abschnitten die chitinige Auskleidung. Das Epithel ist einschichtig und bildet bei erwachsenen

[1] Michin, B. N.: Die Struktur des Vorderdarmes der Seidenraupen (Bombyx mori). Arb. Moskauer Forsch. Stat. Seiden u. Seidenraupenzucht, Bd. 1 (1926).

Raupen zahlreiche Längs- und Ringfalten (Abb. 117), die bei jungen Raupen fast ganz fehlen (Abb. 57).

Das Epithel besteht aus zweierlei Zellen (Abb. 118), die im mittleren Abschnitt des Mesodaeums fast regelmäßig miteinander abwechseln: Zylinder- oder keulenförmige Zellen (Sphärocyten *Zz*) mit großen Kernen und Becherzellen mit je einer großen Sekretvakuole (*S*) und kleinem, nahe der Zellbasis gelegenem Kern (*KB*). An der zum Darmlumen gekehrten Oberfläche besitzen die Zylinderzellen einen extrazellulären Stäbchensaum (Rhabdorium, Abb. 119, *St*) mit einer Reihe von Basalkörnern (Abb. 119, *K*). Durch den Saum hindurch werden von den Zellen zahlreiche, oft beträchtlich große Sekretkugeln abgeschieden. Diese sekretorische Tätigkeit ist besonders rege in den Krypten, die oft mit Sekretkugeln ganz angefüllt sind (Abb. 117, *Kr*).

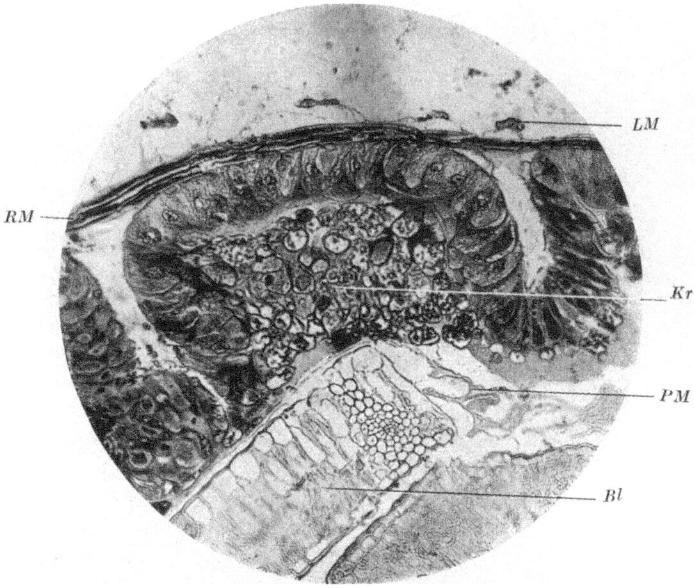


Abb. 117. Teil eines Querschnittes durch den Mitteldarm der Seidenraupe. Vergrößerung 140mal. Färbung: Eisenhämatoxylin Orange G. *Bl* = Blatt im Darmlumen, *Kr* = Krypte, *LM* = Längsmuskeln, *PM* = Peritrophische Membran, *RM* = Ringmuskeln. — Original.

Die Nahrung wird im Darm von der peritrophischen Membran (Abb. 57 u. 117, *PM*) völlig eingeschlossen, über deren genauere Entstehung und Bedeutung keine Klarheit besteht. Bis zu ihr dringen das Sekret und die Sekretkugeln der Darmzellen sichtbar vor; jenseits der Membran ist nichts mehr von ihnen zu erkennen.

Die oben genannten Becherzellen (Abb. 118) befinden sich hauptsächlich im mittleren und hinteren Abschnitt des Mitteldarmes, im vorderen Teil sind sie nur in sehr geringer Zahl vorhanden. Diese Tatsache dürfte zugleich mit der Erscheinung, daß die Becherzellen keineswegs im Darm aller Insekten angetroffen werden, ein Hinweis darauf sein, daß Becherzellen und Zylinderzellen (Sphärozyten) im Sinne Deegeners[1] und Foàs[2] zwei völlig verschiedene Zellformen sind,

[1] Deegener, P.: In: Schröders Handbuch der Entomologie.

[2] Foà, A.: L'epitelio dell'intestino medio nel baco da seta sano e in quello malato di flaccidezza. Rendiconti dell' Istituto Bacalogico della R. Scuola Sup. Agricolt. in Portici Bd. III. 1918.

während Shinoda[1] in ihnen bloß verschiedene Zustands- und Entwicklungsformen ein und derselben Zellart vermutet.

An der Basis der Darmzellen findet man einzelne oder zu Gruppen vereinte kleine Regenerationszellen (Abb. 119, *RZ*). Sie ersetzen zugrunde gehende Zellen und liefern das für das Wachstum des Darmes und für die Vermehrung der Krypten notwendige Zellmaterial. Weitere undifferenzierte Zellen befinden sich zu einem Ring zusammengeschlossen an der Grenze zum Vorderdarm und zum Enddarm und ermöglichen ein Längenwachstum des Darmes.

Am Eingang und am Ende des Mitteldarmes ist es zu einer Sicherung gegen das Zurückfließen der Nahrung gekommen dadurch, daß sich der Vorderdarm in den Mitteldarm und dieser in den Enddarm trichterförmig einsenkt (Abb. 97). Die vordere Einrichtung wird gelegentlich als „Kardia", die hintere als „Pylorus" bezeichnet.

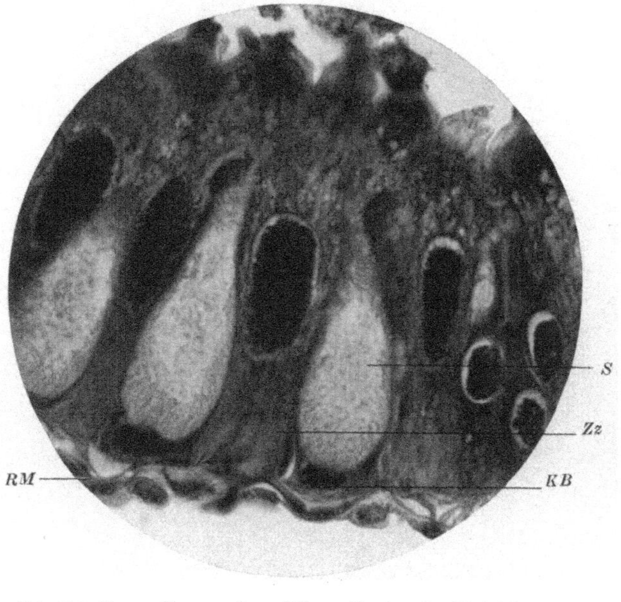


Abb. 118. Darmzellen aus der mittleren Region des Mitteldarms der Seidenraupe. Vergrößerung 1000mal, Färbung: Hämalaun Orange G. *KB* = Kern der Becherzelle, *RM* = Ringmuskulatur, *S* = Sekretvakuole, *Zz* = Zylinderzelle. — Original.

Das Epithel des Enddarmes trägt eine Chitinschicht, die im vorderen Abschnitt („Dünndarm" s. S. 49) noch recht zart, im „Dickdarm" aber von erheblicher Mächtigkeit ist, jedoch im letzten Abschnitt wieder etwas dünner wird. Der Dünndarm ähnelt hinsichtlich seiner epithelialen Auskleidung dem Oesophagus: Die Zellen sind ganz flach und nur in der Umgebung der Kerne etwas höher; Vorwölbungen und Falten des Lumens sind flach und unbedeutend. Im anschließenden Dickdarm ist das Querschnittsbild ein wesentlich anderes (Abb. 56). Das Lumen wird durch tief vorspringende Falten (erst vier, weiter hinten sechs) sehr eingeengt. Die Zellen sind merklich höher als die des Dünndarmes. Besonders kennzeichnend für den Dickdarm sind einige kurze, verzweigte Blindsäcke und die außerordentliche Entwicklung der Ringmuskulatur in seinem hinteren Teil. Diese ist in drei konzentrischen Schichten angeordnet und hat nach Paillot[2] die Aufgabe, aus dem Darminhalt die Flüssigkeit auszupressen.

Ganz im Gegensatz zu der kräftigen Muskulatur des Dickdarmes ist die des Rektums äußerst spärlich und beschränkt sich fast bloß auf einige Muskeln, die es mit der dorsalen und ventralen Körperwandung verbinden. Sonst wird der Darm von einer besonderen Darmmuskelschicht eingeschlossen, die aus Ring- und Längsmuskeln besteht. (*RM* und *LM* der Abb. 117 u. 118.) Letztere sind zu Bündeln vereint, die sich über die ganze Länge des Darmes ausdehnen. In der

[1] Shinoda, O.: Contribution to the knowledge of the intestinal Secretion of Insects. Memoirs of the College of Science. Kyoto Imp. Univ. 1926.

[2] Paillot, A.: Traité des maladies du ver à soie. Paris: Verlag G. Doin 1930.

Muskelschicht des Vorderdarmes und des Dickdarmes liegen die Längsmuskeln innerhalb, im Gebiet des Mitteldarmes jedoch außerhalb der Ringmuskeln.

Ihrer Entstehung nach (S. 90) sind die Malpighischen Gefäße Ausstülpungen des Proctodaeums. Der den drei Malpighischen Schläuchen jeder Seite gemeinsame Ausführgang und die Harnblase (s. S. 50) haben den gleichen geweblichen Aufbau wie der Enddarm. Das einschichtige Epithel ist dem Lumen zu von einer dünneren Chitinkutikula begrenzt, während auf der Gegenseite sich eine Muskularis aus Ring- und Längsmuskeln anschließt. Die Harnblase wird abgeschlossen durch eine Falte des Epithels, die gewissermaßen als Stausegel ein Zurückströmen des Inhaltes verhütet. Die Zellen der eigentlichen exkretorischen Schläuche sind wie ihre Kerne recht groß, so daß im allgemeinen bloß etwa zwei bis drei Zellen einen vollen Umfang des Schlauches ausmachen. Gegen das Lumen tragen sie einen manchmal sehr deutlichen Stäbchensaum. Die sehr schwache Muskulatur befähigt die Schläuche zu peristaltischen Bewegungen.

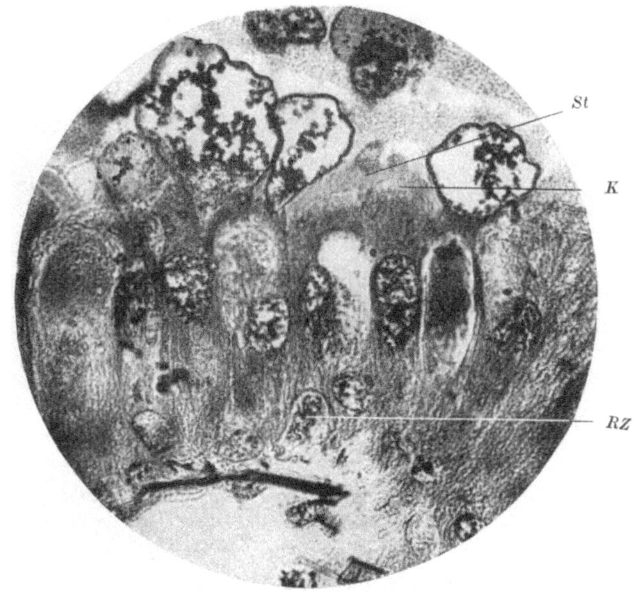


Abb. 119. Darmzellen aus der vorderen Region des Mitteldarms der Seidenraupe. Vergrößerung 590mal. Färbung: Eisenhämatoxylin Orange G. *K* = Basalkörner, *RZ* = Reservezellen, *St* = Stäbchensaum. — Original.

Die exkretorische Tätigkeit der Malpighischen Schläuche wird durch den cytologischen Aufbau ihrer Zellen (vgl. Paillot[1]) und durch den Inhalt ihrer Lumina erwiesen. Dieser besteht während der ersten Larvenperiode aus Kalziumoxalat, später kommen außerdem braune Sphärokristalle von reiner Harnsäure hinzu und in der Puppenzeit solche aus harnsaurem Ammoniak (Verson[2]). Das Aussehen und der Sekretionszustand der Nierenschläuche wechselt periodisch mit den Häutungen. Nach Verson sind sie unmittelbar nach einer Häutung durchscheinend, schmal und glatt konturiert, weil sie bei der Häutung völlig entleert wurden. Allmählich werden sie dagegen breiter und erhalten ein knotiges und kreidiges Aussehen, weil sich die Exkretionsprodukte mehr und mehr in den Kanälen ansammeln. Schließlich ist die exkretorische Tätigkeit der Drüsen derart überwiegend, daß die Entleerung der Schläuche nicht mehr mitkommt. Letztere sind daher vor der Häutung ganz mit Exkreten vollgestopft, wodurch auch die Funktion der Drüsen selbst unterbunden wird. Verson vermutet, daß nunmehr vikariierend die Exuvialdrüsen die exkretorische Funktion übernehmen (S. 98).

## Muskulatur.

Die Muskulatur des Seidenspinners ist ohne Besonderheiten und wie die aller Insekten typisch quergestreift (Abb. 120). Jeder Muskel wird von einer zelligen

[1] Zitiert S. 112. [2] Zitiert S. 98.

Scheide, dem Sarkolemm (*Sa*), umhüllt. Am Chitin sind die Muskeln durch Vermittlung einer chitinigen Sehne (*Se*) befestigt. In einzelnen Fällen genügt die verfügbare Fläche der Chitindecke nicht, um Platz für die Anheftung aller Muskeln zu haben. Es werden dann in das Körperinnere tief hineinragende Chitinleisten (Apodeme oder Apophysen) ausgebildet, wie es z. B. im Kopf der Raupe für die zahlreichen Muskelzüge der Fall ist.

## Blutgefäßsystem.

Die äußerst dünne Wandung des Dorsalgefäßes besteht fast ausschließlich aus quergestreifter Muskelsubstanz; sie baut sich auf aus Muskelzellen, die in zwei symmetrischen Reihen angeordnet sind. In der Dorsal- und Ventrallinie stoßen

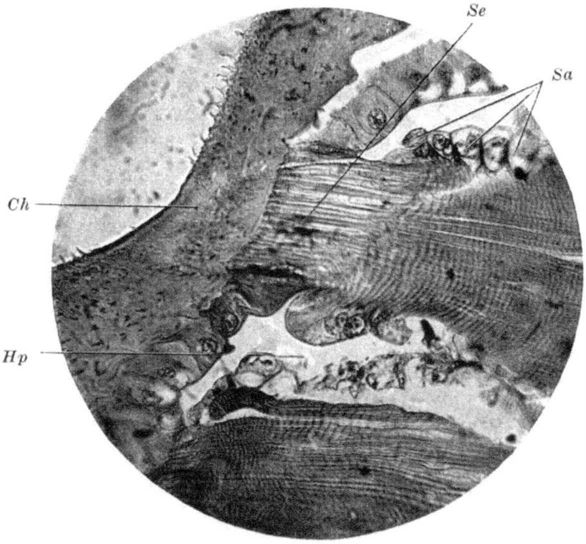


Abb. 120. Anheftung eines Muskelbündels am Chitin. Vergrößerung 270mal, Färbung: Eisenhämatoxylin Orange G. *Ch* = Chitin, *Hp* = Hypodermis, *Sa* = Sarkolemm, *Se* = Sehne. — Original.

die Zellen von rechts und links zusammen und bilden auf diese Weise ein geschlossenes Rohr. Zu beiden Seiten der Herzwandung befinden sich in unregelmäßiger Anordnung Perikardialzellen, von denen die im Herzlumen liegenden vielfach als Endokardialzellen bezeichnet werden. Ihre Aufgabe ist noch nicht eindeutig geklärt. Während Hollande[1] ihnen die Funktion zuschreibt, alkalische Substanzen des Blutes zu neutralisieren und gewisse komplexe Verbindungen in einfachere abzubauen, neigt man jetzt mehr zu der Anschauung, in ihnen eine Speicherniere zu sehen, wie es auch Paillot und Noël[2] tun.

Dem Blute der Insekten fehlt ein respiratorischer Farbstoff. Berlese[3] möchte daher sogar die Bezeichnung „Blut" nicht auf die das Myxocoel und das Herz durchströmende Flüssigkeit angewandt wissen. Diese besteht aus der Hämolymphe und den in ihr verstreuten Blutzellen. Die Farbe des Blutes der Seidenspinnerraupe ist nach der Rassenzugehörigkeit und entsprechend der Fär-

[1] Hollande: La cellule pericardiale des Insectes. Arch. anat. microsc. Bd. 18, 1922.

[2] Paillot, A. und R. Noël: Recherches histo-physiologiques sur divers tissus de Bombyx mori et de Pieris brassicae. In: Bulletin d'histologie appliquée, Jg. 1928.

[3] Berlese: Gli insetti. 2 Bände. Milano 1909—1924.

bung der Seide verschieden. Die im Seidenbast gelagerten Farbstoffe entstammen dem Blute (S. 103).

Die Blutkörperchen oder Hämozyten bewegen sich selbständig amöboid durch die Leibeshöhlenflüssigkeit hindurch. Paillot und Noël[1] unterscheiden von ihnen dreierlei Arten, von denen aber wohl noch nicht ganz sicher feststeht, ob sie nicht bloß verschiedene Entwicklungszustände einer Zellart sind. Die Makronukleozyten besitzen im Verhältnis zu dem großen Kern bloß einen schmalen Plasmahof; gerade umgekehrt ist die Verteilung in den Mikronukleozyten, denen die Fähigkeit der Phagozytose zukommt. Als dritte Art werden die Oenozytoiden beschrieben, die durch einen kleinen Kern und körniges Plasma gekennzeichnet sind.

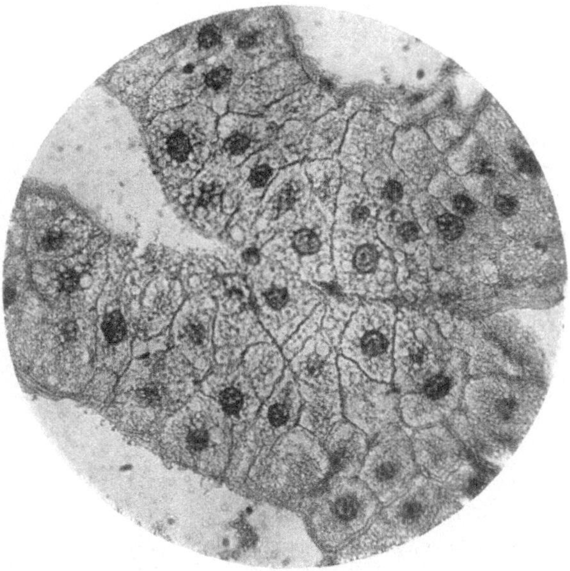
Abb. 121. Fettzellen der Seidenraupe. Vergrößerung 310mal. — Original.

## Fettkörper.

Die Leibeshöhle wird — besonders bei der Raupe — durch den Fettkörper immer mehr eingeengt. An ihn gibt das Blut Nährstoffe ab, die innerhalb der Fettkörperzellen, nach Paillot unter besonderer Mitwirkung der Mitochondrien, in Fett verwandelt werden, das in Form kleiner Tropfen aufgespeichert wird (Abb. 121). Außer Fett befinden sich in den Zellen Albuminoide. Die etwa mittelständigen Kerne haben meist kugelige Form. Die wesentliche Aufgabe der Fettzellen besteht darin, die nötigen Reservestoffe für die Zeit der Metamorphose und für das Leben als Schmetterling zu speichern. Sind gegen Ende der Imaginalzeit die Depots annähernd erschöpft, so degeneriert der Zellkern (Abb. 122), während das Plasma seine Struktur noch einigermaßen erkennen läßt. Die Zellen sind in wechselnder Zahl zu scharf abgegrenzten Verbänden zusammengeschlossen.

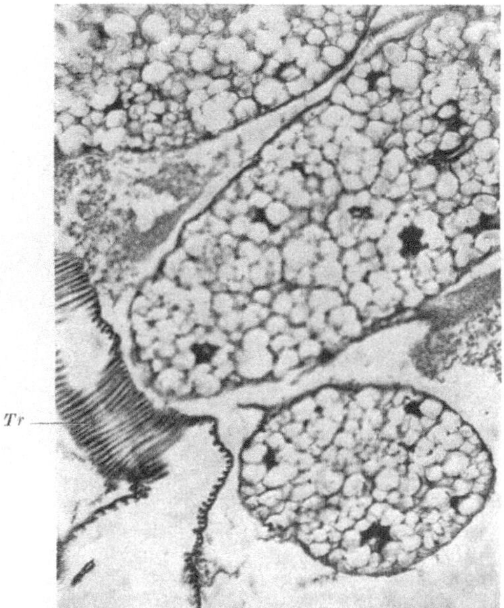

Abb. 122. Fettzellen des Seidenspinners. *Tr* = Trachee. Vergrößerung 450mal. — Original.

[1] Zitiert S. 114.

## Männliche Geschlechtsorgane.

Die etwa nierenförmigen Hoden der Spinner werden von der umliegenden Leibeshöhle durch eine kräftige, bindegewebige Hülle abgeschlossen (Abb. 123 *Bgw*). Diese besteht bei der Raupe aus zwei Schichten: einer äußeren mit blasigen Zellen und rundlichen Kernen und einer inneren faserigen Schicht, deren Zellkerne vielfach dem Faserverlauf entsprechend langgestreckt sind. Diese letztere Schicht bildet drei das Innere des Hodens in vier Teile zerlegende Septen (Abb. 123). Beim Hoden des Schmetterlings ist nur die fasrige Schicht vorhanden. Während der Inhalt der vier Fächer im Hoden des Schmetterlings zum größten Teil aus völlig oder fast völlig ausgebildeten Spermatozoen besteht, läßt sich in der männlichen Geschlechtsdrüse einer Raupe des V. Stadiums fast die ganze Spermatogenese bequem verfolgen. Diese ist Gegenstand zahlreicher Untersuchungen gewesen (Verson[1], Grünberg[2], Toyama[3], Valette St. George[4], Yatsu[5], Kawaguchi[6]), so daß über sie weitgehende Klarheit herrscht.

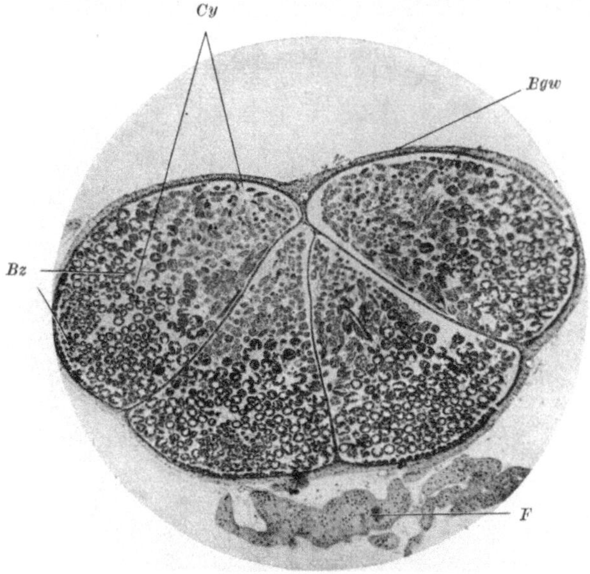


Abb. 123. Schnitt durch den Hoden der Seidenraupe im 5. Stadium. Vergrößerung 238mal. Fixierung: Susa. Färbung: Eisenhämatoxylin Säurefuchsin. *Bgw* = Bindegewebige Hülle, *Bz* = Bildungszone der Spermatozoen, *Cy* = Spermatozysten, *F* = Fett. — Original.

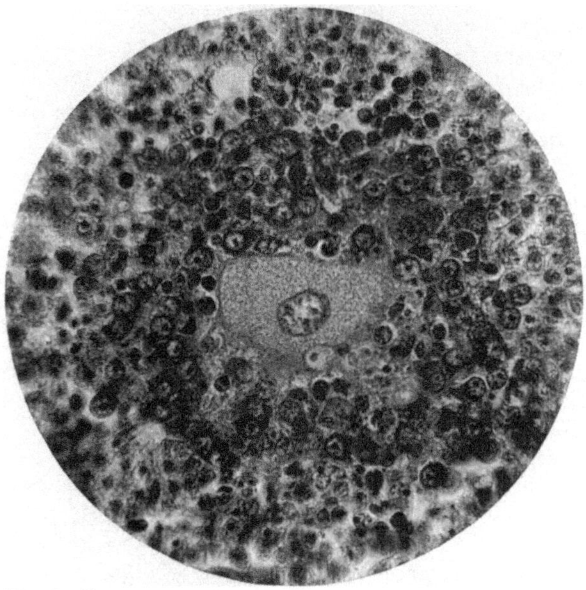

Abb. 124. Versonsche Zelle aus dem Hoden einer Seidenraupe im 5. Stadium. Vergrößerung 450mal. Fixierung: Susa. Färbung: Eisenhämatoxylin Orange G. — Original.

[1] Verson, E.: Zur Spermatogenesis bei der Seidenraupe. Z. wiss. Zool Bd. 58, 1894.

[2] Grünberg, C.: Sulla cellula del Verson. Z. wiss. Zool. Bd. 74, 1903.

[3] Toyama, K.: On the Spermatogenesis of the silkworm. Bull. Imp. Inst. College of Agricult. Bd. II, 1894.

[4] Valette St. George, A. v. la: Zur Samen- und Eibildung beim Seidenspinner. Arch. miskrosk. Anat. Bd. 50, 1897.

[5] Yatsu, N.: Notes on the spermatogenesis of the wild and the domesticated Silkworms. Annotat. Zool. Japon. Bd. 8, 1913.

[6] Kawaguchi, E.: Zytologische Untersuchungen am Seidenspinner und seinen Verwandten. Z. Zellf. u. mikr. Anatom. Bd. 7, 1928.

Die Entwicklung der Samenzellen schreitet vom konvexen Rand des Hodens gegen das andere Ende allmählich fort. An diesem befinden sich am tiefsten Punkt der Konkavität die Anlagen der Vasa efferentia (Abb. 128). In jedem der vier

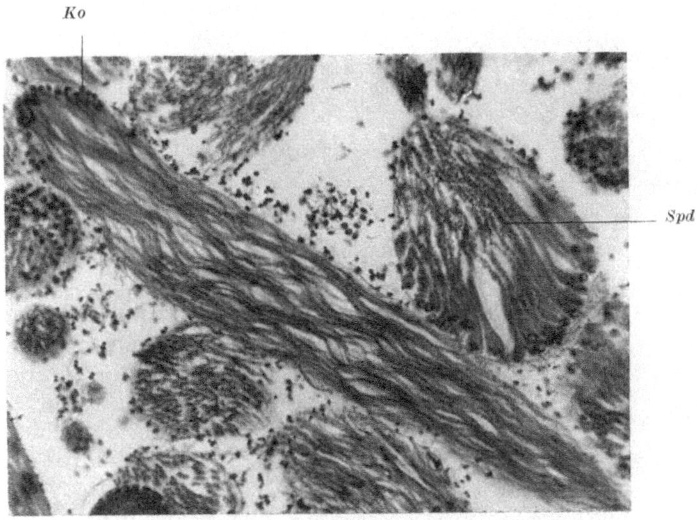


Abb. 125. Schnitt durch Spermatozysten mit Spermatozoen. Vergrößerung 360mal. Fixierung und Färbung wie bei Abb. 124. *Ko* = Kopf des Spermatozoons, *Spd* — sich streckende Spermatiden. — Original.

Fächer befindet sich — auf dem Schnitt Abb. 123 nicht sichtbar — nahe dem konvexen Rand eine sog. Versonsche Zelle (Abb. 124), eine riesige Zelle inmitten von zahlreichen kleineren. Diese lagern zum Teil in ihr, zum anderen Teil stehen

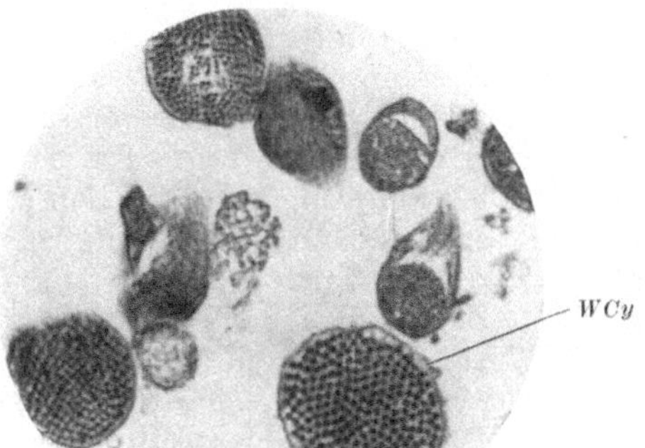


Abb. 126. Querschnitt durch Spermatozysten mit Spermatozoen. Vergrößerung 900mal. Fixierung und Färbung wie bei Abb. 124. *WCy* = Zystenwand. Original.

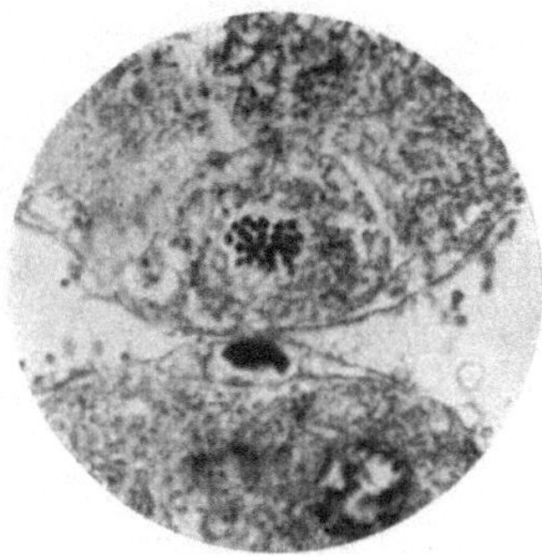

Abb. 127. Reifeteilung der Spermatogenese: Äquatorialplatte in Aufsicht. Vergrößerung 1000mal. Fixierung und Färbung wie Abb. 124. Original.

sie mit ihrem Rande in direkter Verbindung, so als ob es sich um periphere, kernhaltige Auswüchse der Versonschen Zellen handelte. Diese kleinen Zellen sind die Spermatogonien. Nach Verson[1] soll die Versonsche Zelle letztere aus sich durch Abschnürung entstehen lassen. Doch ist man nach späteren Unter-

[1] Zitiert S. 116.

suchungen (Toyama[1], Valette St. George[2]) mehr der Ansicht, daß die auch als Zytophor bezeichnete Versonsche Zelle nur eine trophische Aufgabe hat.

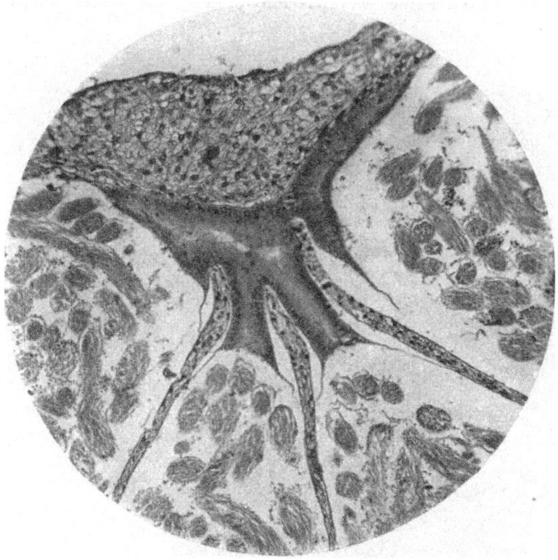

Abb. 128. Beginn des Vas deferens im Hoden der Seidenraupe. Vergrößerung 200mal. Fixierung und Färbung wie bei Abb. 124. — Original.

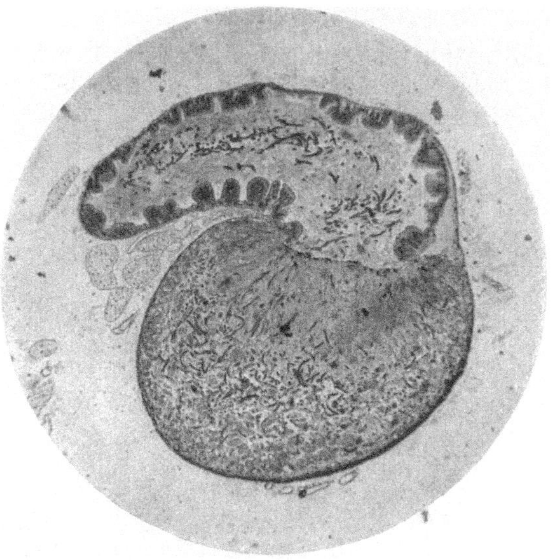

Abb. 129. Schnitt durch den Hoden mit ansitzendem Vas deferens beim Schmetterling. Vergrößerung 40mal. Fixierung: Susa. Färbung: Eisenhämatoxylin Orange G. — Original.

Sobald sich die Spermatogonien von dem Zytophor entfernen, legen sich jeder von ihnen zwei Zellen an. Die drei Zellen bilden eine Spermatozyste. Den beiden Hüllzellen, die aus umgewandelten Spermatogonien sich herausgebildet haben sollen, wird die Bedeutung von Nährzellen zugeschrieben. Hat die Versonsche Zelle eine ebensolche Aufgabe, so gibt es also hier alimentäre Zellen in zweifacher Form. Innerhalb einer solchen Zyste teilt sich die Spermatogonie mehrmals. Nach sechs Teilungsschritten ordnen sich ihre Abkömmlinge, jetzt Spermatozyten 1. Ordnung genannt, nahe der Außenwand einer jeden Spermatozyste einigermaßen regelmäßig an (Abbild. 123, *Cy*). Durch die Reifungsteilung entstehen aus jeder Spermatozyte 1. Ordnung zwei Spermatozyten 2. Ordnung und aus diesen je zwei Spermatiden, die — immer noch durch die Zystenwand vereint — allmählich zu den Spermatozoen auswachsen (Abb. 125). Die dabei im Inneren der Zelle sich abspielenden äußerst komplizierten Vorgänge sind in großen Zügen folgende: Der Kern, der nach der letzten Teilung schon recht klein geworden ist, schrumpft immer weiter zusammen, wodurch eine Konzentration seines Chromatins auf einen kleinen Raum erfolgt; schließlich wird er zum Kopf (Abb. 125, *Ko*) des fertigen Spermatozons. In den noch wenig gestreckten Zellen erkennt man hinter ihm einen mit sauren Farbstoffen sich färbenden „Nebenkern", dessen Entstehung aus achromatischen Teilen des Kernes wahrscheinlich ist. Während der Längsstreckung vollzieht sich im Inneren eine räumliche Sonderung der einzelnen Bestandteile der Zelle derart,

[1] Zitiert S. 116. [2] Zitiert S. 116.

daß im Kopf bloß der Kern gelagert ist; an der Bildung des nachfolgenden „Mittelstückes“ ist vielleicht der Nebenkern beteiligt, während das Plasma das langausgezogene Schwanzstück bildet. Auch jetzt noch werden die Spermatozoen durch die Zystenwandung zu Bündeln zusammengehalten (Abb. 126). Noch im Vas defrens liegen die Samenfäden gebündelt, trotzdem die Zystenhülle dann vernichtet ist.

Bei der Teilung der Spermatiden lassen sich häufig die typischen Bilder der indirekten Kernteilung beobachten. Die Chromosome sind klein und kugelig bis oval (Abb. 127). Sie unterscheiden sich etwas ihrer Größe nach; das kleinste ist nur $^1/_3$ so groß wie das größte. Die diploide Zahl der Chromosome beträgt 56, die bei der Reifeteilung der Spermatozyten auf 28 reduziert wird. Die halbe

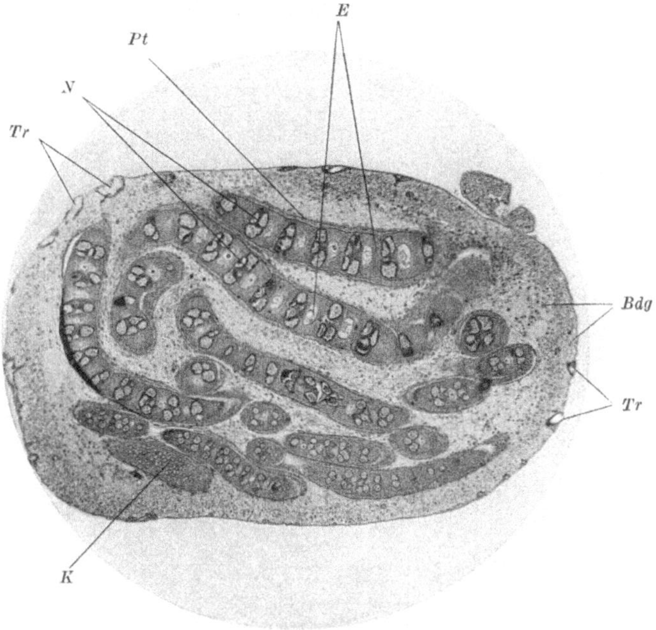


Abb. 130. Schnitt durch ein Ovar einer Seidenraupe des 5. Stadiums. Vergrößerung 45mal. Fixierung: Susa. Färbung: Hämalaun Orange G. *Bdg* = Bindegewebe, *E* = Eizellen, *Kl* = Keimlager, *N* = Nährfach, *Pt* = Peritonealhülle, *Tr* = Tracheen. — Original.

Chromosomenzahl jedoch geben Acqua[1] und Toyama[2] an. Theophila mandarina Moore hat diploid 54 Chromosome.

Das Vas deferens geht von der Mitte der konkaven Fläche des Hodens ab. Entsprechend den vier Kammern einer jeden Keimdrüse beginnt es mit vier kurzen Ästen, die schon in der Raupe angelegt sind (Abb. 128). In diesem Stadium besteht die Wandung aus einem einschichtigen Epithel mit sehr dicht gedrängten, langen und schmalen Zellen, deren gegenseitige Grenzen nur mäßig deutlich sind. Die kugeligen Kerne sind von beträchtlicher Größe und in einer Reihe nahe der Basis gelagert. Während der Metamorphose macht das Epithel eine erstaunliche Entwicklung durch und stellt sich im Schmetterling als erheblich verändert dar (Abb. 129). Die Zellen haben an vielen Stellen eine solche Höhe erreicht, daß sie weit ins Innere des Lumens vorspringen (Abb. 129), was durch eine gleichzeitige Faltenbildung noch verstärkt wird. In diesen Zellen sind die Kerne lang-

[1] Zitiert S. 77. [2] Zitiert S. 116.

gestreckte, walzenförmige Gebilde, die ein sehr dicht verteiltes Chromatin besitzen. Sie durchziehen fast die ganze Zelle der Länge nach, lassen nur am Rande eine überall fast genau gleich breite Zone frei, in der eine große Anzahl dichtgedrängter Sekretvakuolen der verschiedensten Größe anzutreffen ist. Nach außen wird das Vas deferens von einer dünnen Ringmuskelschicht abgeschlossen. Der Ductus ejaculatorius ist im Gegensatz zum Vas deferens typisch ektodermaler Natur mit einer chitinigen Auskleidung und stark muskulöser Wandung.

## Weibliche Geschlechtsorgane.

Der feinere Aufbau der Eischläuche und die Entstehung der Eier sind gut im Ovar einer Raupe des 5. Stadiums zu erkennen (Abb. 130). Jedes der beiden Ovare besteht aus vier sehr langen Eiröhren, die das ganze Abdomen des Falters

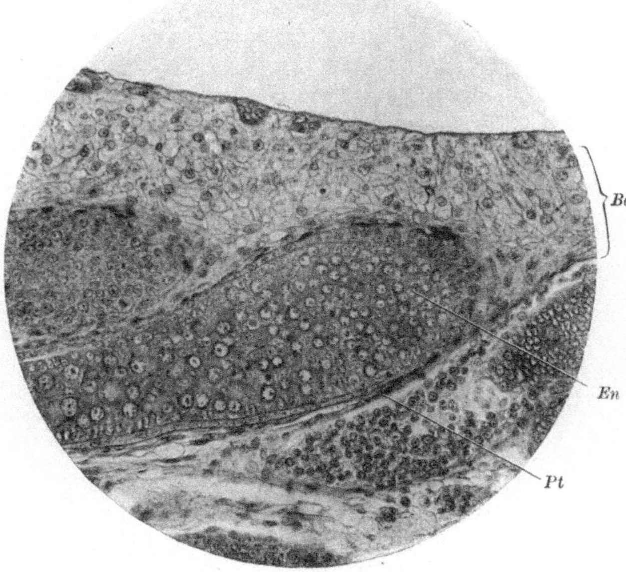


Abb. 131. Längsschnitt durch das Ende eines Ovarialschlauches einer Seidenraupe des 5. Stadiums. Vergrößerung 175mal. Fixierung: Susa. Färbung: Hämalaun Orange G. *Bdg* = Bindegewebe, *En* = Endschlauch mit Oogonien, *Pt* = Peritonealhülle.— Original.

durchziehen aber in der Raupe zu einem kompakten Organ durch eine mächtige Bindegewebehülle zusammengehalten sind (Abb. 130 u. 131 *Bdg*). Innerhalb dieses Raumes sind die Röhren in Windungen gelegt. Die bindegewebige Hülle (*Bdg*) besteht — wie beim Hoden — aus zahlreichen Lagen blasiger Zellen, zwischen denen häufig kleine Tracheenendigungen dahinziehen. Die Eiröhren erfüllen den von der Bindegewebehülle abgeschlossenen Raum nicht vollständig; zwischen ihnen befindet sich vielmehr ein lockeres, aber deutlich zelliges Bindegewebe. Seine Zellen enthalten mit sauren Farbstoffen leicht sich färbende Granula, die aber auch in den zahlreichen, zwischen den Zellen vorkommenden lakunären Räumen anzutreffen sind. Zur unmittelbaren Abgrenzung der Eiröhren verdichtet sich an ihnen das Bindegewebe zu einer ,,Peritonealhülle" (*Pt* in Abb. 130—132).

In den Eischläuchen selbst vollziehen sich die Entstehung und das Heranwachsen der Eizellen, und zwar befinden sich die Bildungsstätten, die Keimlager, am blindgeschlossenen, etwas angeschwollenen Ende eines jeden Ovarialschlauches.

Hier liegen (Abb. 131) zahlreiche Oogonien, die sich aus den Urkeimzellen durch wiederholte Teilung gebildet haben. In der anschließenden Wachstumszone, die den bei weitem größten Teil eines Ovarialschlauches ausmacht, entwickelt sich nur ein Teil der Oogonien zu den sehr großen Oozyten oder Eizellen (Abb. 132, *Ei*); die anderen werden zu Nährzellen (Abb. 130 *N*, 132 *Nz*). Es sind immer fünf von ihnen zu einem Nährfach (Abb. 130 *N*) zusammengeschlossen, das mit der unmittelbar vorangehenden Oozyte zusammengehört. Die Zellen einer Gruppe sind untereinander durch Plasmabrücken verbunden, die aus Resten der vorhergehenden Teilungsspindeln stammen. Die Kerne der Nährzellen, in denen der der Oozyte zu liefernde Dotter oder eine Vorsubstanz gebildet wird, sind groß und gelappt (Abb. 132); bei starker sekretorischer Tätigkeit verschwindet sogar die deutliche Kontur der Kernwand (z. B. Abb. 132, mittleres Nährfach, oberer Kern). Das Plasma der Nährzellen ist mit intensiv färbbaren Körnern erfüllt. Die Eizelle ist zusammen mit ihren Nährzellen von einem einschichtigen „Follikelepithel" umgeben und dadurch von der nachfolgenden und der vorausgehenden Gruppe getrennt (Abb. 132, *F*). Die Follikelzellen stammen direkt aus dem Epithel, das das Keimlager begrenzt. In ihnen findet man gewöhnlich zahlreiche Mitosen. Die Zellen des Follikelepithels sind, soweit sie die noch mäßig großen Eizellen umgeben, von sehr hoher, zylindrischer Form (Abb. 132); zu Seiten des Nährfaches sind sie jedoch bloß sehr schmal. An der Grenze zwischen Eizelle und dem zugehörigen Nährfach schieben sich die Follikelzellen zwar weit ins Innere vor, lassen aber die Mitte zwischen den beiden Zellarten frei. Je weiter sich die Eizellen vom Keimfach entfernen, desto größer werden sie im Verhältnis zu den Nährzellen, und zwar auf deren Kosten, so daß letztere am Schluß dieser Entwicklung (im Schmetterling) fast völlig rückgebildet sind.

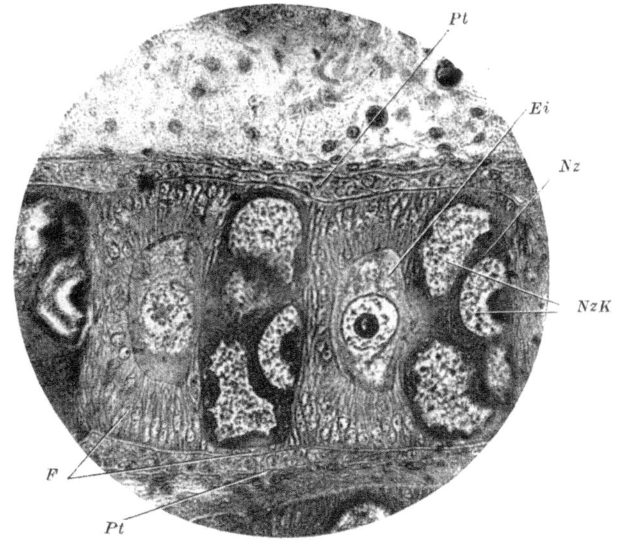


Abb. 132. Schnitt durch einen Eischlauch der Seidenraupe. Vergrößerung 270mal. Fixierung: Susa. Färbung: Hämalaun Orange G. *Ei* = Eizelle, *F* = Follikelepithel, *Nz* = Dotterzelle, *NzK* = Kerne der Dotterzellen, *Pt* = Peritonealhülle. — Original.

Den Follikelzellen kommt ebenfalls eine trophische Funktion zu; eine weitere Aufgabe besteht aber darin, das Ei zu schützen und es mit einer Schale, dem Chorion (S. 78), zu versehen. Auf der Oberfläche der völlig herangewachsenen Eier sind die Follikelzellen in ihrer Höhe erheblich reduziert (Abb. 133, *Fo*). Zum Ei hin haben sie die Chorionschicht (*Ch*) abgeschieden. In diese senken sich deutlich Fortsätze der Follikelzellen hinein, so teils die Luftkanäle, teils die Felderung der Schale (s. S. 79) erzeugend. Das die Ovariolen umhüllende Peritonealepithel setzt sich in die Wandung des Eileiters fort. Durch diesen werden die Eizellen nach außen abgeführt, nachdem die Hülle der Follikelzellen geplatzt ist. Letztere gehen durch fettige Degeneration als Corpora lutea zugrunde.

Von besonderer Struktur sind die S. 76 erwähnten Anhangdrüsen, die die Eier mit einer Kittsubstanz umgeben. Die Wandung der Endschläuche wird von

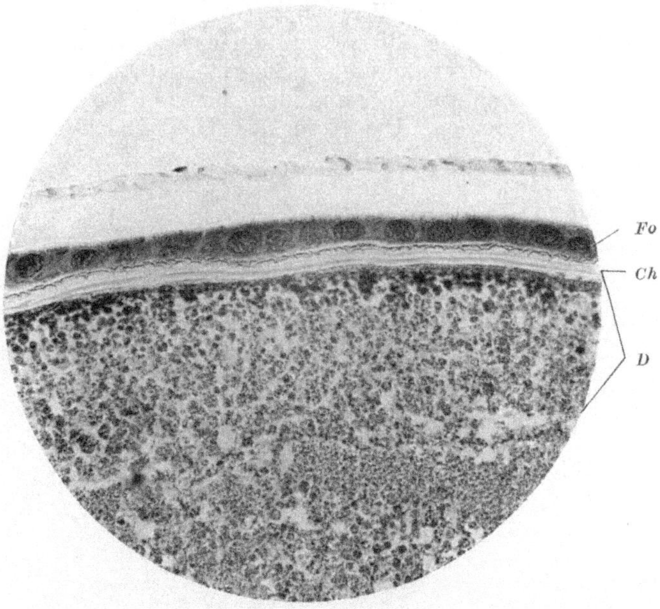


Abb. 133. Schnitt durch den Rand einer Eizelle, kurz vor der Ablage. Vergrößerung 175mal. Fixierung: Susa. Färbung: Hämalaun Orange G. *Fo* = Follikelepithel, *Ch* = Chorion, *D* = Dotter der Eizelle. — Original.

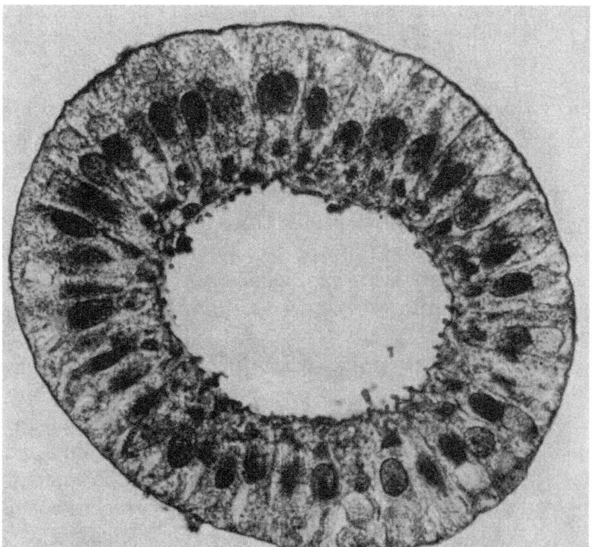

Abb. 134. Schnitt durch eine Kittdrüse des Schmetterlings nach der Eiablage. Vergrößerung 450mal. Fixierung: Susa. Färbung: Hämalaun Orange G. — Original.

einem Drüsenepithel (Abbildung 134) aus hohen, zylindrischen Zellen gebildet. Zu beiden Seiten des kugelig-ovalenKernes, sowohl basal wie lumenwärts, enthalten die Zellen Sekret. In der basalwärts gelegenen Sekretvakuole sind feine Granula vorhanden, die sich mit sauren Farbstoffen färben; dagegen ist das lumenwärts anzutreffende Sekret zu einem scharf abgegrenzten Gebilde geformt, das auch basische Farbstoffe aufnimmt. Im Ausführgang der Drüse ist anfänglich das Epithel noch hoch, wird aber später sehr niedrig; in keinem Falle ist es dort sekretorisch tätig. Die Kerne sind sehr klein und ganz chromatinarm, die Zellen degeneriert.

Bevor das Ei sich mit dem Sekret dieser Drüsen umgibt, wird es befruchtet, indem ein Spermatozoon durch die Mikropyle in es eindringt. Vorher jedoch beginnt die Oozyte mit der ersten Reifungsteilung, die zur Bildung des ersten Richtungskörpers führt. Sie wird aber erst nach dem Eindringen des Spermatozoons beendet, worauf sofort die zweite Reifeteilung und die Reduktion der Chromosome erfolgen. Nun kann die Vereinigung des weiblichen Vorkerns mit dem männlichen Vorkern, dem Spermakern, vor sich gehen, an die sich dann die Vorgänge der Embryonalentwicklung anschließen.

## XI. Entwicklungsphysiologisches und Vererbung.

### Parthenogenese.

Eine parthenogenetische Entwicklung ist im Reiche der Insekten keine allzu seltene Erscheinung. Es darf als gesichert angenommen werden, daß eine solche ebenfalls beim echten Seidenspinner — wenn auch als seltene Ausnahme — auftreten kann. Zahlreiche Arbeiten aus neuerer Zeit beschäftigen sich damit (z. B. Cavazzi[1], Jucci[2], Teodoro[3]). Die Anzahl der ohne besondere künstliche Einwirkung parthenogenetisch erhaltenen Räupchen ist in allen Versuchen gering und schwankt etwa zwischen 0,03‰ (Lombardi[4]) und 0,3‰ (Lecaillon[5]), wobei Eigentümlichkeiten der Rasse und äußere Einflüsse von Bedeutung sind. Die Entwicklungsfähigkeit des unbefruchteten Eies ist an sich recht gering, so daß die meisten von ihnen zugrunde gehen noch bevor sich eine pigmentierte Serosa bildet. Wenn auch nach Kellogg[6] 7—8% der unbefruchteten Eier, bei der Bagdader weißen Rasse sogar 25—75% mit der Entwicklung beginnen, so kommt es doch nicht zur Bildung eines Räupchens. Auch für die Rasse Majella vermutet Grandori[7], daß die ersten Entwicklungsstadien bis zur Ausbildung einer Serosa parthenogenetisch durchlaufen werden können, daß aber eine weitere Entwicklung nicht stattfindet. Bei einer weißen chinesischen Rasse entstehen nach Angaben des gleichen Autors in unbefruchteten Eiern völlig ausgebildete Raupen, die jedoch kleiner als die normalen sind und den Raum innerhalb der Eischalen bei weitem nicht ausfüllen. Selten sind sie kräftig genug, die Eischalen zu durchbeißen, so daß die meisten in der Eihülle zugrunde gehen. Andere, vorhin zitierte Autoren erhielten, wenn auch in seltenen Ausnahmen, ausgewachsene und spinnreife Raupen und Kokons.

Durch Anwendung besonderer Reize läßt sich die Entwicklungsfähigkeit unbefruchteter Eier erhöhen. Die Stimulantien sind die gleichen, die angewandt werden, um die Eier annualer Rassen zur sofortigen vollständigen Entwicklung

[1] Cavazzi, F., Studio sperimentale di alcuni casi di determinazione del sesso e di partenogenesi. Redia Bd. 15, 1924.

[2] Jucci, C.: Vario gredo di tendenza alla partenogenesi nelle varie razze di bachi da seta (*Bombyx mori*) usw. Atti R. Accad. Lencei rend. 2. Serie Bd. 33. 1924. — La partenogenesi nei bachi da seta usw. Atti R. Accad. Lencei rend. 6. Serie Bd. 3, 1926. — La partenogenesi naturale nei bachi da seta. Riv. Biol. Bd. 8, 1916.

[3] Teodoro, G.: Sulla partenogenesi nel *Bombyx mori*. Atti R. Inst. Veneto, Bd. 84, 1925. — Sulla tendenza alla partenogenesi naturale nel filugello. Annuar. Staz. bacol. sper. Padova Bd. 45, 1927.

[4] Lombardi, L.: Sulla partenogenesi e sulla fecondazione artificiale del baco da seta. Boll. Staz. d. Gels. e Bach. Ascoli Piceno Jg. 4, 1925.

[5] Lecaillon: Sur la signification des changements de couleur et sur la formation de véritables chenilles d'origine parthenogénétique. C. r. Acad. Sci. Paris Bd. 165, 1917.

[6] Kellogg, V. L.: Artificial parthenogenesis in the silkworm. Biol. Bull. Bd. 14, 1917.

[7] Grandori, R.: Studi sulla nascità della larva del Bombyx mori L. In: Boll. Lab. zool. Agrar. Milano Bd. 2, 1931.

zu bringen (siehe unten). Überhaupt sind manche Autoren geneigt (Jucci[1]), zwischen der Fähigkeit zur Parthenogenese und dem Bivoltinismus irgendwelche Beziehungen zu sehen. Das wichtigste Stimulans zur Erregung der Entwicklung unbefruchteter Eier ist verdünnte Salzsäure (zwei Teile Salzsäure vom spezifischen Gewicht 1,18—1,19 und 1 Teil Wasser) von 38° C, in die die Eier für 12—15 Minuten eingetaucht werden. Bei einer derartigen künstlichen Parthenogenese konnte Sato[2] feststellen, daß der Eikern durch Autogamie mit einem bei der Reifungsteilung abgegebenen Kern verschmilzt.

## Künstlicher und natürlicher Voltinismus.

Bei annualen Rassen erfährt die Entwicklung des Eies eine Unterbrechung durch eine Ruheperiode. Eine solche ist zwangsläufig und von der Temperatur in weitem Maße unabhängig. Die Methoden der Überwinterung (S. 166) sind beim Seidenspinner jedoch derart eingespielt, daß sie die günstigsten Bedingungen für die spätere Weiterentwicklung darstellen. Eine wesentliche Verkürzung oder Verlängerung der Überwinterungsdauer führt zu Entwicklungsschäden und -störungen (Tonon[3]). In zahlreichen Versuchen ist es gelungen, die Eier annualer Rassen auch ohne Winterruhe in kurzer Zeit zur Entwicklung zu bringen. Die hierzu notwendigen Stimulantien können mechanischer, thermischer, elektrischer oder chemischer Natur sein. Als mechanische Reizung genügt es, die Eier für etwa zwei Minuten mit einer rauhen Bürste zu bearbeiten (Barca[4], Verson und Quajat[5]) oder sie bloß unter Wasser zwischen den Fingern zu reiben. Bei diesen und ebenso bei den nachher zu schildernden Versuchen hat eine Behandlung nur dann den gewünschten Erfolg, wenn sie bald nach der Ablage der Eier vorgenommen wird. So gibt Acqua[6] folgende Zahlen über den prozentualen Erfolg bei den Eiern einer chinesischen Rasse wieder, die an verschiedenen Zeitpunkten in gleicher Weise bebürstet wurden. Erfolgte die Behandlung (von der Eiablage gerechnet) nach zwei Tagen, so gelangte 39% zur direkten Entwicklung, nach vier Tagen waren es 19%, nach sechs Tagen 16% und nach neun Tagen bloß 8%.

Die elektrische Behandlung der Eier (s. z. B. Quajat und Tomasselli[7]) erfolgte dadurch, daß man die Eier für zwei oder drei Minuten elektrischem Büschellicht aussetzt, wie es bei Spitzenentladungen auftritt.

Als chemische Stimulantien kommen Säuren in Betracht (Ducleaux[8], Verson und Quajat[9], Bolle[10]). Von sehr geringer Wirkung sind Essig- und Ameisensäure, von starker jedoch die Mineralsäuren: Schwefelsäure, mit der zuerst Erfolge erzielt wurden, Salpetersäure und Salzsäure. Mit letzterer hat man bisher die besten Ergebnisse gehabt, die denen durch die elektrische Einwirkung

[1] Zitiert S. 123.

[2] Sato, H.: Untersuchungen über die künstliche Parthenogenese des Seidenspinners Bombyx mori IV. Biol. Zbl. Bd. 51, 1931.

[3] Tonon, A.: Osservazioni sulla vita intraovulare del filugello. In: Annuar. Staz. bacol. sper. Padova Bd. 46, 1931.

[4] Barca, V.: Schiusura del seme bachi durante la stagione estiva. In: Rivista Settimanale di Bach. 3. Jg., 1871.

[5] Verson und Quajat: Sullo strofinamento della uova del baco da seta. Annuar. Staz. bacol. sper. Padova 2. Jg., 1874.

[6] Zitiert S. 77.

[7] Quajat E. und P. Tomasselli: Azione dell elettricità durante le singole fasi ... nel bombice del gelso. In: Annuar. Staz. bacol. sper. Padova Bd. 49 u. 50, 1912.

[8] Ducleaux: Recherches sur l'éclosion prématuré des graines des vers à soie. In: Congresso bacol. Milano, 1876.

[9] Verson und Quajat: Sullo schiudimento estemporaneo delle uova del baco da seta a mezzo degli acidi. In: Boll mens. di Bach. Padova Bd. 6, 1879.

[10] Bolle, G.: La schiusura estemporanea del seme del baco da seta usw. In: Atti della J. R. Società Agraria di Gorizzia, 1878 (zitiert nach Acqua, zitiert S. 77).

erzielten gleichwertig sind, aber den Vorzug praktischerer Handhabung haben. Man taucht die Eier in ein 30° warmes Gemisch von zwei Teilen Salzsäure mit dem spezifischen Gewicht von 1,18—1,19 und einem Teil Wasser. Die Dauer der Einwirkung soll bei europäischen Rassen 15 Minuten, bei asiatischen 12 Minuten betragen. Hinterher werden die Eier gehörig gewaschen und getrocknet. Ongaro[1] konnte zeigen, daß selbst tagelanges Waschen die Salzsäure nicht restlos zu entfernen vermag; der chemische Nachweis des Chlorions war immer noch zu erbringen. Er vermutet daher, daß die Salzsäure nicht bloß physikalisch im Ei gelöst ist, sondern daß das Chlorion chemisch gebunden ist.

Wie man sich die entwicklungsfördernde Wirkung der Stimulantien im einzelnen vorzustellen hat, ist völlig dunkel. Diese Wirkung dadurch erklären zu wollen, daß durch sie den Eiern Energien zugeführt werden, kann nicht befriedigen, was auch von Acqua[2] betont wird.

Die Frühjahrsgeneration bivoltiner und auch die nachfolgenden Generationen polyvoltiner Rassen machen ihre Entwicklung ohne Pause in etwa 10 Tagen durch. Das Auftreten des Bivoltinismus ist in hohem Maße von den Umweltbedingungen abhängig. So ist es nicht selten, daß bivoltine Rassen in einer anderen Umgebung annual werden oder umgekehrt (z. B. wurden bisher annuale italienische Rassen auf Madagaskar polyvoltin). Diese außerordentliche Beeinflußbarkeit durch Umweltfaktoren erschwert natürlich ungemein eine genaue Analyse des gesamten Erscheinungskomplexes. So ist z. B. selbst die Frage schwierig zu beantworten, ob die Zahl der im Jahr möglichen Generationen eine Rasseeigentümlichkeit ist oder nicht.

Die Tatsache, daß bei Eiern, die ohne Pause sich sofort entwickeln, die Serosa hell, unpigmentiert bleibt, legt es nahe, beide Erscheinungen miteinander kausal zu verknüpfen, wenngleich auch in dem tatsächlichen Verhalten Ausnahmen zu beobachten sind. Nach Foà[3] soll die Pigmentierung der Serosa im Gegensatz zu einer Pigmentlosigkeit den Gaswechsel behindern, wodurch zwangsläufig eine Verzögerung der Entwicklung eintrete. Mit dieser Annahme lassen sich Beobachtungen von Lombardi[4] und Verson[5] gut in Einklang bringen. Letzterer beobachtete, daß bei Eiern einer japanischen Rasse, die sich trotz Fehlens des Pigmentes nur unter Einschaltung einer Ruhepause wie annuale Eier entwickelten, im Chorion nur sehr dünne und wenige Luftkanälchen ausgebildet waren. Lombardi gibt an, daß bei Eiern, deren Färbungen in verschiedenem Maße Zwischenstufen darstellten, die Entwicklungsdauer direkt abhängig war von dem Grade der Pigmentierung. Die Entstehung des Pigmentes erfolgt bei den annualen Rassen offenbar so zwangsläufig, daß sie nach Tonon[6] nicht einmal durch die ultravioletten Strahlen einer Quarzlampe verhindert werden kann, trotzdem die Strahlen die Eischale durchdringen und sie sonst auch gerade bei Insekten erwiesenermaßen das Pigment nicht zur Ausbildung kommen lassen.

Wenn auch nach der von Foà aufgestellten Hypothese es verständlich er-

---

[1] Ongaro, D.: Per il riconoscimento delle uova di filugello trattate con acido cloridrico. In: Annuar. Staz. bacol. sper. Padova Bd. 46, 1931.

[2] Zitiert S. 77.

[3] Foà, A.: Confronti fra i primi stadi evolutivi del baco da seta usw. In: Rend. del R. Istit. Bacol. di Portici Bd. 3, 1919.

[4] Lombardi, L.: Caratteri intermedi di colorazione nelle uova del filugello in rapporto al bivoltinismo. In: Boll. della R. Staz. di Gels. e Bach. di Ascoli Piceno Bd. 3, 1924. — Cause che possono influire sul bivoltinismo. In: Boll. della R. Staz. di Gels. e Bach. di Ascoli Piceno Bd. 3, 1924.

[5] Verson, E.: Sull fenomeno di mancata colorazione di uova feconda di filugello. In: Annuar. Staz. bacol. sper. Padova Bd. 38, 1911.

[6] Tonon, A.: Influenza delle radiazioni della lampada a vapori di mercurio in tubo di quarzo sulle uova del Bombyx mori. In: Annuar. Staz. bacol. sper. Padova Bd. 46, 1931.

scheint, daß der Pigmentgehalt der Serosa die Entwicklung verzögert, so erklärt sie jedoch keineswegs die zwangsläufige, fast vollständige Ruhepause in der Entwicklung für mehrere Monate. Diese muß wie auch das Auftreten des Serosapigmentes eine Rasseneigentümlichkeit sein, die aber in ihrer phänotypischen Ausprägung durch Außenfaktoren weitgehend beeinflußt werden kann. Eine genauere Analyse hinsichtlich der Einwirkungen der letzteren ist aber recht erschwert, da die Veränderungen im Entwicklungsgang sehr allmählich auftreten und erst nach Generationen zum Abschluß kommen. So konnte Toyama[1] und später Mollo[2] einen sehr interessanten Einfluß der Bebrütungstemperatur nachweisen. Zog man nach der Überwinterung die Eier bivoltiner japanischer Spinner bei etwa 18° C auf, so war im nachfolgenden Gelege der Prozentsatz der sich sofort entwickelnden Eier recht groß; klein war er dagegen, wenn die Eier bei der üblichen Temperatur bis 24° C bebrütet worden waren. Auch innerhalb eines Geleges lassen sich — nach Acqua[3] — Unterschiede bemerken: Die zuerst abgelegten Eier neigen stärker zur direkten Entwicklung als die zuletzt abgelegten.

Trotz aller Beeinflußbarkeit lassen sich polyvoltine Rassen nicht vollständig in annuale überführen, ebenso wenig wie umgekehrt, so daß also doch als besonders bedeutungsvoll die innere Veranlagung anzusehen ist. Acqua[4] versucht dem gesamten Erscheinungskomplex einen möglichst einfachen, fast formelmäßigen Ausdruck zu geben. Danach ist die Tatsache der direkten oder unterbrochenen Entwicklung in jedem Fall abhängig von dem Gegenspiel zweier Faktoren: Der eine Faktor ist die innere Veranlagung für eine bivoltine Entwicklung, der bei manchen Rassen stark ($J$), bei anderen dagegen nur gering ($i$) sein kann; der zweite ist der Einfluß der Außenwelt ($E$), die einer Auswirkung der inneren Veranlagung entgegen ist. Bei den annualen Rassen ist normalerweise $E > i$, so daß eine bivoltine Entwicklung nicht möglich ist, diese vielmehr erst in Erscheinung tritt, wenn die hemmenden Außeneinflüsse kleiner als $i$ werden. Bei den bivoltinen Rassen ist dagegen unter gewöhnlichen Bedingungen $J > E$, und nur bei besonderen Verhältnissen kann $E$ so groß werden, daß $J$ unterdrückt ist.

## Vererbung.

Der Erbgang des Voltinismus und der Fähigkeit Serosapigment zu bilden ist sehr eigentümlich und durch Tanaka[5] näher analysiert und als „mütterliche Vererbung" bezeichnet worden. Dieser wenig glücklich gewählte Namen erklärt sich aus den schon von Quajat[6] gemachten Beobachtungen an Kreuzungen zwischen bivoltinen und annualen Rassen, nach denen scheinbar nur die weiblichen Tiere für den Erbgang maßgebend sind: Kreuzt man ein bivoltines Weibchen mit einem Männchen einer annualen Rasse, so entwickeln sich die Eier des Geleges in der gleichen Weise ohne Pause wie nach der Begattung mit einem „bivoltinen" Männchen. Läßt man aber umgekehrt ein „bivoltines" Männchen ein annuales Weibchen begatten, so müssen sämtliche Eier überwintern und bringen erst im nächsten Jahr die Raupen zur Welt. Die aus der Kreuzung der $F_1$-Tiere erhaltenen Eier bzw. Embryonen der $F_2$-Generation bilden wiederum Serosapigment und entwickeln sich unter Einschaltung einer Ruhepause. Die Schmetterlinge der

[1] Toyama: On certain characteristics of the Silk Worm which are apparently non mendelian. In: Biol. Zbl. Bd. 32, 1912.

[2] Mollo, A.: Influenza della temparatura d'incubazione nel seme sulla conservazione del bivoltinismo. Informazioni Seriche. Jg. 8, 1921.

[3] Acqua, C.: Per una teoria generale sul voltinismo. In: Boll. Staz. sperm. Gels. e Bach. Ascoli Piceno Bd. 8, 1930.

[4] Zitiert S. 77.

[5] Tanaka, Y.: Maternal inheritanc in Bombyx mori. Genetics Bd. 9, 1924.

[6] Quajat, E.: Bivoltini ed incroci.e In: Boll. mens. di Bach. 2. Serie Bd. 8, 1890.

$F_2$-Generation legen verschiedenartige Eier, wenn auch ein einzelnes Tier immer bloß eine Sorte. Ein Teil der Eier entwickelt sich — als „bivoltine" Eier — ohne Pause und ohne Serosapigment, der andere Teil tritt nach Ausbildung des Pigmentes in die Entwicklungsruhe ein. Nach Tanaka erklären sich diese Verhältnisse leicht durch die Annahme, daß die mit der Bildung von Serosapigment und

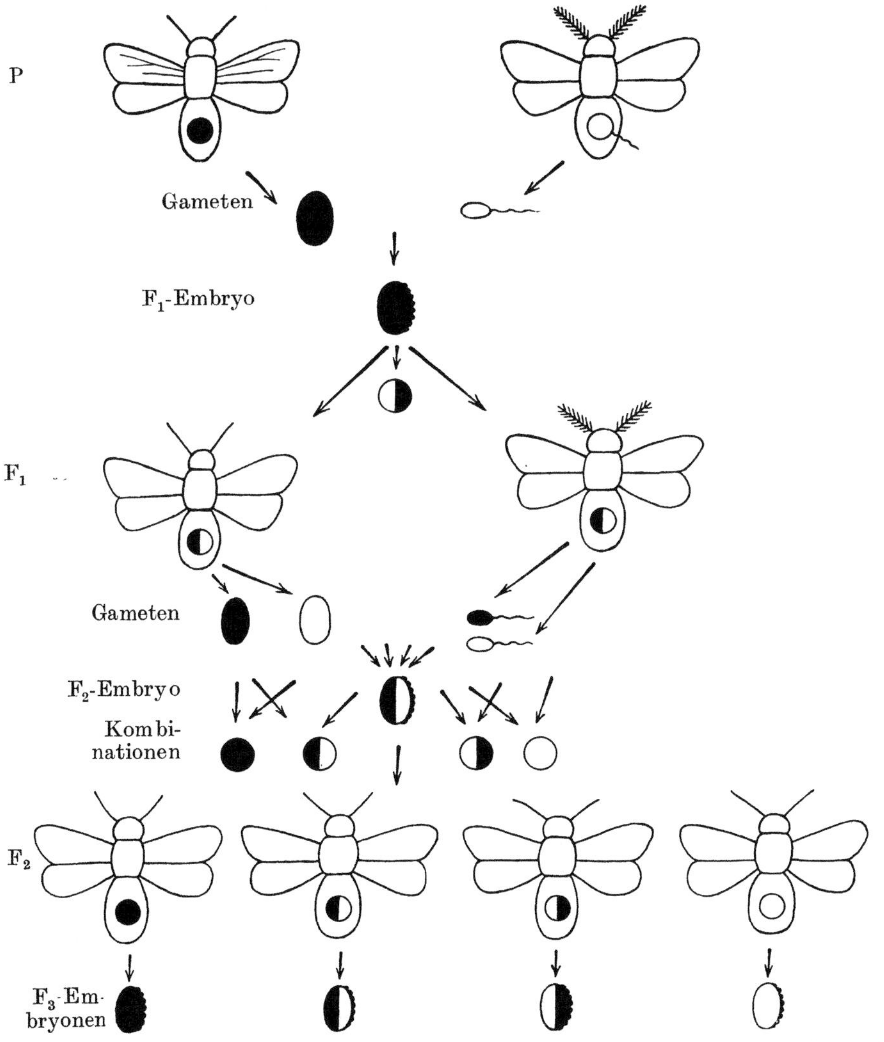


Abb. 135. Schema für die Vererbung des Serosapigmentes bei *Bombyx mori* L. — Aus Goldschmidt (1928).

der Winterruhe zusammenhängenden Entwicklungsvorgänge schon in der unreifen und unbefruchteten Eizelle endgültig festgelegt sind. Die Erbmasse des Spermas kann daher diese Entwicklungsphasen nicht mehr beeinflussen, wohl ist sie mitbestimmend für die Beschaffenheit der in den Raupen und Schmetterlingen der neuen Generation sich heranbildenden Eizellen. Letztere entwickeln sich entsprechend den vorhandenen Erbanlagen und werden in den betreffenden Eigenschaften durch den hinzukommenden Spermakern nicht beeinflußt. Innerhalb der heranwachsenden $F_2$-Generation sind aber entsprechend einer einfachen

Mendelspaltung die Erbanlagen für das Schicksal der Eier verschieden, was sich aber erst bei der Entwicklung dieser Eier zur $F_3$-Generation zeigt. Die beigefügte Abb. 135 erklärt diese Verhältnisse für die Ausbildung des Serosapigmentes.

Die Seidenraupe ist ein häufiges Objekt für Vererbungsversuche. Die besonders von Toyama[1] durchgeführten Kreuzungen sind z. T. geradezu Musterbeispiele für die Mendelschen Regeln. Den typischen Fall eines dihybriden Erbgangs findet man bei Toyamas Kreuzungen zwischen folgenden zwei Rassen: In der einen Rasse (*I*) waren die Raupen ungezeichnet und bauten gelbe Kokons, in der anderen (*II*) verfertigten die gestreiften Raupen weiße Kokons. Entsprechend den dominanten Eigenschaften waren die Raupen der $F_1$-Generation gestreift und lieferten gelbe Kokonseide. Durch Begattung der $F_1$-Tiere unter sich erhielt man in der $F_2$-Generation folgende Phänotypen (in nicht mißzuverstehender abgekürzter Bezeichnungsweise): 1. weiß und nicht gestreift, 2. weiß und gestreift, 3. gelb und nicht gestreift und 4. gelb und gestreift. Die Anzahl waren — in der gleichen Reihenfolge — 691, 2147, 2099 und 6385, was mit einem Zahlenverhältnis von 1 : 3,1 : 3,03 : 9,2 dem theoretischen (1 : 3 : 3 : 9) äußerst nahe kommt. Die bei derartigen Kreuzungen auftretenden Neukombinationen sind selbstverständlich für die Zucht von wichtigster Bedeutung (Quajat[2]).

Die Erbanalyse der Kokonfarbe wie auch anderer Eigenschaften ist jedoch nicht immer so einfach wie bei dem angeführten Beispiel (Toyama[3], Kellogg[4] Ogura[5]). In den meisten Fällen ist die gelbe Kokonfarbe über grüner und weißer, die grüne ihrerseits über weißer dominant. Das ist z. B. der Fall bei Kreuzungen zwischen „gelben" europäischen und „weißen" chinesischen oder japanischen Rassen. Umgekehrt ist jedoch die weiße Kokonfarbe europäischer Rassen dominant gegenüber der gelben japanischer Rassen. Auch ist nach Kellogg das Weiß der Bagdader Rasse in vielen Fällen dominant. Überhaupt erhält man bei manchen Kreuzungen oft auf den ersten Blick sehr überraschende Resultate. Während Kreuzungen zwischen zwei „weißen" Seidenspinnerrassen meist weiße Kokons in der Nachkommenschaft ergeben, resultieren manchmal auch solche mit gelben Kokons. Die Bastardierung von Bagdader weißen mit japanischer grünen Rasse lieferte in der $F_1$-Generation gelbe Kokons (Kellogg). Auch ist nicht selten die $F_1$-Generation uneinheitlich, so daß man die Ausgangstiere nicht als homozygot ansehen kann. Die Mannigfaltigkeit der genannten Erscheinungen ist vielfach so zu erklären, daß für das Zustandekommen einer Kokonfarbe oft das Zusammenwirken von mehreren Erbfaktoren notwendig ist. Nach Toyama gibt es weiße Rassen mit einem dominanten Faktor für weiße Kokonfarbe (*W*), andere mit einem rezessiven Faktor (*w*) für die nämliche Eigenschaft. Nach Kreuzungen zwischen beiden kann das Weiß bedingt sein durch *WW*, *Ww* oder *ww*, wodurch eine ziemliche Mannigfaltigkeit der Erscheinung bei Kreuzungsversuchen erklärbar ist.

---

[1] Toyama, K.: Studies on the Hybridology of Insects I. Bull. Coll. Agric. Tokyo Univers. Bd. 7, 1906. — Mendels laws of heredity as applied to the Silkworm crosses. Biol. Zbl. Bd. 26, 1906.

[2] Quajat, E.: Sulla riproduzione degli incroci e su alcuni caratteri eriditari che presenta la Sericaria Mori in relazione alla legge di Mendel. In: Annuar. Staz. bacol. sper. Padova Bd. 38, 1911.

[3] Toyama, K.: On the varying dominance of certain white breed of the silk-worm, Bombyx mori. Z. indukt. Abstammungs- und Vererbungslehre Bd. 7, 1912. — On certain characteristics of the Silkworm which are apparently non Mendelian. Biol. Zbl. Bd. 32, 1912. — Maternal inheritance and Mendelisme. Journ. Genet. 1913.

[4] Kellogg, V. L.: Inheritance in Silkworms In: Leland Stanford junior univers. Publications. University, Ser. Nr. 1, 1908.

[5] Ogura, S.: Erblichkeitsstudium am Seidenspinner Bombyx mori. In: Z. indukt. Abst.- u. Vererbungslehre. Bd. 58, 1931.

Blaßrote Kokons entstehen nach Ogura[1] durch das Zusammentreffen der dominanten Erbfaktoren $P_k$ (blaßrot) und $F$ (fleischfarben), aber nur dann, wenn die Hämolymphe der Raupen gelb ist. $F$ allein ergibt fleischfarbene Kokons, $P_k$ allein ist unwirksam. Der Faktor $F$ ist mit bestimmten Häutungsfaktoren (für die Zahl der Häutungen) gekoppelt; zwischen ihnen besteht ein 11,2proz. Faktorenaustausch. Wie auch in diesem Fall wurde beim Seidenspinner ein Faktorenaustausch bisher bloß an männlichen Tieren beobachtet. Nach Pigorini[2], Tirelli[3] sind manche Eigenschaften intermediär. Sie kreuzten bivoltine mit annualen Rassen und stellten u. a. als intermediäre Merkmale heraus: Größe und Form der Kokons, deren Gewicht, den Prozentsatz an Fibroin und Länge des abhaspelbaren Seidenfadens. Die neue Eigenschaft lag nicht immer genau in der Mittellinie zwischen den Eigenschaften der Elterngeneration, sondern war für das Gewicht der Seidenhülle matroklin, für die Festigkeit des Fadens patroklin. Allerdings zeigten sich in dieser Hinsicht geringe Verschiedenheiten, je nachdem das weibliche Tier oder das männliche der bivoltinen Rasse zugehörte.

Die Vererbung des Geschlechtes erfolgt beim Seidenspinner nach dem für die Schmetterlinge typischen „Abraxas-Typ". Das Weibchen ist also heterozygot, d. h. es besitzt ein Chromosom weniger (54 + x) als das Männchen (54 + 2 x). Die Existenz eines $y$-Chromosoms beim weiblichen Seidenspinner ist nach Kawaguchi[4] wahrscheinlich.

Mit der Vereinigung von Ei- und Samenzelle ist demnach das Geschlecht des werdenden Lebewesens völlig bestimmt (syngame Geschlechtsbestimmung). Bei den Insekten ist durch den Chromosomenbestand nicht bloß das Schicksal der das Geschlecht letzten Endes kennzeichnenden Keimdrüse festgelegt, sondern auch die Ausbildung der sekundären Geschlechtsmerkmale, die sonst bei vielen Tieren stark von der Entwicklung des Gonaden abhängig sind. Bei den Insekten bilden sich aber die sekundären Geschlechtsmerkmale in völliger Unabhängigkeit von den Keimdrüsen aus, wie das durch Kastration auch für den Seidenspinner durch Kellogg[5] festgestellt wurde. Ganz offensichtlich ist bei diesen Tieren die geschlechtliche Differenzierung des Somas allein abhängig von dem Chromosomenbestand der Zellen.

## Gynandromorphinismus und Intersexualität.

Neben Schmetterlingen, die ihren Gonaden und ihren sekundären Geschlechtsmerkmalen nach typisch männlich oder weiblich sind, gibt es als Ausnahmen auch beim Seidenspinner solche, die irgendwie zwischen den beiden Geschlechtern stehen. Eine solche Zwitterstellung kann in zweierlei Weise in Erscheinung treten; einmal (Gynandromorphismus) so, daß eine Hälfte des Schmetterlings rein weiblich, die andere rein männlich ausgebildet ist; oder aber derart (Intersexe), daß die gesamte Ausbildung des Tieres zwischen den Geschlechtern steht, entweder genau auf der Mittellinie oder mehr zur männlichen oder weiblichen Seite hin verschoben.

Der Gynandromorphismus beim Seidenspinner ist von Goldschmidt und

[1] Zitiert S. 128.

[2] Pigorini, L.: Saggi di incroci di filugello a femina bivoltina usw. Annuar. Staz. bacol. sper. Padova Bd. 44, 1924.

[3] Tirelli, M.: La viscosità nella uova degli insetti del Bombyx mori L. Annuar. Tecnica Agraria Bd. 1, 1929.

[4] Zitiert S. 116.

[5] Kellogg, V. L.: Influence of the primary reproduction organs on the secundary sexual characters. In: Journ. exper. Zool. Bd. 1 (1904).

Katsuki[1] genauer untersucht und analysiert worden. Die Gynander gleichen einem Mosaiktier, das allerdings bei den häufigsten Formen (rechte und linke Seite verschieden) nur aus zwei Teilen zusammengefügt ist. Es kommen aber auch feinere Mosaikbildungen vor, bei denen etwa eine Art Vierteilung der Tiere zu beobachten ist, z. B.: vorne rechts männlich, vorne links weiblich, hinten rechts weiblich, hinten links männlich. Es ließ sich zeigen, daß die Mosaikbildung streng mit dem Geschlechtschromosomenmechanismus übereinstimmt; in den weiblichen Bestandteilen besaßen alle Zellen ein x-Chromosom, in den männlichen Teilen jedoch deren zwei.

Das Auftreten der Intersexe bei Schmetterlingen ist nach Goldschmidt[2] durch quantitative Eigenschaften der geschlechtsbestimmenden Faktoren zu erklären. Bei Zuchten innerhalb einer Rasse fehlen Intersexe, wohl aber kommen sie bei Kreuzungen zwischen Rassen, sogar zwischen Lokalrassen vor. Goldschmidt schreibt den Genen bestimmt dosierte Kräfte, ,,Valenzen'', zu, wie er es genauer an seinen grundlegenden Versuchen mit dem Schwammspinner *Lymandria dispar* L. ausführt. Die geschlechtsbestimmende und zum männlichen Typ hinführende Valenz eines x-Chromosoms sei $M$, dann ist in jeder Zelle eines männlichen Schmetterlings mit 2 x-Chromosomen die Valenz $2\,M$. In jeder Zelle — ob weiblich oder männlich — muß aber noch eine Valenz $F$ angenommen werden, unter deren alleinigem oder überwiegendem Einfluß die Zellen und dadurch das ganze Tier weiblich bestimmt werden. Die Valenz $F$ sei in einem Gen außerhalb der x-Chromosome niedergelegt. Innerhalb einer Rasse sind nun die Valenzen so abgestimmt, daß $2\,M > F$ (männliches Tier), aber $M < F$ (weibliches Tier) ist. Dabei muß die Differenz $2\,M - F$ oder $F - M$ eine bestimmte minimale Größe, das ,,epistatische Minimum'' haben, unterhalb der das Geschlecht nicht mehr eindeutig in Erscheinung treten kann, es vielmehr zur Ausbildung von Intersexen kommt. Die Valenzen $M$ und $F$ haben zwar innerhalb einer Rasse immer annähernd konstante Werte, sie sind aber entsprechend der Goldschmidtschen Theorie der absoluten Stärke nach von Rasse zu Rasse verschieden. Bezeichnen wir nun die Valenzen einer ,,starken'' Rasse mit $\overline{M}$ und $\overline{F}$ (im Gegensatz zu $M$ und $F$ einer schwachen Rasse), so können nach Kreuzungen zwischen den beiden in der Nachkommenschaft verschiedene Kombinationen zwischen den Valenzen auftreten. So können $F$ und $\overline{M}$ zusammentreffen. Wenn nun nicht $\overline{M} < F$, sondern $\overline{M} = F$ ist, so würde $F - \overline{M} = 0$, wodurch eine genau mittelständige Intersexualität sich bilden müßte. Wäre sogar $\overline{M} > F$, so müßte aus dieser Kombination bei genügend großer Differenz ein männliches Tier sich entwickeln, oder bei geringerer Differenz ein Intersex, das dem männlichen Geschlecht näher steht als dem weiblichen. Durch die Annahme einer quantitativen Beziehung lassen sich auf diese Weise leicht die verschiedensten Abstufungen der Intersexualität erklären.

Aus dem Dargelegten geht hervor, daß nach erfolgter Befruchtung eine künstliche Beeinflussung des Geschlechtes nicht mehr wahrscheinlich ist. Wohl ist dieses vor der Befruchtung durch ein Überreifwerdenlassen der Eier möglich, wie es Lombardi[3] an einer bivoltinen japanischen Rasse von *Bombyx mori* L. zeigen

[1] Goldschmidt, R. und K. Katsuki: Erblicher Gynandromorphismus und somatische Mosaikbildung bei Bombyx mori L. Biol. Zbl. Bd. 47, 1927. — 2. Mitteilung über erblichen Gynandromorphismus und somatische Mosaikbildung bei Bombyx mori L. Biol. Zbl. Bd. 48, 1928. — Katsuki, K.: Untersuchungen über erheblichen Gynandromorphismus usw. Zool. Jb. Abt. Allg. Zool. u. Physiol. Bd. 44, 1927. — Weitere Versuche . . . usw. Biol. Zbl. Bd. 48, 1928.

[2] Goldschmidt, R.: Die sexuellen Zwischenstufen. Berlin: Julius Springer 1931.

[3] Lombardi, L.: Sulla determinazione del sesso nel Bombyx mori. Boll. Staz. sperm. Gels. e Bach. Ascoli Piceno Jg. 2, 1923.

könnte, indem er die Falter erst mehrere Tage nach dem Schlüpfen zur Kopula zuließ. Es ergaben sich in seinen Versuchen folgende Verhältnisse:

Eine Verschiebung zugunsten des männlichen Geschlechts ist augenscheinlich. Die Erklärung liegt in Beobachtungen, die von Seiler[1] an anderen Schmetterlingen gewonnen wurden. Danach besteht bei Überaltern der Eier offensichtlich die Tendenz, das x-Chromosom im Ei zurückzuhalten, wodurch nach der Befruchtung ein Übergewicht von Tieren mit 2x-Chromosomen, also Männchen, entsteht.

| | Männchen | Weibchen |
|---|---|---|
| Kontrolltiere. . . . . . . . | 49 | 51 |
| Begattung nach 1 Tag . . . | 50 | 50 |
| „ „ 2 Tagen. . . | 57 | 43 |
| „ „ 4 „ . . . | 61 | 39 |
| „ „ 5 „ . . . | 65 | 35 |

Regeneration.

Das Regenerationsvermögen der Seidenraupe, das von Kellogg[2] untersucht wurde, ist nicht sonderlich groß. Das dorsale Horn wird gar nicht regeneriert, wohl aber werden es Extremitäten, wenn auch erst nach zwei Häutungen. Jedoch auch dann erfolgt die Neubildung bloß, wenn die Basis der Extremität nicht völlig entfernt wurde. Eine Regeneration vom Rumpf aus ist nicht möglich. Das Regenerat ist nie vollständiger Ersatz. Bei den Thorakalbeinen wird zwar die Gliederzahl wieder hergestellt, aber die Klaue bleibt sehr klein. Regenerierte Abdominalbeine tragen an ihrer Terminalfläche statt des Hakenhalbkreises bloß wenige Chitinhaken.

## XII. Physiologie des Stoffwechsels.

### Ernährung.

Eine der Grundlagen für die Stoffwechselvorgänge ist die Ernährung. Bekanntlich nimmt der Seidenspinner bloß als Raupe Nahrung zu sich. Die während dieser Zeit gespeicherten Reservestoffe müssen nicht bloß für die Metamorphose ausreichen, sondern auch für das Leben des Schmetterlings, und haben außerdem noch die Aufgabe, den Eizellen die für die Embryonalentwicklung notwendigen Nährstoffe in Form von Dotter mitzugeben.

Zu ernährungsphysiologischen Versuchen ist die Raupe von *Bombyx mori* L. besonders wegen der Einseitigkeit ihrer Ernährung geeignet. Die fast ausschließliche Futterpflanze ist der Maulbeerbaum. Die Blätter sowohl des schwarzen Maulbeerbaums (*Morus nigra* L.) wie die des weißen Maulbeerbaums (*Morus alba* L.) werden von der Raupe gefressen. Letztere Art, die unter anderem an den unbehaarten Blättern kenntlich ist und von der zahlreiche Varietäten und Lokalrassen bekannt sind (Secrétain[3]), liefert die geeignetste Nahrung, durch die auch nach Quajat[4] die beste Seide erzielt wird. Fütterung selbst mit solchen Pflanzen, die dem Maulbeerbaum sehr nahe verwandt sind, wie mit *Broussonetia papyrifera* L. oder mit *Maclura aurantiaca* Nutt. geben schon weniger günstige Erfolge (Vecchi[5]). Trotz zahlreicher und immer wiederkehrender Versuche

[1] Seiler, J.: Geschlechtschromosomen-Untersuchungen an Psychiden. Z. ind. Abstammungs- und Vererbungslehre Bd. 18, 1917.

[2] Kellogg, S. L.: Regeneration in larval legs of silkworms. J. Zool. Bd. 1, 1904.

[3] Secrétain, Ch.: La culture du mûrier en France. Verlag Evrols in Alès 1927.

[4] Quajat, E.: Ricerche comparativa sull'influenza dell'alimentazione con Morus alba e Morus nigra. Annuar. Staz. bacol. sper. Padova Bd. 34, 1907.

[5] Vecchi, A.: Cinque generazioni di bachi da seta allevata con Maclura aurantiaca Nutt. Boll. Zool. 1. Bd., 1930.

(Dammer[1]) ist es auch nicht geglückt, in der Schwarzwurzel (*Scorzonera hispanica* L.) eine geeignete Ersatzfutterpflanze zu finden.

Die eigentliche Nahrung bleiben somit die Blätter der Maulbeerbäume, in denen sämtliche für das Tier notwendigen Nährstoffe enthalten sind. Die chemische Zusammensetzung der Maulbeerblätter ist nicht bloß von Rasse und Lokalvarietäten abhängig, sondern auch von jahreszeitlichen, täglichen und anderen Schwankungen. Hierüber sind zahlreiche Untersuchungen angestellt worden (z. B. Verson[2], Pigorini[3], Hiratsuka[4], Robinet[5]), die für die Praxis der Aufzucht von besonderer Wichtigkeit sind. In den Blättern sind enthalten: etwa 77% Wasser, 21% organische Bestandteile und etwas unter 2% mineralische Substanzen. Die organischen Bestandteile können aber keineswegs restlos von der Raupe verdaut werden, da in ihnen auch Zellulose, Lignin und ähnliche Stoffe enthalten sind. Nach Hiratsuka[4] befinden sich in 100 Teilen Trockensubstanz u. a. ungefähr 44 Teile Eiweiß, 3—4 Teile Ätherextrakt (hauptsächlich Fett), 20 Teile Kohlehydrate.

Die Ausnutzung der sich im Darm befindlichen Nahrung ist sehr schlecht. Das hat zur Folge, daß erstens die Raupen einen recht großen Nahrungsbedarf haben, und daß zweitens die Nahrung sehr schnell durch den Darmkanal hindurchbefördert werden muß, damit für neue Nahrung Raum geschaffen wird. Im Laufe eines Tages nimmt eine Raupe etwa soviel wie ihr Körpergewicht beträgt an Nahrung auf. Aus den bei Acqua[6] gemachten Angaben für die Aufzucht läßt sich z. B. Folgendes berechnen: Während die Larve im ersten Stadium von 0,00047 g bis 0,0066 g heranwächst, frißt sie in dieser Zeit je Tag durchschnittlich 0,0025 g Maulbeerblätter, eine Raupe des 5. Stadiums verzehrt am 6. Tage etwa $2\frac{1}{2}$ g Blätter bei einem Eigengewicht (einschließlich des gefüllten Darms!) von 3,5 g. Man muß aber bei der Aufzucht weit mehr Nahrung anbieten, als sich aus diesen Zahlen etwa errechnen ließe. Die Tiere sind nämlich nicht in der Lage, ein Blatt restlos zu verzehren; besonders die jüngsten Raupen vermögen nur ausgesucht zartes Gewebe aufzunehmen, so daß im ersten Raupenstadium sogar bloß weniger als ein Zehntel der gereichten Nahrung gefressen wird. Für die größeren und robusteren Tiere des 5. Stadiums kommt 65% der Substanz der dargebotenen Blätter als brauchbar in Frage.

Die Zeit, während der die Nahrung den Darmtraktus passieren kann, wurde von Lombardi[7] sehr elegant dadurch nachgewiesen, daß er durch Diamantfuchsin die Gefäßbündel in den verfütterten Blättern färbte und diese nachher in den Kotballen feststellen konnte. Das erste Auftreten der gefärbten Gefäßbündel geschah schon sehr bald, nach zwei Stunden oder gar noch früher. Ein großer Teil der Blätter wurde allerdings länger im Darm zurückgehalten (bis fünf Stunden), und die letzten Reste wurden spätestens nach 10 Stunden abgegeben. Die Beförderung der Nahrung durch den Darm wird durch dessen peristaltische Bewegungen ermöglicht. Ein Zentrum dieser Bewegungen ist der Dünndarm mit seinen regelmäßigen Kontraktionen.

[1] Dammer, U.: Über die Aufzucht der Raupe des Seidenspinners mit den Blättern der Schwarzwurzel. 2. Aufl. Frankfurt a. d. Oder: Trowitzsch u. Sohn 1915.

[2] Verson, E.: Foglia primaverile et autunnale. Annuar. Staz. bacol. sper. Padova Bd. 2 1874.

[3] Pigorini, L.: Prime ricerche comparative sulla composizione chimica della foglia di Gelso usw. Annuar. Staz. bacol. sper. Padova Bd. 41, 1915.

[4] Hiratsuka, E.: Researches on the nutrition of the silk-worm. Bull. Imp. Seric. Exper. Stat. Bd. 1, 1920 (zitiert aus Acqua, S. 77).

[5] Robinet, zitiert aus Ch. Secrétain, S. 131.

[6] Zitiert S. 77.

[7] Lombardi, L.: Sulla durata della permanenza della foglia ingerita nell'intestino del baco da seta. Rend. dell'Istit. Bac. di Portici, 1919.

Die Analyse der Maulbeerbaumblätter (siehe oben) ergibt, daß in ihnen die wichtigen Nährstoffe: Kohlehydrate, Fette und Eiweiß enthalten sind. Der größte Teil der Kohlehydrate besteht allerdings aus Zellulose, die von der Seidenraupe nicht aufgeschlossen und verdaut werden kann.

Nach Acqua[1] soll auch die Stärke völlig unverändert den Darmkanal passieren, da ein diese abbauendes Ferment (Diastase) dem Darm der Seidenraupe fehle. Von den Kohlehydraten kann also bloß der in den Zellen des Blattes befindliche Zucker durch die Raupe verwertet werden. Allerdings widersprechen sich noch heute die in dieser Hinsicht gemachten Angaben. So ist nach Matsumura[2] ein stärkespaltendes Sekret im Darmsaft vorhanden und gibt es sogar Unterschiede in der Aktivität des Enzyms bei männlichen und weiblichen Tieren und bei verschiedenen Rassen!

Ein die Fette spaltendes Ferment, eine Lipase, fehlt nach den Untersuchungen von Acqua[3] ebenfalls. Trotzdem enthalten die Kotballen merklich weniger Fett als die gereichten Blätter (Hiratsuka[4]). Der Widerspruch erklärt sich nach Acqua dadurch, daß in den Maulbeerbaumblättern sich Lipase befindet, die in den Darm des Spinners gelangt, dort weiterhin als fettspaltendes Enzym tätig ist und sogar dabei noch gefördert wird durch ein Koferment, welches die Zellen des Mitteldarmes abgeben. Mit Sicherheit ist jedoch ein eiweißspaltendes Ferment im Darmsaft der Raupe nachgewiesen, das bei alkalischer Reaktion (pH = 9,0—9,8 [nach von Buddenbrock[5]]) wirksam ist. Das proteolytische Ferment ist also dem Trypsin nahestehend anzusehen. Für den nicht mehr in Funktion tretenden Darm des Schmetterlings wird als Wasserstoffionenkonzentration des Darmsaftes pH = 5,2—5,8, also eine saure Reaktion angegeben.

Die Resorption der abgebauten Nahrung erfolgt hauptsächlich im Enddarm, dem keine verdauende Funktion mehr zuzuschreiben ist. Der Darmsaft aus diesem Abschnitt reagiert sauer. Nach dem Durchtritt durch die Darmwand werden die Abbauprodukte der Nahrung vom Blut durch den Körper gebracht, um an bestimmten Stellen in Kohlehydrate, Fett oder Eiweiß aufgebaut zu werden. Während die ersteren als einfache Reservestoffe anzusehen sind und die wichtigsten Materialien und die notwendige Energie für den „Betriebsstoffwechsel" abgeben, hat das Eiweiß seine besondere Bedeutung beim „Baustoffwechsel".

## Atmung.

Die für den Betriebsstoffwechsel bestimmten Materialien erfahren unter Aufnahme von Sauerstoff weitgehende chemische Veränderungen, wodurch sie die Energie zu den verschiedensten Lebensvorgängen liefern. Über Einzelheiten dieser chemischen Umsetzungen ist man zumal bei den wirbellosen Tieren noch ziemlich wenig orientiert. Einen gewissen Einblick in diese geben uns allerdings das Studium der Stoffwechselendprodukte und die Kenntnis des mit den stofflichen Umsetzungen eng verbundenen Gaswechsels. Aus der Größe des Gaswechsels läßt sich die Intensität der übrigen chemischen Vorgänge entnehmen. Auch gewisse Rückschlüsse auf die Art der Stoffwechselvorgänge sind bekanntlich möglich. Die Zufuhr des Sauerstoffs zu den Geweben besorgen die Tracheen,

---

[1] Acqua, C.: Ricerche sperimentale sui processi digestivi usw. Rend. dell'Istit. Bac. di Portici Bd. 1, 1916. — Nuove ricerche sui processi digestivi usw. Rend. dell'Istit. Bac. di Portici Bd. 2, 1916.

[2] Matsumura, S.: Biochemical and genetical studies on some enzyme actions usw. Arch. Zool. Ital. Bd. 16, 1932.

[3] Acqua, C.: Ancora sull'utilizzazione delle sortanze grasse usw. Boll. Staz. sperm. Gels. e Bach. Ascoli Piceno Bd. 1, 1920.

[4] Zitiert S. 132.

[5] Buddenbrock, W. von: Grundriß der vergl. Physiol. Berlin: Gebr. Borntraeger 1928.

während die Abgabe des Kohlendioxyds bei den Insekten zum Teil durch die Haut unter Vermittlung des Blutes erfolgt. Eine eigentliche Atemmechanik, die eine ständige Erneuerung und Zirkulation der Luft in den Tracheen erzeugen würde, gibt es bei der Seidenraupe wie bei allen anderen Raupen nicht. Durch die Bewegungen des ganzen Körpers wird ein rhythmischer Druck auf die Tracheen ausgeübt, wodurch eine Ventilation zustandekommt. Zur Zeit der Häutung hört aber eine solche völlig auf, so daß nunmehr der Gaswechsel allein durch Diffusion erfolgen muß. Krogh[1] konnte nachweisen, daß eine solche in vielen Fällen für einen ausreichenden Gaswechsel genügte.

Trotz der äußerlich scheinbar geringen Lebenstätigkeit spielen sich auch im Ei und in der Puppe wichtige Entwicklungsvorgänge ab, die von einem regen Gaswechsel begleitet sind. Da aber in diesen Stadien keinerlei Ersatz für das abgebaute und oxydierte Reservematerial durch Nahrungsaufnahme erfolgt, sind diese Stoffwechselvorgänge mit einer merklichen Gewichtsabnahme verbunden. Bei den Eiern polyvoltiner Rassen, soweit sie sich direkt entwickeln, ist diese annähernd kontinuierlich. Nach Akao[2] gelten für die bivoltine Rasse ,,Japan Nr. 107" folgende Vergleichszahlen: Gewicht am 1. Tage nach der Ablage 100 g; am 2. Tage 99,43 g; am 5. Tage 97,14 g; am 6. Tage 96,28 g; am 9. Tage 92,43 g und am 10. Tage 90,44 g. Aus der Gewichtsdifferenz zwischen zwei benachbarten Tagen ist gut zu ersehen, daß gegen Ende der Embryonalperiode der Substanzverbrauch ein erheblich größerer ist als zu Anfang. Der Gewichtsverlust während der Embryonalentwicklung der Eier annualer Rassen erstreckt sich auf einen größeren Zeitraum, ist aber im ganzen annähernd gleich groß (Quajat[3]). Auch während der Winterruheperiode sind die Stoffwechselvorgänge keineswegs völlig abgestoppt, sondern sie gehen, wenn auch äußerst verlangsamt, weiter. Der Gewichtsverlust während der Überwinterung beträgt etwa 1—1,8% und ist — wie die Untersuchungen Quajats lehren — je nach Rasse etwas verschieden. In der nachfolgenden Bebrütungszeit ist der Substanzverlust sehr viel größer, etwa 9%. Im ganzen verliert das Ei annualer Rassen etwa 13% an Gewicht (rd. 3% vor, 1% während und 9% nach der Überwinterung).

Über den Gewichtsverlust der Puppe (+ Kokon) orientieren die von Levrat[4] gemachten Angaben. Danach verlieren die Kokons mit lebendem Inhalt ungefähr 16% an Gewicht. Da die Seide des Kokons nach Kellogg und Bell[5] etwa 4% durch Verdunstung verliert, so sind 12% Gewichtsverlust auf Konto des Stoffwechsels der Puppe zu setzen. Dabei ist bemerkenswert, daß die tägliche prozentuale Abnahme von ungefähr 1% zu Anfang der Puppenzeit in den ersten fünf Tagen gleich bleibt oder sogar etwas absinkt, dann aber auf 4% am Ende derselben ansteigt.

Natürlich verlieren auch die Schmetterlinge des Seidenspinners an Gewicht, da sie ja völlig ohne Nahrung bleiben. Ein frischgeschlüpfter männlicher Falter wiegt nach Golyschew 0,361 g, nach fünf Tagen 0,3 g und am zwölften Tage bloß noch 0,238 g. Er hat also während seines Daseins ein Drittel des Gewichtes eingebüßt. Bei weiblichen Tieren ist der Gewichtsverlust selbstverständlich sehr

[1] Krogh, A.: Studien über Tracheenrespiration II. Pflügers Arch. f. Physiol. Bd. 179, 1920.

[2] Akao, A.: Recherches biochimiques sur le développement de l'eouf des vers à soie au cours de l'incubation. Keijo J. Med. Bd. 3, 1932.

[3] Quajat, E.: Sulla perdita in peso che subisce il seme nei mesi d'inverno e durante l'incubazione. Boll. mens. Bach. 3. Serie Jg. 1, 1885.

[4] Levrat, D.: Variations de poides de cocons vivants. Laborat. d'Etudes de la Soie de Lyon Bd. 16, 1919.

[5] Kellogg, V. L. und R. G. Bell: Notes on Insects Bionomic. Journ. exp. Zool. Bd. 1, 1904.

viel größer (von 0,714 g bis 0,395 g); er gibt aber kein Maß für die Stoffwechseltätigkeit, da die Abgabe der Eier bei der Gewichtsdifferenz den bei weitem größten Posten ausmacht.

Wir wenden uns nunmehr dem Gaswechsel selbst zu. In den ersten Tagen nach der Eiablage ist er durch folgende Zahlen (nach Golyschew[1]) gekennzeichnet: ein Ei verbraucht in 24 Stunden bei etwa 14° C ungefähr 0,9 mm³ Sauerstoff und gibt in der gleichen Zeit 0,7—0,9 mm³ Kohlendioxyd ab; der Respirationsquotient schwankt zwischen 0,771 und 0,934. Am ersten Bebrütungstage nach der Winterruhe ist die Intensität des Gaswechsels schon erheblich größer. Abb. 136 zeigt deren weiteren Verlauf bis gegen Ende der Embryonalzeit. Die Temperatur schwankte bei dieser von Golyschew gegebenen Versuchsreihe zwischen 18 und 19° C, erreichte also nicht die sonst bei der Bebrütung übliche Höhe. Vom zweiten bis vierten Tag wird dem Volumen nach gleichviel Kohlendioxyd oder sogar etwas mehr abgegeben, als Sauerstoff aufgenommen wurde, so daß also in dieser Zeit der Respirationsquotient = 1 oder etwas größer ist. Im übrigen hat er bei den genannten Versuchen einen Wert von 0,74 bis 0,97, was auch gut mit den theoretischen Überlegungen übereinstimmt (s. unten). Auffallenderweise gibt Ongaro[2] für *RQ* sehr viel niedrigere Werte an: 0,2 für die ersten Tage, 0,45—0,49 für die siebenten bis neunten Tage und 0,609 bis 0,63 für die letzten Tage der Embryonalentwicklung. Da die von letzterem Autor gewonnenen Ergebnisse hinsichtlich des Sauerstoffverbrauches mit denen von Golyschew gut übereinstimmen, liegt die Differenz in der Bestimmung der Kohlendioxydabgabe, bei der sich aber sehr leicht durch die Apparatur bedingte Fehler einschleichen.

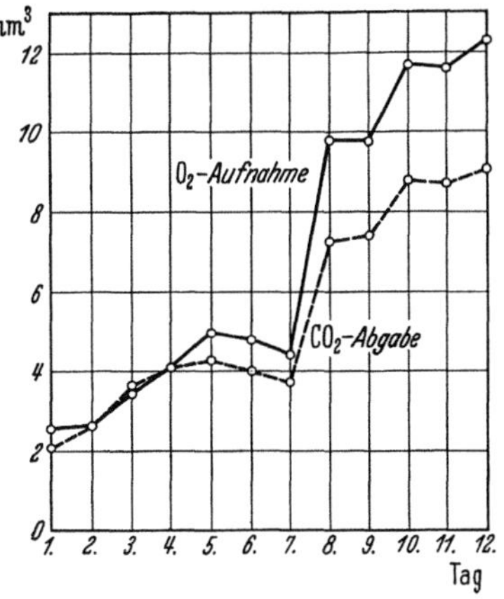


Abb. 136. Sauerstoffaufnahme ——— und Kohlendioxydabgabe – – – – der Eier des Seidenspinners nach Beendigung der Winterruhe. — Nach Golyschew (1928).

Der absolute Sauerstoffverbrauch der Raupe (Abb. 137) sinkt an vier Stellen für kurze Zeit ab, um dann bald wieder weiter anzusteigen. Diese Stellen entsprechen

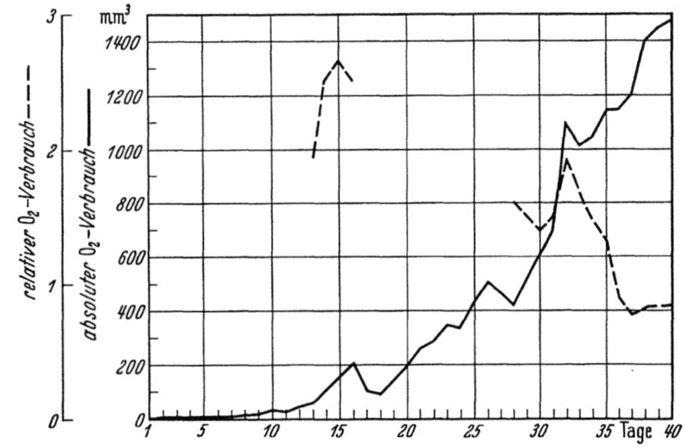


Abb. 137. Relativer – – – – in g und absoluter ——— Verbrauch von Sauerstoff in cmm während der Larvenzeit von Bombyx mori. Die ganz links angegebenen Zahlen gelten für den relativen Sauerstoffverbrauch. — Nach Golyschew aus Bock (1930).

[1] Golyschew, N. O.: Gasaustausch von Bombyx mori in allen Stadien seiner Entwicklung. Arb. Mosk. Forsch.-Stat. f. Seidenraupenzucht Bd. 3, 1928.

[2] Ongaro, D.: Osservazioni sul meccanismo respiratorio dell 'uovo del Bombyx mori. Arch. Zool. ital. Bd. 16, 1932.

dem Zeitpunkt der vier Häutungen. Bei der ersten Häutung ist das Absinken jedoch zu geringfügig, um in der Kurve (Abb. 137) zum Ausdruck zu kommen.

Die Abgabe von Kohlendioxyd steht während der ganzen Larvenzeit dauernd in annähernd gleichem Verhältnis zum Sauerstoffverbrauch, so daß der *RQ* meist zwischen 0,7 und 0,8 schwankt. Die von dem russischen Autor angegebenen Zahlen über den Sauerstoffverbrauch sind erheblich höher als die nach den Beobachtungen anderer Autoren (z. B. Verson und Quajat[1]). Doch dürfte man wohl jenen Werten, die auch den an anderen Insekten gefundenen entsprechen, den Vorzug geben, da sie mit einer modernen, einwandfreien Apparatur gewonnen und auch hinsichtlich des Sauerstoffverbrauchs durch Ongaro[2] bestätigt wurden. Gegen die Angaben Golyschews ist allerdings das Bedenken zu erheben, daß die Temperaturen vielfach geringer waren (bis 15° C) als sie sonst in den Zuchten üblich sind, so daß die Tiere nicht in völlig optimalen Bedingungen waren, wodurch sich auch die Larvenzeit um fast eine Woche verlängert hatte. Immerhin dürfte dadurch das Gesamtbild des Gaswechsels nicht erheblich von dem völlig normalen abweichen.

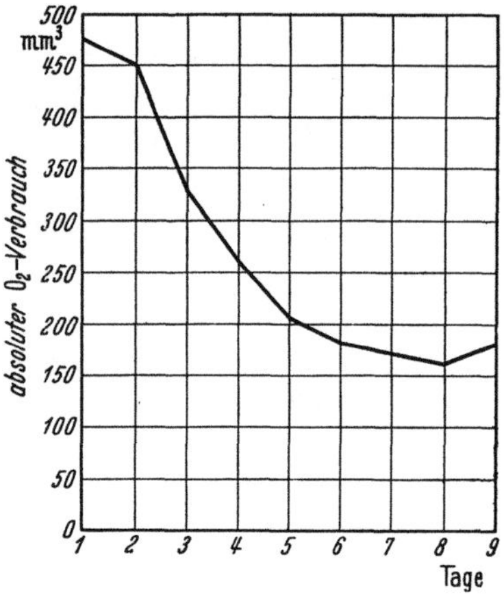


Abb. 138. Absoluter Sauerstoffverbrauch während der Puppenzeit von Bombyx mori. — Nach Golyschew aus Bock (1930).

Der beträchtliche Anstieg der Gaswechselkurve während des Raupenlebens ist kein Beweis für eine größere Stoffwechselintensität: Die Tiere nehmen erheblich an Masse zu (S. 45), wodurch ja von vornherein ein größerer Bedarf an Sauerstoff erklärt ist. Bezieht man den Gasverbrauch auf 1 kg Gewicht der Tiere, so zeigt sich, daß bei diesem relativen Sauerstoffverbrauch die kleineren Tiere sehr wesentlich höhere Zahlen haben als die älteren und größeren Tiere (Abb. 137). In dem als Maximum angegebenen Wert verbrauchen die Raupen je Kilogramm und Stunde 1867 cm³ Sauerstoff[3] im Minimum, gegen Ende des 5. Stadium bloß 549 cm³. Der letztere Wert liegt kaum über der Zahl für den relativen Sauerstoffverbrauch der Eier am Ende der Embryonalzeit, der sich aus den von Ongaro[2] gemachten Angaben auf 536 cm³ als Maximum errechnet! Die Abnahme des relativen Gaswechsels mit zunehmendem Körpergewicht steht durchaus im Einklang mit der vor allem bei Wirbeltieren gemachten Erfahrung, daß der Sauerstoffverbrauch nicht der Masse oder dem Volumen, sondern der Körperoberfläche proportional ist.

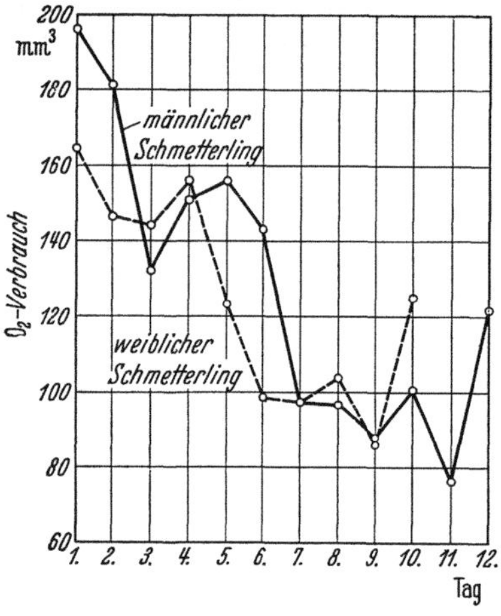


Abb. 139. Absoluter Sauerstoffverbrauch beim männlichen ——— und beim weiblichen — — — — Schmetterling von Bombyx mori. — Nach Golyschew (1928).

Die Gaswechselkurve der Puppe (Abb. 138) ist eine „Minimumkurve", wie sie

[1] Verson, E. und E. Quajat: Intorno alla respirazione delle uova usw. Annuar. Staz. bacol. sper. Padova Bd. 4, 1870. [2] Zitiert S. 135.

[3] Die Zahlenangaben für Gasvolumina sind immer auf 0° C und 760 mm Quecksilberdruck reduziert.

für die Puppenzeit der Insekten charakteristisch ist (Bock[1]). Die Intensität nimmt anfänglich stark ab, um nach einem Minimum wieder anzusteigen. Der aufsteigende Ast würde bei einer Darstellung des relativen Gaswechsels deutlicher in Erscheinung treten, da ja das Gewicht der Puppe erheblich abnimmt und sich somit die absoluten Werte zuletzt auf eine kleinere Substanzmenge beziehen. Die Form der Kurve erklärt sich leicht aus der Überlegung, daß in den ersten Tagen der Puppenzeit ein großer Teil des Raupengewebes abgebaut wird, so daß der gesamte Stoffwechsel abnehmen muß; mit dem Aufbau des Schmetterlingsgewebes erhöht sich aber wieder die Stoffwechselenergie.

Der Gaswechsel des Schmetterlings (Abb. 139) ist nur von mäßiger Intensität und nimmt als absolute Zahl bis zum Lebensende allmählich ab. Da aber auch das Gewicht sich beträchtlich vermindert, bleibt die relative Intensität (auf Körpergewicht bezogen) annähernd auf gleicher Höhe. Beim Männchen ist die Stoffwechselintensität erheblich größer als beim Weibchen, was ja durchaus mit dem verschiedenen Gebaren der beiden Geschlechter im Einklang steht. Dieser Unterschied drückt sich mehr noch als im absoluten Sauerstoffverbrauch im relativen aus, der für das Männchen durchschnittlich mit ungefähr 490 $cm^3$ (pro kg Gewicht in 1 Std.), für den weiblichen Falter mit selten mehr als 245 $cm^3$ angegeben wird.

Der Respirationsquotient bleibt auch bei der Puppe und beim Schmetterling im wesentlichen zwischen den Werten 0,7 und 0,8, so daß alle drei Reservestoffe, Fett, Eiweiß und Kohlehydrate am Stoffwechsel beteiligt zu sein scheinen.

Die Abbauprodukte des Stoffwechsels werden als Kohlendioxyd und als Wasser besonders durch die Haut und durch die Malpighischen Schläuche als Exkretstoffe nach außen abgeschieden. In diesen konnte bei jungen Raupen Kalziumoxalat nachgewiesen werden (Verson[2]), bei Raupen des 5. Stadiums außerdem Harnsäure in Form von Sphärokristallen und schließlich in der Puppe und in der Imago harnsaures Ammoniak. Im Vergleich zur Oxalsäure oder deren Salzen stellt die Harnsäure eine weit niederere Oxydationsstufe dar. Daß diese erst von der erwachsenen Raupe ab auftritt, ist wohl so zu erklären, daß infolge des größeren Volumens des Raupenkörpers die Sauerstoffzufuhr für eine weitere Oxydation nicht mehr ausreicht. Mit zunehmendem Wachstum bleibt die relative Sauerstoffzufuhr hinter der Volumenzunahme zurück (S. 136).

Aus der dem Körper zugeführten Nahrung werden außer lebender Materie und Speicherstoffen noch andere Produkte im tierischen Körper gebildet, die, ohne als Energiequellen in den eigentlichen Betriebsstoffwechsel einbezogen zu sein, nach außen abgegeben werden können. Bei der Seidenraupe gehört zu diesen Produkten u. a. die Seide, das Chitin und im weiblichen Geschlecht das Chorionin (S. 78), das die Schale der Eier bildet. Während die Seide ein komplizierter Eiweißkörper ist (S. 63), steht das Chitin den Kohlehydraten nahe. Es ist vielleicht ein Komplex von Azetylverbindungen des Glukosamins ($C_6H_{11}O_5NH_2$). Da es nur von konzentrierter Schwefel- und Salzsäure zersetzt und aufgelöst wird, bildet das Chitin einen sehr wirksamen Schutz gegen chemische Einflüsse, zugleich aber auch gegen äußeren Druck und Stoß; es verhütet ferner, daß der Körperflüssigkeit durch Verdunsten Wasser entzogen wird.

Das Chorionin, das auf den ersten Blick dem Chitin recht ähnlich zu sein scheint, ist jedoch nach den Untersuchungen von Verson[3] und Tichomirow[4]

---

[1] Bock, Fr.: Versuche über den Gaswechsel der Insekten usw. Z. angew. Entomol. Bd. 16, 1930. [2] Zitiert S. 98.

[3] Verson, E.: La composizione chimica dei gusci nelle uova del filugello. Boll. mens. Bach. Serie II Jg. 2, 1884.

[4] Tichomirow, A.: Chemische Studien über die Entwicklung der Insekteneier. Z. physiol. Chem. Bd. 9, 1885.

mehr in die Nähe der Albuminoide, etwa des Keratins, zu stellen. Besonders charakteristisch ist der hohe Gehalt an Schwefel, wie aus der nachfolgenden Tabelle ersichtlich ist. Sie gibt an, welchen prozentualen Anteil einzelne Elemente am Aufbau des Chitins und Chorionins der Seidenraupe haben.

| | Chorionin | | Chitin |
|---|---|---|---|
| | nach Verson[1] | nach Tichomiroff[2] | nach Péligot[3] |
| Kohlenstoff . | 50,9 | 47,27 | 47,38 |
| Wasserstoff . . | 7,1 | 6,71 | 7,02 |
| Stickstoff . . . | 17,2 | 16,93 | 6,15 |
| Sauerstoff . . | 19,3 | 24,72 | 39,45 |
| Schwefel . . . | 4,4 | 3,67 | — |
| Asche . . . . | 1,0 | 0,70 | — |

[1] Zitiert S. 137. [2] Zitiert S. 137.
[3] Péligot, E.: Sur la composition de la peau du vers à soie. Paris 1858.

Die Aufgaben des Chorionins sind im Prinzip die gleichen wie die des Chitins. Auch es bildet einen sehr wirksamen Schutz gegen äußere Einflüsse. Im Gegensatz zum Chitin wird es jedoch von Natron- und Kalilauge langsam angegriffen, im übrigen aber bildet es eine Hülle, die für längere Zeit undurchlässig für die verschiedensten Chemikalien ist (Carretta[1], Quajat[2]). Nur wenige, wie Terpentin- und Sublimatlösung, wirken schon nach kurzer Zeit auf das Ei ein. In 96% Alkohol dagegen können die Eier bis zu 36 Stunden, ohne Schaden zu nehmen, verweilen. Ein längeres Eintauchen in Wasser ist in den ersten Entwicklungsstadien — besonders vor dem Dunkelwerden der Serosa — schädlich. Kurze Zeit vor der Winterruhe ist jedoch ein Verbleib von zwölf, sechzehn und sogar mehr Tagen in Wasser ohne sichtlichen Nachteil.

Auf den Ablauf der Stoffwechselvorgänge haben die Außeneinflüsse eine große Wirkung. Für die Geschwindigkeit der Reaktionen ist besonders die Temperatur meist von entscheidender Bedeutung. Sie braucht es allerdings nicht in jedem Fall zu sein, wie z. B. die Tatsache beweist, daß die Eier annualer Rassen auch bei hoher Temperatur zwangsläufig eine Verlangsamung ihrer Entwicklung eintreten lassen bis zu einem Grade, der sonst bloß einer ganz erheblich erniedrigten Temperatur entspricht. Im übrigen wird aber innerhalb gewisser Grenzen durch Temperaturerhöhung die Schnelligkeit der Lebensvorgänge gesteigert und umgekehrt vermindert. Solches zeigt sich in einzelnen Lebensäußerungen, wie in der Häufigkeit der Pulsation des Herzens (Yagui[3]) oder auch in dem Gesamtablauf der Prozesse, von denen die Lebensdauer abhängt.

Die wechselnde Lebens- und Entwicklungsdauer von Puppe und Schmetterling bei verschiedener Temperatur wird von den Züchtern ausgenutzt, um das Ausschlüpfen von Schmetterlingen zu verzögern und um begattungsfähige Männchen für eine spätere Kopulation aufzuheben. Allerdings dürfen für den Seidenspinner die Temperaturschwankungen nicht allzu erheblich sein, wenn nicht Schädigungen eintreten sollen (Quajat[4]). Überhaupt verläuft die ganze Entwicklung des Seidenspinners normal nur innerhalb recht enggespannter Temperaturgrenzen; erhebliche und längere Abweichungen sind von recht ungünstigem Einfluß, wobei die Puppen noch relativ unempfindlich sind. Nach Stelniceanu[5]

[1] Carretta, A.: Intorno alla tolleranza che il seme bachi manifesta per immersioni prolungate nell'acqua commune. Boll. mens. di Bach. Serie III Jg. 4 (1869).
[2] Quajat, E.: Impermeabilità delle uova del filugello per l'alcool. Annuar. Staz. bacol. sper. Padova Bd. 30 (1903). — Influenza della trementina sulla vitalità del seme. Annuar. Staz. bacol. sper. Padova Bd. 30 (1903).
[3] Yagui, N.: Sur la coefficient de température de la pulsation du ver à soie. Arch. zool. ital. Bd. 16 (1932).
[4] Quajat, E.: Della posibilità o meno di prolungare la vita delle crisalide nel baco da seta. Annuar. Staz. bacol. sper. Padova Bd. 28 (1900).
[5] Stelniceanu, E.: Effetti delle basse temperature sui bozzoli vivi. Annuar. Staz. bacol. sper. Padova Bd. 46 (1931).

können Wärmegrade von 11—13° C für 16—18 Tage von den Puppen ohne Schaden ertragen werden. Solche von 1—3° dürfen zwar auf europäische Rassen immerhin noch 10 bis 13 Tage einwirken, auf gelbe chinesische unbeschadet jedoch bloß für die Dauer von 4 Tagen, so daß in dieser Hinsicht sich deutliche Unterschiede zwischen den Rassen zeigen.

Der Gesamtablauf der Lebensvorgänge ist erklärlicherweise durch die Nahrung stark beeinflußbar, besonders da die Seidenraupe hinsichtlich des Futters so stark spezialisiert ist. Bei ausschließlicher Fütterung mit Lattich verdoppelt sich nach Kellogg und Bell[1] die Raupenzeit. Die Tiere werden dünnhäutig und liefern, obwohl sie übernormales Gewicht erreichen, bis um drei Fünftel seidenärmere Kokons. Nach quantitativ ungenügender Fütterung bleiben die Raupen leichter und verspinnen sich später, welcher Einfluß sich nach den genannten Autoren noch nach zwei weiteren, mit reichlichem Futter versorgten Generationen zeigt. Werden auch die nachfolgenden Generationen unzulänglich gefüttert, so steigern sich die beiden Abweichungen. Erfolgt jedoch ein Nahrungsentzug bloß in den letzten vier Tagen des Raupendaseins, so ist das ohne jeden schädigenden Einfluß; setzt die Fastenzeit um weitere 2—3 Tage früher ein, so verkürzt die Raupe das 5. Stadium, indem sie sich zwei Tage früher einspinnt, was nach Kellogg und Bell keine nachteiligen Folgen haben soll.

Die Verabfolgung von Giften, wie Kaliumjodid und Physostigmin (einem Alkaloid aus dem Samen von *Physostigma venenosum* Baef) haben schwere Schädigungen des Stoffwechsels zur Folge, die sich in abnormen Bildungen und funktionellen Störungen äußern (Acqua[2]). Die Stoffwechselvorgänge sind ferner durch innere Sekrete der Wirbeltiere zu beeinflussen (Terao und Wakamori[3]). Um eine Einwirkung zu erzielen, müssen allerdings die Raupen während ihres ganzen Lebens fortwährend mit den betreffenden Präparaten, die den Maulbeerblättern beigegeben werden, gefüttert werden. Terao und Wakamori arbeiteten mit Schilddrüsen- und Hypophysenpräparaten, wodurch (bei einer bivoltinen japanischen Rasse) besonders durch erstere eine Verlangsamung des Entwicklungstempos, aber eine Vergrößerung der Zahl der abgelegten Eier erzielt wurde.

Mezzadroli und Vareton[4] versuchten die Entwicklung der Seidenraupe dadurch zu beeinflussen, daß die Tiere der Einwirkung von Oszillationen in einem offenen Kupfer- oder Zinkrahmen ausgesetzt wurden, die ihrerseits durch die ultrakurzen Wellen eines Radiooszillators erzeugt wurden. Es wurde dadurch nicht bloß die Geschwindigkeit der Entwicklung erhöht, sondern auch das Gewicht der Raupen und des Kokons.

## XIII. Reizphysiologie.

Über die Leistungen der Sinnesorgane des Seidenspinners liegen nur wenige physiologische Versuche vor (Kellogg[5] und Acqua[6]). Nach Acqua findet die

---

[1] Kellogg, V. L. und R. G. Bell: Variations induced in larval, pupal and imaginal stages of Bombyx mori by controlled varying food supply. Science (N. S.) Bd. 18, 1904. — Notes on Insects Bionomic. J. exp. Zool. Bd. 1, 1904.

[2] Acqua, C.: Osservazioni ed esperienze sul filugello. Mem. pres. Acad. Lincei, 1914.

[3] Terao, A. und N. Wakamori: Influence of the feeding of the thyroid gland and the anterior lobe of hypophysis usw. Proc. imp. Acad. Tokyo Bd. 7, 1931.

[4] Mezzadroli, G. und E. Vareton: Azione esercitata... da circuito aperto oscillante di rame e di zinco usw. Atti Accad. naz. Lincei VI. Serie Bd. 14, 1931. — Confronto fra l'azione esercitata usw. Atti Accad. naz. Lincei VI. Serie Bd. 14, 1931.

[5] Kellogg, V. L.: Some silkworm moth reflexes. Biol. Bull. Bd. 12, 1907.

[6] Acqua, C.: La fototassi del filugello. Rendic. Istit. Bacol. Scuola Agric. Portici Bd. 1, 1916. — La selezione fototassica delle larve del filugello. Rendic. Istit. Bac. Scuola Agric. Portici Bd. 2, 1917.

Raupe die Nahrung durch den Geruchssinn. Erwachsene Raupen wittern frische Maulbeerblätter auf 10 cm Entfernung. Sie bekunden das dadurch, daß sie den Brustabschnitt mit dem Kopf heben und ihn hin und her bewegen. Eine gewisse Orientierung über die Richtung der Geruchsquelle kommt vielleicht durch die hin und her pendelnden Bewegungen des Kopfes zustande, durch die das Geruchsorgan der Reizquelle abwechselnd genähert und von ihr wieder entfernt wird. Die Sinnestätigkeit der Raupen wird durch mehrstündiges Fasten beträchtlich gesteigert. Sie wittern dann frische Blätter auf 20 cm Entfernung. Durch grüngefärbte Atrappen konnte Acqua zeigen, daß optische Reize für das Auffinden der Nahrung nicht in Frage kommen. Ob allerdings bloß Geruchsempfindungen im engeren Sinne verantwortlich zu machen sind, wie Acqua es tut, ist nicht völlig erwiesen. Es erscheint keineswegs ausgeschlossen, daß die Tiere ein Empfinden für die Luftfeuchtigkeit haben und die von den frischen Blättern ausgehende Feuchtigkeit wahrnehmen. Dafür scheint auch eine Beobachtung Acquas zu sprechen, daß nämlich Raupen, die mit im Wasser stehenden Maulbeerzweigen gefüttert werden, an den Ästen so weit hinabkriechen, bis sie mit dem Kopf das Wasser berühren.

Die Punktaugen der Raupe befähigen diese, sich in bestimmter Weise zum Licht zu verhalten, trotzdem ein bildmäßiges Sehen durch sie nicht vermittelt wird. Die jungen Raupen des ersten Stadiums bewegen sich nach Acqua zum Lichte hin, welche Eigenschaft jedoch kurz vor der ersten Häutung sehr an Deutlichkeit nachläßt und nach ihr in das Gegenteil umschlägt: die Raupen sind von nun ab negativ phototaktisch. Für wild lebende Raupen ist dieser Wechsel insofern bedeutungsvoll, als zunächst infolge der positiven Phototaxis die jungen Larven aus den Verstecken herauskriechen, in die die Eier abgelegt waren. Infolge der Umkehr der Phototaxis werden sie dann später in die inneren Bezirke eines Futterbaumes hineinkriechen, in denen sie besser geschützt sind.

Für das Triebleben des Seidenfalters sind die Geruchsempfindungen zumindest für das Männchen von allergrößter Bedeutung. Auf Lichtreize reagieren sie nach Kellogg nicht. Das noch nicht begattete Weibchen stülpt, wie erwähnt, ein paariges Duftorgan hervor (Abb. 69), dessen Duft die männlichen Schmetterlinge zur Kopula veranlaßt. Haben sich die beiden Geschlechter gefunden, so zieht das Weibchen das Duftorgan ein, und das Männchen orientiert sich zur Kopula durch Tastsinn. Daß tatsächlich der Geruchssinn mit seinem Sitz in den Fühlern für das Auffinden des weiblichen Falters allein verantwortlich ist, machen die Versuche Kelloggs wahrscheinlich. Männliche Tiere mit verdunkelten Augen, die aber im Besitz der Fühler waren, finden in normaler Zeit ein begattungsfähiges Weibchen, fühlerlose Männchen tun es bloß ganz zufällig. Fehlt dem männlichen Falter der linke Fühler, so bewegt er sich in rechtsgewundenen Spiralen zum Weibchen, in linksgewundenen nach Verlust des rechten Fühlers. Isolierte Duftorgane locken die Männchen an, die auch zu kopulieren versuchen. Weibliche Tiere ohne Duftorgane bleiben selbst von in unmittelbarer Nähe befindlichen Männchen völlig unbeachtet.

Über die Leistungstüchtigkeit des Fazettenauges der Seidenspinner sind meines Wissens keine speziellen Beobachtungen gemacht worden. Nach dem auf S. 107 u. f. geschilderten Bau des Auges handelt es sich um ein Superpositionsauge, wie es für die Dämmerungstiere charakteristisch ist. In diesem sind die Rhabdome weit von den Kristallkegeln entfernt und tief ins Innere des Auges verlagert. Bei geeigneter Stellung des Pigments (Konzentration nach vorne) wird erreicht, daß die auf verschiedene Kristallkegel auftreffenden, aber von einem Lichtpunkt ausgehenden Lichtstrahlen sich in einem Rhabdom treffen. Bei größerer Helligkeit wandert jedoch das Pigment der Nebenpigmentzellen so weit ins Innere hinein, daß die Einzelaugen optisch völlig voneinander isoliert sind und immer nur derjenige Lichtstrahl zum Rhabdom geleitet wird, der senkrecht auf die Cornea des betreffenden Augenteiles auftrifft. Die übrigen werden durch die Pigmentisolation zurückgehalten. Im ersteren Fall wird ein viel lichtstärkeres Bild erzeugt als im letzteren, der der Wirkungsweise eines Appositionsauges der Tagfalter gleichkommt.

# XIV. Krankheiten.

Durch die Zucht der Seidenraupe in geschlossenen Räumen ist die Gefahr von Infektionen mit Tachinen (Schmarotzerfliegen) oder Ichneumoniden (Schlupfwespen) gering. Bei sorgfältiger und richtiger Pflege dürfte sich auch wohl fast immer ein Befall mit Milben vermeiden lassen, die sonst gelegentlich auch in anderen Insektenzuchten auftreten können. Amari[1] beschrieb ein solches Auftreten von Milbenarten besonders in Frühjahrszuchten. Die Infektion brachte empfindliche Schäden: auf den Raupen zeigten sich zahlreiche schwarze Flecke; die Abdominalfüße wurden gelähmt und starben schließlich ganz ab.

Als nachteilige Folge der jahrtausendelangen Zucht und der Lebensweise in geschlossenen Räumen ist eine gewisse Degeneration der Seidenraupe und besondere Anfälligkeit gegen meist parasitäre Krankheiten anzusehen. Solche sind Fleckkrankheit (Pebrine), Kalksucht, Fettsucht (Polyederkrankheit), Schlaff- oder Schlafsucht und mehrere Krankheiten, die in der äußeren Erscheinung der Schlaffsucht ähneln, aber andere und sehr verschiedene Ursachen haben. Die Kenntnisse über diese Krankheiten sind noch in neuerer Zeit besonders durch Acqua und Paillot wesentlich bereichert worden, die beide eine ausführliche, zusammenfassende Darstellung über dieses Gebiet gegeben haben[2].

Die Pebrinekrankheit, auf deren Bedeutung für die geschichtliche Entwicklung des europäischen Seidenbaues schon hingewiesen wurde, trat nach de Quartrefages[3] zuerst (noch vor 1845) im Departement Vaucluse und dann in der Umgebung von Avignon auf. Die kranken Raupen verlieren Freßlust und Lebhaftigkeit. Die Haut nimmt ein etwas durchscheinendes Aussehen an, etwa so wie bei einer Häutung; in einem fortgeschritteneren Stadium bekommt die Haut ein schmutzigrotes Aussehen. Meist treten besonders in der Nähe des Kopfes kleine schwarze Flecken auf. Obwohl diese als besonders charakteristisch für die Krankheit angesehen werden, können sie gelegentlich auch fehlen oder in sehr geringer Zahl vorhanden sein. Hervorgerufen wird die Krankheit durch *Nosema bombycis* Naegeli, einem einzelligen Parasiten aus der Ordnung der *Microsporidia.* Die Übertragung von Tier zu Tier erfolgt durch eigentümlich gebaute, 3—4 $\mu$ große Sporen, die bei der Nahrungsaufnahme in den Darm gelangen. Diese ovalen Gebilde (Abb. 140 *M*) enthalten in ihrer Mitte einen Amöboidkeim, der in der Form eines Siegelringes der Sporenwandung anliegt. An den Polen befindet sich je eine Vakuole, deren hintere einen in zahlreichen Spiralwindungen liegenden Faden enthält. Im Darm der Seidenraupe stülpt sich dieser Spiralfaden nach außen um (Abb. 140 *N*), und aus den Sporen wird je ein Amöboidkeim mit zwei später sich vereinigenden Kernen entlassen. Dieser wandert zwischen den Zellen der Darmwand hindurch in die Leibeshöhle ein (Stempell[4]) und dringt von dort in die Zellen der Seidenraupe ein (Abb. 140). In diesen vermehrt sich der Parasit

[1] Amari, S.: Studies on a pediculoid mite, which infects the Silkworm. Sangyô Shikenjo Hôkoku Bd. 5, 1921.

[2] Acqua, C.: Il bombice del gelso. Ascoli Piceno: G. Cesari 1930. — Paillot, A.: Traité des Maladies du ver à soie. Paris: G. Doin 1930.

[3] de Quartrefages: Etudes sur les maladies du ver à soie. Paris 1859.

[4] Stempell, W.: Über Nosema bombycis Naegeli. Arch. Protistenkde. Bd. 16, 1909.

sehr stark und füllt allmählich die ganze Zelle an. Da die Nosemen offenbar bei ihrer Vermehrung keine Toxine abgeben, bleibt der Kern der Wirtszelle noch völlig erhalten. Die Schädigung besteht bloß darin, daß durch die sich immer weiter vermehrenden Parasiten das Zellplasma schließlich völlig verdrängt wird. Danach bilden die Nosemen Sporen von der oben beschriebenen Form. Diese können sich erst dann weiter entwickeln, wenn sie in den Darm einer anderen Seidenraupe gelangen, womit die skizzierten Vorgänge wieder von neuem beginnen. Von der Infektion mit diesen Parasiten wird keine Gewebeart verschont, wenn-

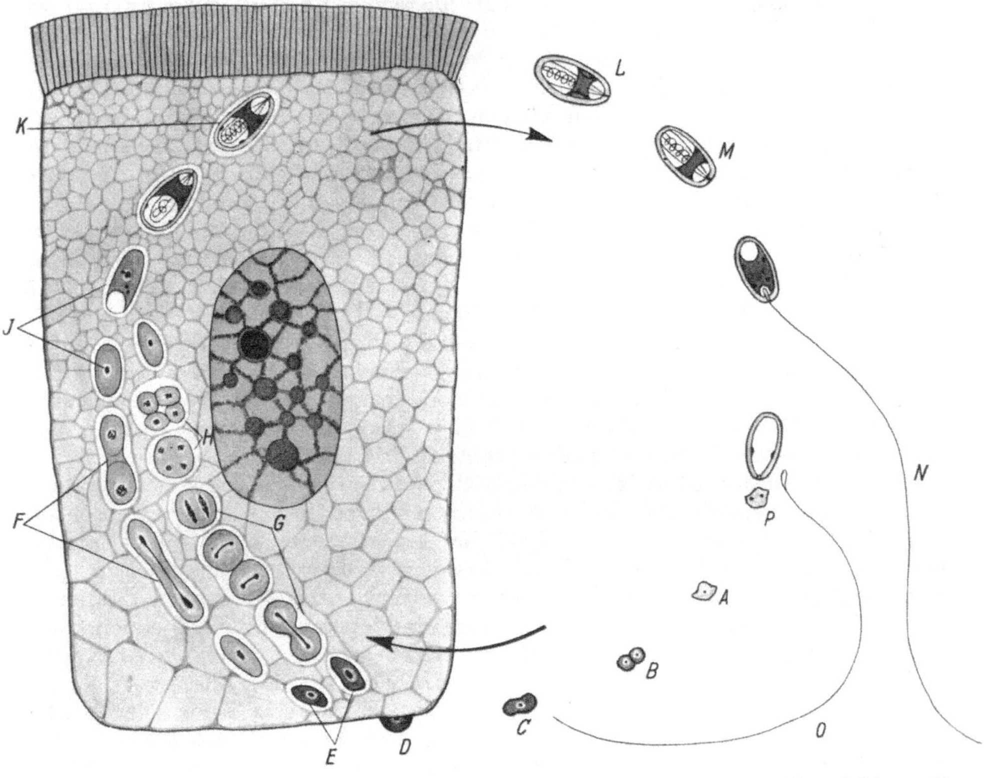


Abb. 140. Schematische Darstellung des Entwicklungsganges von *Nosema bombycis* Naegeli; nach Stempell. Vergrößerung 2000mal. *A* = Amoeboidkeim, der nach einigen Umwandlungen bei *D* in eine Darmepithelzelle der Seidenraupe eindringt. *E* bis *K* = Vermehrung innerhalb der Wirtszelle und Bildung von Sporen. *L* und *M* reife Spore, die bei *N* ihren Faden ausgestülpt hat.

gleich manche — wie der Fettkörper — besonders reichlich von ihnen befallen werden. Selbst innerhalb der Chitinschicht vermögen sich die Parasiten in typischer Weise zu vermehren, wodurch die vorhin erwähnten Flecke auf der Haut erscheinen. Die Darmzellen werden nach Paillot auch direkt vom Darmlumen her infiziert, ohne daß die Nosemen erst die Passage durch die Leibeshöhlenflüssigkeit durchmachen.

Sind zahlreiche Zellen der Seidenraupe von den Nosemasporen erfüllt, so tritt eine schwere Schädigung und der Tod des infizierten Tieres ein. Durch Zerfall der toten Raupe werden die Sporen wieder frei, so daß sie von anderen Tieren aufgenommen werden können und diese infizieren. Durch Fliegen werden sie manchmal auf größere Entfernungen übertragen. Da die Lebensdauer der freien Sporen jedoch geringer als ein Jahr ist, kann die Übertragung von einer Generation auf die nächste nur dadurch erfolgen, daß die Eier mit den Parasiten infiziert werden. Diese Tatsache wird benutzt, um durch das Pasteursche Zellensystem eine Verbreitung der gefährlichen Krankheit zu verhindern (S. 165).

Ein strittiges Gebiet in der Seidenraupenpathologie sind die Krankheiten, die mit Schlaffsucht bezeichnet werden oder dieser der äußeren Erscheinung nach in mancher Hinsicht ähneln. Die Äthiologie dieser Krankheiten ist noch recht unklar; hinzu kommt, daß die Namengebung für die einzelnen Krankheiten oder deren verschiedene Erscheinungsformen bei den Autoren sehr wenig einheitlich ist. Zu diesen Krankheiten ist auch die von den Italienern als „macilenza" oder „gattina", von den Franzosen als „gattine" bezeichnete zu rechnen, die sich in einer allmählichen „Auszehrung" der Raupen zeigt. Die Larven sterben nach einem sich oft über mehrere Häutungsperioden erstreckenden, langsamen Verfall des ganzen Körpers, der — wie auch bei der schnelleren Form der Schlaffsucht — nach dem Tode bräunlich schwarz ist und bald zu einer teerartigen Masse zerfällt. Die eigentliche Schlaffsucht (italienisch: flaccidezza, französisch: flacherie) führt dagegen sehr schnell zum Tode und tritt erst in der 5. Larvenperiode auf und zwar meist an deren 5. oder 6. Tag, zu welcher Zeit sonst das Maximum der Nahrungsaufnahme liegt. Die unmittelbar vorher äußerlich ganz gesund erscheinenden Raupen verweigern plötzlich jede Nahrung, sie entfernen sich meist von den Blättern, werden unbeweglich[1] und sterben in kurzer Zeit. In den meisten Fällen erschlafft vor dem Tode die Muskulatur völlig („Schlaffsucht"), und außerdem erfährt das Blut eine starke Reduktion, so daß auch der Blutdruck nicht mehr genügt, dem Tier ein prall gefülltes Aussehen zu geben. Sehr häufig ereignet es sich jedoch, daß nach sonst ganz ähnlichen Erscheinungen die Raupen absterben, ohne daß die Muskeln vorher erschlaffen und die Menge des Blutes reduziert wird. Diese Krankheit wird von Acqua der anderen als „pseudoflaccidezza", also als unechte Schlaffsucht gegenübergestellt.

Hiermit sind die möglichen Erscheinungsformen der Krankheiten keineswegs erschöpft. Auch sind sich manchmal die Ansichten über die Zugehörigkeit einer Krankheitsform zu einer der genannten Krankheiten gerade entgegengesetzt. So sieht Paillot die Krankheit „des têtes claires" als eine typische Gattina an, während Acqua sie zu der Schlaffsucht selbst rechnet. Wie schon der französische Name andeutet, zeigt sich diese Krankheitsform äußerlich darin, daß der vordere Teil des Körpers erheblich anschwillt, wodurch er mehr oder weniger durchscheinend wird.

Ebensowenig wie es bisher möglich ist, die einzelnen Krankheiten ihrer Erscheinung nach scharf zu charakterisieren, ebensowenig herrscht hinsichtlich ihrer Ursachen auch nur einigermaßen Klarheit. Da sämtliche der genannten Arten der Schlaffsucht mit Störungen der Darmtätigkeit und mit pathologischen Veränderungen der Darmzellen (siehe besonders Paillot) im Zusammenhang stehen, liegt es nahe, etwaige Krankheitserreger besonders im Darm zu suchen. Nach französischen Forschern (Pasteur[2], Paillot) sind die Krankheiten — soweit sie überhaupt parasitäre Grundlage haben — durch bestimmte Mikroorganismen bedingt. Japanische Untersucher sehen die Krankheit nicht als Folge einer bestimmten, spezifischen Darmmikrobe an, sondern als Folge einer großen Anzahl sehr verschiedener Arten. Diese sind jedoch nach italienischen Arbeiten (Verson, Acqua u. a.) ebenso wie die Störung der Darmtätigkeit selbst die Folge, nicht die Ursache der Krankheit. Den Darmstörungen voraus geht vielmehr eine Schädigung der Malpighischen Gefäße, wodurch die Exkretion gestört und der Körper von innen her vergiftet wird. Die Frage nach den Ur-

[1] Die Krankheit heißt deshalb auch „Schlafsucht".

[2] Pasteur: Etudes sur la maladie des vers à soie. Paris 1870.

sachen für die Erkrankung der Malpighischen Schläuche wird dabei offengelassen. Das epidemieartige Auftreten der Krankheit und Beobachtungen über eine Übertragung der Krankheit von einem zum anderen Jahr machen es wahrscheinlich, daß Mikroorganismen als Erreger in Betracht kommen. Paillot nimmt an, daß zur Erzeugung eines Krankheitsbildes zwei Erreger notwendig sind. Die eigentliche Grundursache ist durch einen Ultravirus gegeben, was die große Ansteckungsgefahr in einmal verseuchten Räumen und Bezirken auch nach Jahresfrist erklärt. Außerdem scheint die Übertragung von Generation zu Generation durch Infektion der Eier zu erfolgen. Aber die Infektion mit dem Ultravirus allein genügt nicht, die verschiedenen Krankheitsbilder der Schlaffsucht usw. hervorzurufen; wohl liefert sie — nach Paillot — die Grundlage dafür, daß sich nunmehr bestimmte andere Mikroorganismen im Darm ansiedeln, gegen die sonst — ohne Virus — die Raupen sich genügend schützen können. Kommt als ein solcher 2. Krankheitserreger der von Pasteur beschriebene *Streptococcus bombycis* hinzu, so erkrankt das Tier an der Gattina (Maladie des têtes claires). Ist es dagegen ein Bazillus (*B. bombycis*), so kommt es zu der von Pasteur untersuchten echten Schlaffsucht, bei der die Raupen nach dem Tode sehr rasch faulen und unangenehm riechen. Die unechte Schlaffsucht ist dagegen nach Paillot nicht durch Mikroben verursacht. In all diesen Fragen dürfte aber noch längst nicht das letzte Wort gesprochen sein. Auch wurde in den Raupen ein den Trypanosomen nahestehender Flagellat (*Herpetomonas Korschelti* Harms) gefunden und im Zusammenhang mit der Schlaffkrankheit gebracht (Harms[1], Rossinsky[2]). Sicherlich können aber wohl manche der Schlaffsucht ähnliche Krankheiten auch ohne Einwirkung von Mikroben, allein durch Vernachlässigung in der Pflege, durch Giftwirkung oder durch noch unbekannte Ursachen entstehen.

Die Fettsucht, Gelbsucht oder Polyederkrankheit tritt zumeist (nicht ausschließlich) bei Raupen des 5. Stadiums in Erscheinung. Die Segmente der Tiere schwellen mächtig an („Fettsucht"); an den Intersegmentalhäuten bilden sich dadurch tiefe Einschnürungen. Die Raupen gelber Rassen werden zitronengelb; die kranken Raupen fressen nur wenig, und schließlich platzt die Haut, wodurch bei gelben Rassen eine schmutziggelb gefärbte, bei weißen eine milchige Flüssigkeit nach außen austritt. Danach gehen die Tiere zugrunde. Der Name Polyederkrankheit stammt von der bedeutsamen Eigentümlichkeit, daß bei der Krankheit im Tier, besonders im Blut, zahllose hexaedrische Körper gefunden werden. Diese sind $5\mu$ lang und stark lichtbrechend. Sie entstehen als Degenerationsprodukte in den Zellen der kranken Raupe, nachdem schon vorher sich Veränderungen im Chromidialapparat und im Nukleolus an Schnitten feststellen lassen (Paillot). Die Hexaeder treten außer im Blut auch im Fettkörper, in den Zellen der Tracheenwandung und der Hypodermis auf. Die Darmzellen, die Seidendrüsen, Muskeln und Nerven bleiben von ihnen frei. Die Ursache der Krankheit ist nach Paillot ein ultramikroskopischer Organismus *Borrellina bombycis* Paillot, der von entsprechend engem Ultrafilter zurückgehalten wird. Dieser Parasit soll eine Stellung zwischen Bakterien und Mikrosporidien einnehmen. Jedoch erfordern die Untersuchungen in Anbetracht der außerordentlich schwierigen Verhältnisse weitere Bestätigung. Von Acqua wird überhaupt vermutet, daß als primäre Ursache bloß Vernachlässigung während der Aufzucht (mangelhafte Durchlüftung, zu große Feuchtigkeit) in Frage kommt. Die Polyeder treten dann als Folge eines gestörten Stoffwechsels auf. Allerdings ist die Tatsache nicht zu leugnen, daß die Fettsucht ansteckend ist. Nach einer künst-

[1] Harms, J. W.: Die Seidenzucht in Venetien. Jena: Verlag Fischer 1920.

[2] Rossinsky, D. M.: Eine neue Krankheit des *Bombyx mori* L. Arb. Moskauer Forsch.-Stat. f. Seide und Seidenraupenzucht Bd. 2, 1927; (russ.).

lichen Infektion bricht die Krankheit nach etwa sieben Tagen (bei 25° C) in ihrer typischen Form aus. Doch ist diese Erscheinung nach Acqua nicht durch ein lebendes Virus bedingt, sondern dadurch, daß die veränderten und für den Organismus schädlichen Stoffwechselvorgänge Produkte liefern, die in ein anderes Tier übertragen dort durch Autokatalyse nach Art eines „Pseudovirus" die gleichen Stoffwechselstörungen erzeugen. Während früher die Krankheit wenig Bedeutung hatte, tritt sie nach dem Weltkriege in Frankreich und Italien häufiger auf und verursacht z. Zt. von allen Krankheiten die größten Verluste, so daß ihr jetzt besonderes Augenmerk zugewandt wird.

Die Kalksucht (Kreidesucht) ist charakterisiert durch das merkwürdige Aussehen der erkrankten und verstorbenen Raupen. Erstere haben einen rötlichvioletten Farbton, letztere werden kalkweiß und hart wie Mumien, ohne zu zerfallen. Auf der Oberfläche der toten Tiere befindet sich ein weißes Pulver, das die Sporen des Pilzes darstellt, der der Urheber der Krankheit ist. Die befallenen Raupen sind bis kurz vor ihrem Tode nicht von den gesunden zu unterscheiden. Als erste Anzeichen der Erkrankung treten langsamere Bewegungen und Verweigerung der Nahrung auf; die Tiere kriechen sogar vom Futter weg. Das Herz verlangsamt merklich seine Pulsationen, bis schließlich das Tier eingeht. Nach dem Tode zeigen sich dann allmählich die oben gekennzeichneten Erscheinungen.

Der Erreger der Kalksucht ist der Schimmelpilz *Botrytis* (*Bouveria*) *bassiana* Balsamo. Die 2—3 $\mu$ großen Gonidiosporen, die sich an der Oberfläche des toten Tieres als ein weißer Belag bilden, übertragen die Krankheit auf ein neues Tier. Die Infektion erfolgt nicht oder nur sehr selten durch den Mund, sondern von der Haut oder den Stigmen aus, indem die den Sporen entkeimenden Myzelfäden die Cuticula der Raupe durchdringen. Die Empfänglichkeit für die Kalksucht ist individuell und nach Rasse sehr verschieden; auch können die Raupen einem Befall mit Sporen sehr verschieden langen Widerstand entgegensetzen, bis sie der Krankheit erliegen. Nach Paillot vermehren und verbreiten sich die Pilzfäden zu Lebzeiten ihres Opfers nur in der Blutflüssigkeit, um erst nach dem Absterben in die Gewebe des Körpers einzudringen. Praktisch hat die Krankheit wenig Bedeutung, da sie leicht bekämpft werden kann. Man hält dazu die Tiere möglichst trocken und desinfiziert Geräte und Räumlichkeiten prophylaktisch mit Schwefeldioxyd, Lysoform, Kupfersulfat oder Formol.

# Zucht der Seidenspinner.

Von Prof. **L. Pigorini**, Padua.

(Übersetzt von Dr. **Fr. Bock.**)

Die Seidenraupe oder besser die Seidenspinnerraupe ist die Larve eines Nachtschmetterlings von mittlerer Größe und wird wie die Larven anderer Schmetterlinge gezüchtet, um ein für die Industrie wichtiges Produkt zu erhalten. Sie tritt in verschiedenen Typen auf, die in der Praxis sich als Rassen erweisen. Zwischen diesen lassen sich Kreuzungen erzeugen.

Wie die anderen Schmetterlinge und die meisten Insekten durchläuft der Seidenspinner während seines Lebens verschiedene Ausbildungsformen oder Lebensstadien: Ei, Larve, Puppe und Schmetterling. Aus den kleinen, ovoidalen und linsenförmigen Eiern schlüpfen im Frühjahr die winzigen, braunen und behaarten Larven. Die Larven wachsen schnell; in einem Monat (der durchschnittlichen Dauer der Larvenperiode) vergrößert sich die Länge ungefähr um das 90fache, das Gewicht etwa um das 8000fache der Anfangswerte. Bei fast allen Rassen zerfällt das Raupenleben durch vier Häutungen in fünf Perioden. Während der Häutungen erneuern die Larven das ganze Chitin ihres Körpers, sowohl das äußere wie das innere.

Während die Larven der meisten Schmetterlinge sich in nackte Puppen verwandeln, baut der Seidenspinner immer am Ende des Larvenlebens einen Kokon, der, vollständig geschlossen und von ovoidaler Form, völlig und alleinig von einer Substanz gebildet wird, die — besonders während der letzten Periode — innerhalb der Larve in einem besonderen Organ, der Spinndrüse, entsteht. Gerade diese Substanz wird von der Industrie gesucht und verwendet. Der Kokon besteht aus einem sehr langen Seidenfaden. In ersterem verpuppt sich die Larve und verwandelt sich ungefähr nach weiteren 15 Tagen in den Schmetterling. Dieser erarbeitet sich einen Durchgang durch die Kokonhülle, indem er eines ihrer Enden mit einer besonderen, aus dem Munde abgegebenen Flüssigkeit durchtränkt und die Seidenfäden mit den Füßen auseinanderzerrt. Das Leben des Schmetterlings ist kurz (8—15 Tage).

Die Falter sind unfähig zu fliegen, sie fressen nichts und haben nur die Aufgabe, neue Individuen zu erzeugen. Sofort nachdem sie den Kokon verlassen haben, kopulieren sie; unmittelbar darauf legt das Weibchen in etwa 24 Stunden 500 bis 800 Eier ab und lebt danach noch einige Zeit, 6—15 Tage, um dann zu sterben; der männliche Falter hat ein etwas kürzeres Leben.

Mit den Eiern beginnt der Ablauf einer neuen Generation, der bei den europäischen und vielen ostasiatischen Rassen die Dauer von einem Jahr hat, während er bei anderen, ebenfalls ostasiatischen Rassen von geringerer Dauer ist; in diesem Fall gibt es in einem Jahr zwei oder mehr Generationen. Solche Rassen werden „bi"- bzw. „polyvoltin" genannt, die ersteren dagegen „annual". Bei den annualen Rassen hat das Eistadium eine Dauer von etwa 10½ Monaten, bei den polyvoltinen ist es um so kürzer, je zahlreicher die Generationen im Jahr sind.

Die Seidenraupe wird seit undenklichen Zeiten gezogen und stammt aus Ostasien, welches im Altertum einzig und allein Seide erzeugte. Erst im 6. Jahrhundert der christlichen Zeitrechnung wurde die Raupe in Europa eingeführt. Die Aufzucht der Seidenraupe geschieht aus zweierlei Gründen: einmal um die Vermehrung des Tieres sicherzustellen und dann, um die Kokons zu erhalten, von denen man die Seide gewinnt. Im ersteren Falle bringt man die Eier zum Schlüpfen, zieht die Larven auf, läßt sie Kokons spinnen und sich in Puppen und dann in Schmetterlinge verwandeln und sammelt die von ihnen abgelegten Eier. Die Produktion von Eiern, von sog. ,,Seidensamen", wird heute in besonders ausgerüsteten Etablissements ausgeführt und bildet eine Industrie für sich. Im 2. Fall wird die Larve, nachdem sie soeben den Kokon gesponnen und sich in die Puppe verwandelt hat, meist durch Hitze getötet, und die noch nicht geöffneten Kokons werden in geeigneten Magazinen aufbewahrt, um abgesponnen zu werden. Das Abspinnen erfolgt in Spinnereien und bedeutet eine der Phasen in dem Geschehen der Seidenindustrie. Mit dem Namen ,,Rohseide" bezeichnet man die Seide, die man durch das Abhaspeln der Kokons und die Vereinigung mehrerer Fäden entsprechend ihrer Dicke und der zu erzielenden Stärke erhält.

In den beiden Fällen der Aufzucht, einmal bei der Erzeugung von Nachkommenschaft und dann bei der Gewinnung von Seide, sind die Bedingungen und notwendigen Maßnahmen sehr verschiedener Art. Im Einklang mit den obenerwähnten Lebensstadien des Seidenspinners sind die Probleme, die sich dem Seidenzüchter dartun, folgende:

1. Die Auswahl der Rassen oder deren Kreuzungen nach den Orten der Aufzucht oder der gewünschten Qualität der Seide.
2. Die Widerstandsfähigkeit der Rassen oder der Kreuzungen.
3. Die Gesundheit der Eier im Hinblick auf die Infektion mit Pebrine.
4. Die Behandlung der Eier vom Augenblick der Ablage bis zum Ausschlüpfen.
5. Die Aufzucht der Larven.
6. Das Einspinnen der Larven.
7. Das Abtöten der Puppen oder — im anderen Falle — das Ausschlüpfen der Falter.

## Rasse und Kreuzungen.

Die Art *Bombyx mori* umfaßt verschiedene Rassen. Praktischerweise lassen diese sich auf Grund ihrer geographischen Verbreitung in zwei große Gruppen einteilen: In jene der ostasiatischen, chinesischen und japanischen Rassen (östliche Rassen) und in jene der europäischen und kleinasiatischen Rassen (westliche Rassen); der geographischen Verbreitung entsprechen zahlreiche morphologische und physiologische Unterschiede. Außer durch ihr Herkunftsland sind die Rassen durch Eigentümlichkeiten der Kokons, besonders durch deren Farbe und Form gekennzeichnet.

Natürlich finden sich zudem in den einzelnen Ländern Rassen, die sich ebenfalls durch Form und Farbe der Kokons unterscheiden; z. B. gibt es in Asien Rassen mit kugeligen, halbkugeligen oder ovalen und eingeschnürten Kokons von weißer, gelber, goldener, grüner oder fleischfarbener Seide. Daher werden die Rassen bezeichnet mit den Namen des Ursprungslandes und mit Form und Farbe der Kokons: Weiße Japaner, kugelige goldfarbene Chinesen oder gelbe eingeschnürte Italiener. Rassen desselben Landes und von derselben Form und Farbe der Kokons können verschieden sein hinsichtlich des Grades dieser Eigenschaft und durch die Verwendbarkeit ihrer Seide und werden daher spezieller bezeichnet mit dem Namen der Orte, an welchen sie sich herausgebildet haben;

so unterscheidet man unter den italienischen Rassen: Ascoli, Gran Sasso, Brianza, Majella usw. Die Rassen sind nicht bloß verschieden durch Farbe und Form der Kokons, sondern auch durch morphologische und physiologische Eigentümlichkeiten der einzelnen Lebensstadien und durch Eigenschaften der Seide, Differenzen, welche nicht bloß vom wissenschaftlichen Standpunkte aus interessieren, sondern auch in technischer Hinsicht in der Seidenzucht von Wichtigkeit sind.

## Eier.

Größe: Die Rassen von Europa und Westasien legen meistens größere und schwerere Eier als die aus Ostasien. Diese Tatsache interessiert den Praktiker, weil daraus ein Unterschied der Individuenzahl je Gewichtseinheit folgt derart, daß z. B. die chinesischen Rassen im Durchschnitt 1800—1900 Eier in 1 g Seidensamen enthalten, die europäischen 1400.

Farbe: Die Eier des Seidenspinners sind grau, aber mit verschiedenen Abtönungen in den einzelnen Rassen; die der europäischen sind blaugrau, die der chinesischen bleigrau und die der japanischen grauviolett. Der Unterschied in Farbe und Form der Eier macht es möglich, wenigstens in vielen Fällen zu entscheiden, zu welcher Hauptgruppe die Eier gehören, und läßt bei Kreuzungen die verschiedenen Typen erkennen, weil bei ihnen die Eier die sichtbaren Charakteristica der mütterlichen Rasse beibehalten (s. S. 126).

Schnelligkeit der Entwicklung: Die Eier der östlichen Rassen besitzen im allgemeinen eine schnellere Entwicklung als die der westlichen Rassen. Wenn man daher die Geburt von verschiedenen Rassen zum gleichen Tage wünscht, so muß man mit der Ausbrütung der Eier europäischer Rassen einige Tage früher beginnen als mit der der chinesischen oder japanischen.

Überwinterung: Es ist zu erwähnen, daß hinsichtlich der Überwinterung, also der Lagerung des Seidensamens in gleichmäßig tiefen Temperaturen zur Winterszeit, die einzelnen Rassen verschiedene Bedingungen erfordern. Während die Eier der westlichen Rassen eine längere Überwinterung ertragen können, beträgt das Maximum für die orientalischen Rassen 90 Tage. Eine längere Überwinterung wirkt schädlich, indem sie eine Schwächung und sogar den Tod herbeiführen kann.

## Larven.

Es gibt charakteristische Unterschiede zwischen den Larven der verschiedenen Rassen sowohl vom morphologischen als auch vom physiologischen Gesichtspunkt aus.

Morphologische Eigentümlichkeiten, Pigmentation. Im Hinblick auf die Färbung der Haut gibt es verschiedene und scharf umgrenzte Raupentypen: Larven, die durch den Mangel von Hautpigment völlig weiß sind und solche, die infolge der Verteilung des Pigments verschiedenartig braun gefärbt sind (pigmentiert, gestreift, gezebrat, schwarz). Man weiß noch nicht, ob die Färbungen Anzeichen für gewisse Eigenschaften der Larven sind, obgleich einige Züchter der Ansicht sind, daß gefärbte Raupen widerstandsfähiger als weiße sind. Praktisch besteht keinerlei Beziehung zwischen der Färbung der Raupe und der Beschaffenheit von Kokon und Seide.

Farbe der Hämolymphe. In dieser Hinsicht sind zwei Gruppen zu nennen: Rassen mit gefärbter und solche mit ungefärbter Hämolymphe. Diese Besonderheiten haben mehr Bedeutung als die früheren, da — mit wenigen Ausnahmen — die Färbung der Seide derjenigen der Hämolymphe entspricht. Raupen mit farbloser Hämolymphe spinnen weiße, solche mit gefärbter (gelber) Lymphe gelbe Kokons. Die Farbe der Hämolymphe schimmert an den Basen der Afterfüße durch die Haut durch, so daß man aus deren Farbe die des Kokons vorhersagen kann.

Physiologische Eigenschaften. Eine praktische Bedeutung — größer als die der morphologischen Eigentümlichkeiten — besitzen zwei weitere Kategorien von Eigenschaften: die aus dem Gebiet der Physiologie und der Pathologie.

Nahrungsvoranschlag. Um das Ende des Raupendaseins zu erreichen und um gleiche Mengen Kokons zu liefern, verbrauchen die einzelnen Rassen verschiedene Mengen von Maulbeerbaumblättern (im Durchschnitt 10—12 Zentner je „Unze" [30 g] Seidensamen). Dieses ist bedingt nicht bloß durch eine verschiedene Dauer des Raupendaseins, sondern auch durch verschieden große Gefräßigkeit. Am wenigsten gefräßig sind im allgemeinen die kleineren Rassen, z. B. die chinesischen, am gefräßigsten die größeren, z. B. die weißlichen Kleinasiens. Diese Feststellung ist von bemerkenswerter Bedeutung für die ökonomische Gestaltung der Zucht: Eine Rasse oder ein Typ wird um so geeigneter sein, je kürzer seine Larvenzeit ist und je weniger gefräßig die Raupen sind.

Länge der Larvenzeit. Die einzelnen Rassen haben in den verschiedenen Lebensstadien eine unterschiedliche Entwicklungsgeschwindigkeit derart, daß die kleinsten Rassen sich am schnellsten, die größten am langsamsten entwickeln. Die Rassen des fernen Ostens haben also eine kürzere Larvenzeit als die des Westens. Dieses geht den Züchter in doppelter Hinsicht an:

1. Die Aufzucht vollführt sich in einer kürzeren Zeit und ist daher vorteilhafter.

2. Die Gefahr der Infektion mit Krankheiten ist geringer. Die Länge des Larvenlebens ist abhängig außer von der Rasseneigentümlichkeit von der Nahrungsmenge und der Temperatur. Je spärlicher die Nahrung und je tiefer die Temperatur ist, um so mehr verlängert sich das Larvenleben. Die verschieden lange Dauer der Embryonal- und Larvalentwicklung ist bei der Herstellung von Kreuzungen zwischen chinesischen und europäischen Rassen wichtig, da das Ausschlüpfen der Schmetterlinge gleichzeitig zu erfolgen hat.

Pathologische Eigenschaften. Von den Krankheiten der Seidenraupe wird später gesprochen werden. Einige Krankheiten befallen alle Rassen in gleichem Maße, andere dagegen schädigen einige Rassen stärker, andere weniger. So sind z. B. die reinen Rassen und besonders die europäischen empfindlicher gegen Schlaffsucht, die japanischen, vor allem die bivoltinen, jedoch viel widerstandsfähiger. Die Kreuzungen zwischen europäischen und asiatischen Rassen zeigen eine derartige Widerstandsfähigkeit, daß sie weithin in der Praxis der Seidenzucht dort eingeführt werden können, wo die klimatischen Bedingungen zur Aufzucht der reinen Rassen günstig sind.

## Kokons.

Von großer praktischer Bedeutung sind die Rassenunterschiede der Kokons.

Gewicht. Es gibt Rassen, welche große und schwere Kokons liefern, und solche mit kleinen und leichten Kokons. Die weißen Chinesen haben nach den bi- und polyvoltinen Rassen die kleinsten und leichtesten Kokons; in einem Kilogramm sind von ihnen 800 und mehr enthalten; die weißlichen haben größere und schwerere Kokons; bei den gelben Europäern gehen 400—450 Kokons auf 1 kg. Das Kokongewicht wird von verschiedenen Faktoren beeinflußt, und zwar in erster Linie durch die Menge der den Raupen dargebotenen Nahrung und durch die Qualität der Blätter. Auch die Umweltbedingungen sind von besonderem Einfluß auf die Entwicklung. Es ist z. B. bekannt, daß die Raupen der chinesischen Rassen allmählich größer werden und größere und schwerere Kokons liefern, wenn sie in den süditalienischen Provinzen aufgezogen werden, während Rassen mit größeren Kokons sich in trockenen Regionen umgekehrt entwickeln. Das Gewicht der lebenden Kokons nimmt vom Augenblick ihrer Fertigstellung bis zum Schlüpfen der Falter Schritt für Schritt ab; der Verlust beträgt 23%.

Form der Kokons. Die Kokons der verschiedenen Rassen unterscheiden sich durch ihre Form; es gibt kugelige, ovale und eingeschnürte (fast oval, aber mit einer Ringfurche in der Mitte); diese Formen können kurz oder mehr oder weniger gestreckt sein. Diese Eigentümlichkeiten sind von praktischer Bedeutung, weil die Kokons sich entsprechend ihrer Gestalt mehr oder weniger leicht abspinnen lassen. Dieses allein darf aber nicht als Kriterium für die Bevorzugung einer Kokonart bewertet werden, weil hierzu auch die Eigenschaften hinsichtlich der Aufzucht und des Verspinnens der Seide berücksichtigt werden müssen, besonders aber auch die Eigenschaften der Seide selbst: Titer, Festigkeit und Elastizität. Nicht alle Seidenverarbeiter sind sich darüber einig, ob der Vorzug den kugeligen, ovalen oder den eingeschnürten Typen zu geben ist.

Reichtum der Kokons an Seide. Das Verhältnis vom Gewicht des Kokons zu dem der Seide und dem der Puppe ist nicht immer dasselbe. Das Gesamtgewicht eines Kokons kann zwischen Seide und Puppe verschieden verteilt sein entsprechend der Rasse und den Aufzuchtbedingungen. So gibt es Kokons, die einen mehr oder minder großen Prozentsatz an Seide und entsprechend eine leichtere oder schwerere Puppe enthalten. Die chinesischen Rassen sind gewöhnlich reich an Seide und haben kleine und leichte Puppen; der größte Teil der europäischen und der kleinasiatischen Rassen dagegen hat relativ große Puppen und im Verhältnis geringere Mengen von Seide. Durchschnittlich enthalten frische, lebende Kokons 15% Seide. Diese Tatsache ist sehr wichtig für die Seidenindustrie, weil bei gleichem Gewicht in verschiedenen Fällen die Kokons eine größere oder kleinere Menge an Rohseide ergeben können.

Farbe der Kokons. Wir haben schon gesehen, daß die Rassen sich durch die Farbe der Kokons unterscheiden; letztere können weiß, gelb, goldgelb, fleischfarben, grün und in einigen Fällen auch rosa sein.

Eigenschaften des Seidenfadens. Für die Praxis sind drei Eigenschaften beachtenswert:

1. Die Dicke des Fadens,
2. seine Festigkeit,
3. die Eigenschaft, die irrtümlich Elastizität genannt wird.

Titer. Die Dicke des Fadens wird in der Praxis als Titer angegeben und berechnet sich als Gewicht für ein Stück Faden von bestimmter Länge, meist eines solchen von 450 m. Das Gewicht wird in Denier („denari“) ausgedrückt, wobei ein Denier 0,5 g bedeutet. Die feinsten Titer kommen bei einigen chinesischen Rassen, besonders bei den weißen (2,5 Denier) vor; auch einige der italienischen gelben Rassen liefern einen sehr feinen Faden, besonders wenn sie an bestimmten Orten aufgezogen werden. Die weißlichen Rassen haben gröberen Titer und also dickere Seide. Diese Eigenschaft variiert auch sehr von Individuum zu Individuum. Die Feinheit des Fadens ist wichtig, weil von ihr die Gleichmäßigkeit der Rohseide abhängt. Sie ist wie andere Rasseneigentümlichkeiten mit bestimmt durch die Lebensbedingungen der Raupe und den Ort der Aufzucht.

Festigkeit. Die Festigkeit wird ausgedrückt durch das Gewicht, bei dem 1 m Faden reißt; der mittlere Wert ist 2,5 g je Denier.

Elastizität (oder besser: „Dehnbarkeit“). Darunter versteht man die Verlängerung des Fadens im Augenblick des Durchreißens; der mittlere Wert ist gegen 160 mm je Meter.

## Kreuzungen.

Bis zum Ende des vergangenen Jahrhunderts zog man in Europa nur rein europäische Rassen; später sind diese infolge von auftretenden Seuchen, Pebrine und besonders Schlaffsucht, weithin durch Bastarde ersetzt worden, welche widerstandsfähiger als unsere einheimischen Rassen sind. Kreuzungen werden zwischen den europäischen Rassen und denen Ostasiens vorgenommen. Anfangs wurden japanische gebraucht, jetzt chinesische und besonders die goldgelben Rassen. Die Kreuzungen zwischen den letzteren und den gelben europäischen Rassen werden „doppelt gelbe“ („bigialli“) genannt.

Weil die größte Widerstandsfähigkeit eine Eigenschaft der ersten Kreuzung ist und weil die Industrie Kokons von gleicher Beschaffenheit erfordert, so muß man jedes Jahr die Kreuzungen erneuern und zugleich jährlich die reinen Rassen aufziehen.

## Krankheiten des Seidenspinners.

Die Seidenraupe ist Krankheiten unterworfen, von denen einige parasitären, andere physiologischen Ursprungs sind. Von ersteren sind einige von spezifischer Wirkung, einzelne jedoch nicht.

Pebrine. Die Krankheit entsteht durch ein Protozoon, die Mikrosporidie *Nosema bombycis*; sie ist ansteckend und „erblich“. Die Ausbreitung durch Ansteckung erfolgt durch Verschlucken der Pebrinesporen, der sog. „Körperchen“ („corpuscoli“), die durch Vererbung dadurch, daß die befallenen Raupen den ganzen Lebenszyklus durchlaufen, sich in Schmetterlinge verwandeln und Eier legen, welch letztere nunmehr möglicherweise infiziert werden. In den Raupen, den Puppen und den Schmetterlingen läßt es sich sehr leicht feststellen, ob sie von der Pebrine befallen sind: In den mikroskopischen Frischpräparaten sieht man die Sporen. In den soeben abgelegten Eiern dagegen läßt es sich bis zum Auskriechen der Raupen recht schwierig ermitteln, ob sie gesund oder infiziert sind, weil sich in ihnen die Nosemen sehr selten als Sporen finden. Die Infektion kann deutlich in Erscheinung treten beim Weißwerden der Eier, das dem Ausschlüpfen vorausgeht. Die Bekämpfung der Pebrine erfolgt durch mikroskopische Zuchtwahl, von der später gesprochen wird, durch Desinfektion und durch hygienische Aufzuchtbedingungen. Die Nosema kann auch andere Insekten befallen.

Kalksucht. Diese Krankheit entsteht durch einen Pilz, *Botrytis bassiana*. Die Übertragung erfolgt durch Ansteckung und wird schnell bewerkstelligt durch sehr kleine Pilzsporen, die leicht und sehr lebensfähig sind (sie können ungefähr zwei Jahre hindurch ihre Virulenz behalten). Die Infektion erfolgt durch die Haut. Die Krankheit kann die Raupe in jedem Stadium befallen. Der Tod tritt ein, wenn alle Gewebe vom Pilzmyzel durchdrungen sind, was je nach Größe der Larve in kürzerer oder längerer Zeit erfolgt, bei Raupen des 5. Stadiums z. B. nach 6—7 Tagen. Die an Kalksucht erkrankte Raupe ist den gesunden erst dann gefährlich, wenn auf der Haut die Sporenträger erscheinen, die die Raupe mit einem weißen Pulver bedecken. Da diese sich erst einige Stunden nach dem Tode des Insektes bilden, kann der Züchter die befallene Raupe entfernen, ehe sie den Herd einer großen Infektion für die anderen bildet. Wenn die Raupe kurz vor oder im völligen Ausreifen befallen wird, so vermag sie noch einen vollständigen Kokon zu bauen und stirbt erst während der Umwandlung zur Puppe oder gar erst als Puppe. Die Krankheit wird durch Desinfektion (besonders mit Schwefel) vor und nach der Aufzucht bekämpft und ferner durch die Vernichtung alles anfälligen Materials. Der Erreger *Botrytis bassiana* schmarotzt auf vielen anderen Insekten und kann saprophytisch auf verschiedenen organischen Substanzen leben.

Gelbsucht. Man muß diese für eine parasitäre Krankheit halten, deren Erreger noch nicht definiert ist und zur Gruppe der filtrierbaren Virus gehört. Das Auftreten der Gelbsucht ist eng mit Umweltbedingungen verknüpft. Feuchtigkeit und schlechte Durchlüftung begünstigen sie in eigenartiger Weise. Sie kann Raupen jeden Alters befallen, am leichtesten jedoch solche des 5. Stadiums, und vereinzelt oder als Seuche auftreten, wobei sie manche Zuchten stark schädigen kann.

Die kranken Raupen haben ein charakteristisches Aussehen. Die Segmentringe sind aufgeblasen, die Hämolymphe ist trübe durch die Gegenwart von unzähligen Kristallen, den „polyedrischen Körpern", die infolge des Virus als Zersetzungsprodukte der Zellkerne entstanden sind. Es ist noch unentschieden, ob die Krankheit durch die Eier auf die nächste Generation übertragen wird oder nicht. Man bekämpft sie durch eine zweckmäßige Überwinterung des „Samens", eine gute Wartung der Raupen, indem man für ausreichende Durchlüftung sorgt, und schließlich durch Desinfektion.

Schlaffsucht (Flaccidezza). Unter diesem Namen faßt man einen Komplex von Krankheitsformen zusammen, die voneinander nicht scharf getrennt sind und die Larven in jedem Alter, besonders aber im 5. Stadium und bei der Spinnreife, befallen. Oft tritt sie seuchenartig auf und zerstört oder schädigt stark ganze Zuchten; in solchen Fällen spinnen die überlebenden Individuen mangelhafte Kokons. Seidenzuchten, die von der Schlaffsucht befallen sind, haben einen charakteristischen, widerlichen Geruch. Vom Standpunkt der Praxis aus kann man sagen, daß die Schlaffsucht gewissermaßen überwunden ist, und zwar mittels Kreuzungen, guter Behandlung und Aufbewahrung des „Samens", kunstgerechter Bebrütung und geeigneter Aufzucht. Doch ist von wissenschaftlicher Seite noch lebhaft die Diskussion über Natur und Ursachen der Krankheit im Gange. Es wurde schon gesagt, daß man sie heute nicht mehr als eine einzige Krankheit, sondern als einen Komplex von mehreren auffaßt, von denen einige von verschiedenen Bakterien, andere durch strukturelle und physiologische Störungen verursacht werden. Es ist noch strittig, ob die Schlaffsucht erblich ist; im allgemeinen wird eine Disposition angenommen, wie auch in der Praxis mit einer physiologischen Selektion vorgegangen wird mit dem Ziele, Gruppen von Individuen oder einzelne Individuen von der Vermehrung auszuschließen, wenn sie sich nicht als völlig gesund erweisen.

Auszehrung (Macilenza). Es handelt sich um eine nicht gut zu definierende Krankheit, deren Ursache ungewiß ist, zum Teil aber durch Darmbakterien hervorgerufen werden dürfte; von einigen Autoren wird sie als die chronische Form der Schlaffsucht angesehen.

### Die Nahrung des Seidenspinners: Der Maulbeerbaum.

Die normale Nahrung des Seidenspinners sind die Blätter des Maulbeerbaums. Die Seidenraupe kann sich auch noch von den Blättern einiger anderer, ganz verschiedener Pflanzen ernähren: Cudrania triloba, Scorzonera hispanica, Lattich und hauptsächlich von denen der Maclura aurantiaca; aber all dieser Ersatz hat keinen praktischen Wert, weshalb nicht weiter auf ihn eingegangen werden soll.

Der Maulbeerbaum, seine systematische Stellung und Varietäten. Der Maulbeerbaum, eine Pflanze, deren Unterteilung in Varietäten noch nicht völlig geklärt ist, umfaßt in der einzigen Gattung Morus einige Arten, von denen in der Praxis der Seidenzucht zwei von besonderer Wichtigkeit sind: Morus nigra und Morus alba. Der Gebrauch von Morus nigra ist schrittweise zurückgegangen, und die wenigen Pflanzen, die sich noch im Mittelmeergebiet finden, dienen hauptsächlich zum Abernten ihrer eßbaren Früchte; die Verwendung von Morus alba ist dagegen in allen Seidenzuchtgegenden verbreitet. Morus alba weist seinerseits zahlreiche Varietäten auf, die in Japan Objekt eines besonderen Studiums geworden sind. Einige von diesen werden als neue Arten angesehen. Für Europa steht eine wissenschaftliche Bearbeitung noch aus. Die einzelnen Varietäten werden gewöhnlich mit dem Namen der Örtlichkeit belegt, an der dieselben ihr Hauptverbreitungsgebiet haben. In einigen seltenen Fällen gibt der Name eine bestimmte Eigenschaft der Pflanze an; so ist z. B. der Maulbeerbaum ,,sterila", der in einigen italienischen Provinzen verbreitet ist, durch den Mangel an Blüten charakterisiert. In einigen anderen Fällen ist der Name der Varietät derjenige des Züchters, z. B. Trentin, Cabbane, Motta Florio.

Man muß darauf hinweisen, daß in der heute üblichen Namengebung für die Varietäten des Maulbeerbaumes eine große Unsicherheit herrscht, so daß es über sie weder in wissenschaftlicher noch in praktischer Hinsicht ein befriedigendes System gibt. Hinzu kommt, daß der Maulbeerbaum dadurch, daß er in den meisten Fällen eine anemophil diöcische Pflanze ist, sehr zahlreiche Kreuzungen bildet, deren Anzahl sich noch immer zu vergrößern strebt. Außerdem ist das Aussehen der Blätter beeinflußt durch Außenbedingungen, durch die Art des Anbaus und das Alter der Pflanze. Man muß auch bedenken, daß in ein und derselben Pflanze verschieden geformte Blätter auftreten können (Heterophyllie).

In der praktischen Seidenzucht unterscheidet man die sog. ,,wilden" Maulbeerbäume (,,selvatisi") und die ,,veredelten" (,,inestasi"). Unter den ,,wilden" versteht man solche, welche aus den Samen entstanden sind. Es handelt sich dabei um Pflanzen, deren Blätter in vielerlei Hinsicht (Gestalt, Dicke und Konsistenz) verschieden sind. Die Blätter solcher Bäume sind an sich für Raupen geeignet, die sich davon gerne ernähren, aber für den praktischen Seidenbau sind sie nicht passend, weil im Verhältnis zur bebauten Fläche und zur Zahl der Pflanzen der Ertrag an Blättern geringer ist als bei den veredelten Bäumen. Außerdem sind die Blätter der wilden Maulbeerbäume fast immer zart und welken sehr schnell, so daß sich ihre Beschaffenheit nach dem Pflücken bis zum Augenblick ihrer Verfütterung leicht verändert. Die veredelten Maulbeerbäume werden dadurch gewonnen, daß man auf Stämmen der aus Samen gezogenen Bäume Knospen oder — was gebräuchlicher ist — Zweige der gewünschten Varietät aufpfropft. In der Praxis verwirft man die Arten mit großen und saftigen Blättern, weil deren Verfütterung bei den Raupen leicht Krankheiten und Sterblichkeit nach sich zieht. So sind die ,,Filippina" oder ,,multicaula" und aus Japan importierte Varietäten trotz ihres üppigen und reichen Ertrages an Blättern aus dem Gebrauch ausgeschieden; die Verwendung der Varietät ,,Cattaneo" ist sehr zurückgegangen, trotzdem sie sich für einige Jahre bemerkenswerter Gunst erfreute. Heute bevorzugt man Maulbeerbäume mit Blättern von mittlerer Größe und mäßiger Saftigkeit, z. B. die Varietäten Restelli, Morettiana, Giazzolo, Rosea di Lombardia, Limonzina, Veronese usw.

In den letzten Jahren hat sich in einigen italienischen Provinzen eine Varietät namens ,,Florio" verbreitet, die auf eine Kreuzung zwischen japanischen Maulbeerbäumen und der Varietät ,,Veronese" zurückzuführen ist. Sie ist von üppiger Entwicklung, von gutem Ertrag, beträchtlicher Widerstandsfähigkeit gegen Krankheiten und scheint sich, wenigstens in den Provinzen Süditaliens, gut als Nahrung der Seidenraupe zu bewähren. In den Katalogen der besseren Händler werden die handelsüblichen Varietäten des Maulbeerbaumes aufgeführt sowie in ihren Besonderheiten beschrieben.

Arten der Kulturen des Maulbeerbaumes. Wenn die physikalischen Umweltbedingungen günstig sind (besonders hohe Temperatur und lange Dauer der warmen Jahreszeit), ist es sehr leicht, den Maulbeerbaum zum Ausschlagen und Grünen zu bringen, gleichgültig, in welcher Weise er sonst behandelt wird; diese Anpassungsfähigkeit des Baumes wird in der Praxis weithin dazu ausgenutzt, der Pflanze die verschiedensten Formen zu geben. Die älteste Form ist die des Baumes mit hohem Stamm, dem erlaubt wurde, frei zu wachsen, oder der zur Becherform durch Beschneiden gestutzt wurde. Heute stößt diese Methode der Zucht, obgleich sie noch in Gebrauch ist, auf Schwierigkeiten: Die Bepflanzung des Geländes mit Bäumen, wodurch die mechanische Bearbeitung eben dieses Geländes verhindert wird; die langen Jahre (mindestens sechs bis sieben), die verstreichen, bis die Bäume Erträge liefern; die Schwierigkeit und der größere Aufwand beim Abernten der Blätter. Aus diesen Gründen bevorzugt man heute mehr die Aufzucht als „Hecke" („ceppaia"), die im wesentlichen darin besteht, die Stämme in einer Höhe von 40—50 cm zu beschneiden. Gewöhnlich sind diese niedrig geschnittenen Maulbeerbäume nicht mit anderen Kulturen vermischt, sondern sie werden in einem besonderen Teil des Landgutes zusammen gezogen. Im allgemeinen geben die Pflanzen schon im dritten Jahr nach dem Anpflanzen einen Ertrag; sie gewähren den großen Vorteil einer leichten und billigen Erntemöglichkeit. Jedoch kommen sie an nebeligen und feuchten Orten leichter als die hohen Formen zu Schaden und werden eher von Krankheiten befallen, die durch pflanzliche Parasiten entstehen. Außerdem haben die Hürden eine geringere Lebensdauer als die hochstämmigen Bäume, die bekanntlich über 100 Jahre alt werden können. Hier ist nicht der Ort, über den Wiesenmaulbeerbaum und über die Maulbeerhecke zu sprechen. Es sei nur noch erwähnt, daß die niedrigen Formen, besonders der „wilden" Bäume und dann, wenn sie günstig stehen, im Frühjahr die ersten sind, die Laub hervorbringen.

Das Abernten der Blätter. Das Abernten der Blätter geschieht durch Abzupfen von den am Baum verbleibenden Ästen oder durch Abschneiden der Äste oder durch von Jahr zu Jahr abwechselnde Anwendung beider Methoden. In einigen Seidenbauprovinzen werden in jedem Jahr die Zweige abgeschnitten, häufiger jedoch alle zwei bis drei Jahre. In der Praxis sucht man das Abschneiden der Zweige für die Blatternte und für die Zuschneidung der Pflanze zu einer Handhabung zu vereinen. Man versucht die Blätter in den ersten Stunden des Morgens oder des Nachmittags zu sammeln und meidet dabei möglichst solche, die von Tau oder Regen benetzt sind. Die in sauberen und mäßig ventilierten Räumen angesammelten Blätter müssen bewegt werden, um eine Erhitzung der Masse zu verhüten, die infolge der Atmung des überlebenden Blattgewebes erfolgen könnte.

Die Blätter als Nahrung. Den Seidenraupen der vier ersten Larvenperioden gibt man Blätter, die in um so feinere Streifen zerschnitten werden, je jünger die Larven sind. So werden die Blätter für die erste Raupenperiode in 2—3 mm breite Streifen zerschnitten, für die vierte Periode in solche von 1—2 cm Breite. Man verfährt so aus mehreren Gründen:

1. Um den Raupen die Nahrungsaufnahme zu erleichtern;

2. um leichter die Menge dem Konsum anzupassen, wodurch man eine Verschwendung verhütet;

3. um zu verhüten, daß die welkenden und sich zusammenrollenden Blätter Raupen einhüllen, wodurch eine Anzahl verloren gehen kann. Den Raupen des fünften Stadiums gibt man ganze Blätter, entweder einzeln oder noch an den Zweigen sitzend.

Die Raupen verschlingen ungeheure Mengen Laub; aber die verschluckten Blätter werden beim Verdauungsprozeß nur in geringer Menge ausgenutzt, während ein großer Teil unverdaut den Darmkanal passiert. Daher erzeugen die Larven täglich große Mengen von Exkrementen; außerdem wird nicht alles gereichte Laub gefressen, weil es schnell verwelkt oder von den Larven mit den

Füßen zertreten wird. Innerhalb 24 Stunden häufen sich so große Mengen Abfall an, daß sie entfernt werden müssen, damit nicht bei Einwirkung von Feuchtigkeit Schimmelbildung und die verschiedenen Fermentationen die Ursachen für Krankheit und Sterblichkeit der Raupen abgeben können. Man muß daher alle 24 Stunden oder — je nach Notwendigkeit — auch seltener die Unterlage wechseln („cambio dei letti"). Es ist hier zu erwähnen, daß die absolute Menge der Nahrung und der Exkremente naturgemäß in den einzelnen Perioden sich ändert und daß sie allmählich vom ersten bis zum fünften Raupenstadium zunimmt. Außerdem sind auch Schwankungen in ein und derselben Periode zu beobachten. Der Nahrungsbedarf ist geringer in den Tagen unmittelbar nach und vor der Häutung, er ist größer in den mittleren Tagen. Die Raupen, die aus einer Unze (30 g) Seidensamen entstammen, vertilgen 1200 kg Blätter, die sich auf die verschiedenen Stadien wie folgt verteilen:

I. Stadium 6 kg, II. Stadium 18 kg, III. Stadium 60 kg,
IV. Stadium 180 kg, V. Stadium 936 kg.

Sie beanspruchen eine Schritt für Schritt größere Zuchtfläche, und zwar:

Im I. Stadium 3,50 $m^2$, im II. Stadium 5 $m^2$, im III. Stadium 10 $m^2$,
im IV. Stadium 25 $m^2$, im V. Stadium 60 $m^2$.

## Über die Aufzucht der Seidenraupe.

Der Erwerb des „Seidensamens". Es gibt in einigen Ländern eine wahre Industrie des „Seidensamens" und bestimmte Gesetze, welche dessen Erzeugung und Handel regeln; so ist es besonders in Italien, Frankreich und Japan[1]; auch in China ist man dabei, die Herstellung des Seidensamens zu organisieren.

Der Verkauf des Seidensamens. Der „Samen" wird auf verschiedene Weise verkauft. Im fernen Osten, Japan und China, gelangt er zum Verkauf, wenn er am Papier oder Karton festklebt, genau so wie die Eier vom Schmetterling abgelegt wurden. In Europa wird er dagegen abgelöst gehandelt, eingeschlossen in Kästchen mit Gazewänden oder in Säckchen aus reiner Gaze; hierbei wird er nach Grammgewicht oder, in Italien, in Unzen von 30 g oder in Bruchteilen davon verkauft. Der Handel mit Seidensamen erfolgt meist im Frühling, nach der Überwinterung, die dort ausgeführt wird, wo die Eier erzeugt wurden. Wenn aber der Same weit in warme Länder zu verschicken ist oder wenn der Transport über See oder durch heiße Länder hindurch erfolgen soll, wird er sofort oder wenige Zeit nach der Eiablage im Juli oder August versandt.

Die Bebrütung des Samens. Nach der Überwinterung können die Eier sich von allein weiterentwickeln, wenn die Temperatur im Frühling allmählich ansteigt. Für die Praxis des Seidenbaues würden jedoch dabei zwei Unbequemlichkeiten mit in Kauf zu nehmen sein:

1. können die Raupen zu einem unerwünschten Zeitpunkt ausschlüpfen, entweder zu bald, bevor das Laub des Maulbeerbaumes genügend entwickelt ist, oder zu spät, was die Folge hätte, daß die Aufzucht in eine zu warme Jahreszeit fällt, wodurch die Gefahr der Festsetzung von Krankheiten sehr vergrößert würde; auch könnten die Handelsverträge schon vorher abgeschlossen sein;

2. wenn man die Eier ohne künstliche Regelung sich entwickeln läßt, so läuft man Gefahr, daß die Geburten sich auf eine lange Zeit erstrecken, welcher Umstand die Aufzucht und die Gewinnung der Kokons erschwert, weil die Verschiedenartigkeit der Geburtsdaten eine Unregelmäßigkeit nach sich zieht, die

[1] Anm. des Übersetzers: In Deutschland sind Erzeugung und Handel des Seidensamens seit einigen Jahren ebenfalls streng gesetzlich geregelt.

sich nicht ausgleichen läßt und sich durch die ganze Zuchtperiode bis zur Spinnreife und Anfertigung der Kokons hinzieht. Außerdem bringt eine Verwirrung in der Aufzucht Schwierigkeiten beim Verkauf der Erzeugnisse mit sich.

Diese Unbequemlichkeiten umgeht man durch die künstliche Bebrütung. Diese besteht darin, daß man den Samen in eine um einen halben Grad täglich ansteigende Temperatur bringt, und zwar ausgehend von der im April herrschenden Außenwärme bis auf 23° C. Hohe Temperaturen besonders bei gleichzeitiger Trockenheit töten die Eier. In den subtropischen Ländern vollzieht sich die Eientwicklung bei natürlicher Umweltstemperatur. Die Bebrütung erfordert große Sorgfalt, weil von ihr zum großen Teil der Gang und der Erfolg der Zucht abhängt. Man kann allgemein sagen, daß jede Temperaturschwankung zu vermeiden ist, daß Temperaturerhöhungen besonders gefährlich sind und daß Raupen aus Eiern, die zu hohen Temperaturen ausgesetzt waren, leicht von der Schlaffsucht befallen werden. Auch scheint es erwiesen zu sein, daß schlechte Durchlüftung und große Feuchtigkeit während der Bebrütung die Entwicklung der Gelbsucht begünstigen. Die Bebrütung dauert 18—20 Tage. Die wirkliche und eigentliche Bebrütung beginnt bei 10° C. Ihr geht eine Periode der Vorbebrütung von etwa einer Woche voraus, in welcher sich die Eier in einer Temperatur befinden, die zwischen der der Überwinterung (2—3° C) und der des Bebrütungsbeginnes liegt.

Brutöfen. Die Bebrütung kleiner Mengen von Samen (bis zu zehn Unzen) geschieht in Brutöfen (Thermostaten), die von unten her durch eine kleine Lampe geheizt werden. Als Wärmequelle kann man Spiritus, Öl oder auch eine elektrische Kohlenfadenlampe benützen; man muß alle solche Brennmittel vermeiden, die flüchtige und schädliche Verbrennungsprodukte liefern, die die Eier schädigen und abtöten können, wenn sie in den Brutschrank eindringen. Eine besondere Vorrichtung hat für gute und ständige Durchlüftung zu sorgen. In Italien befinden sich verschiedene Typen von Brutöfen für Seidensamen im Handel.

Brutzimmer. Wenn die Menge des auszubrütenden Samens groß ist, so benützt man ein künstlich geheiztes Zimmer. Zum Heizen eignen sich Kachelöfen oder Kamine; metallene sind zu vermeiden, weil durch sie die Temperatur sich nur schwierig regulieren und konstant halten läßt. Kachelöfen und Kamine haben außerdem den Vorteil, eine ständige und gleichmäßige Luftwärme zu geben, wie es für eine gut geleitete Bebrütung notwendig ist. Die Erneuerung der Luft wird durch vorsichtiges Öffnen der Fenster und Türen unter Verwendung eines Vorhanges begünstigt. Zur Bebrütung wird der Samen aus den Behältern genommen, in denen er aufbewahrt war, in große Pappkästen mit niedrigem Rand gebracht und in dünner Schicht ausgebreitet, so daß jedes Ei sich in Berührung mit der Luft befindet und daher frei atmen kann.

Das Ausschlüpfen. Das erste Anzeichen der nahen Geburt ist in dem Weißwerden der Eier zu erblicken. Mit einer starken Lupe kann man das kleine Räupchen durch die Schale hindurch erkennen; zu diesem Zeitpunkt ist die Temperatur von 21 auf 23° C zu erhöhen, um das Ausschlüpfen zu erleichtern. Die Neugeborenen sammeln sich auf beigefügtem, durchlöchertem Papier, auf dem feingeschnittene Blätter verteilt sind. Das Schlüpfen erfolgt in den ersten Morgenstunden. Nicht einmal die Eier eines Geleges, selbst wenn sie zweckmäßig überwintert und bebrütet wurden, entlassen alle zu gleicher Zeit die Räupchen; wenn sie gar einem großen Posten zugehören, so vergehen im ganzen zwei bis vier Tage.

Nicht alle Eier kommen ganz zur Entwicklung, einige sterben ab („ressiduo" [Rest] genannt); wenn dieser Rest klein ist (bei europäischen Rassen 4—6%, bei asiatischen etwas höher), hat die Erscheinung keine Bedeutung; ist er größer, so deutet das auf eine geringe Widerstandsfähigkeit der Eier und ebenso der Larven hin. Solches kann ererbt oder nachträglich durch Schädigung des Samens erworben sein. Für ein gutes Ausschlüpfen ist auch der Feuchtigkeitsgrad von Bedeutung, der in der Regel 60—70% (relative Feuchtigkeit) betragen soll.

Desinfektion. Es wurde schon gesagt, daß der Seidenspinner von einigen Krankheiten befallen werden kann und daß diese zum größten Teil parasitärer Natur sind; es ist somit nicht nur nützlich, sondern sogar notwendig, eine Desinfektion der Räume und der zur Aufzucht erforderlichen Geräte vorzunehmen, besonders wenn sich in der vorhergehenden Zucht Krankheiten gezeigt haben. Es ist auch ratsam, den Brutofen oder das Brutzimmer zu desinfizieren.

Desinfizierende Substanzen. Schwefligsäure-Anhydrit, das man durch die Verbrennung von Schwefel erhält; für 100 m³ sind 3—5 kg Schwefel erforderlich. Formalin, die wäßrige 40proz. Lösung von Formaldehyd, das zur Desinfektion entweder verdampft oder verspritzt wird; im ersteren Fall wird das in Wasser gelöste Formalin (2 : 1) mittels einer Heizquelle (Spirituslampe) verdampft, im zweiten Fall werden Raum und Geräte mit einer verdünnten Lösung (1 : 15 oder 1 : 20) bespritzt; 1 Liter Formalin genügt für 100 m³.

Wie man desinfiziert. Vor der Desinfektion trägt man die Zuchtgeräte in den betr. Raum, schließt möglichst gut alle Öffnungen, entwickelt die abtötenden Dämpfe oder verspritzt die Flüssigkeit und schließt die Tür, um ein Entweichen der Dämpfe aus dem Desinfektionsraum zu verhindern. Wenn nach 48 Stunden die Räume geöffnet werden, muß man einen stechenden Geruch wahrnehmen, anderenfalls ist die Desinfektion ungenügend gewesen. Es ist zweckmäßig, die Säuberung nach der Desinfektion vorzunehmen, um ein Ausstreuen der Keime in die Umgebung zu verhindern. Desinfektionen während der Aufzucht sind nutzlos, sie können im Gegenteil schaden, wie z. B. die Schwefeldämpfe der Qualität der Seide, wenn sie während der Spinnreife oder des Einspinnens einwirken. Nach einer vernichteten Aufzucht oder einer solchen, die durch Krankheiten stark geschädigt wurde, ist es zweckmäßig, sofort durch Verbrennen das nun an sich wenig wertvolle Material zu vernichten und den Raum und die Geräte zu desinfizieren. Vor der nachfolgenden Zucht ist die Desinfektion zu wiederholen.

## Methoden der Seidenraupenzucht.

Die Seidenraupe wird seit Menschengedenken als Haustier gezogen. Die Notizen über offene Zuchten auf Maulbeerbäumen im äußersten Osten haben, wie man weiß, keine ernsthafte Bestätigung gefunden. In jedem Fall würden sie keine praktische Bedeutung haben. Mit dieser Feststellung soll nicht gesagt sein, daß offene Aufzuchten unter einem einfachen Schutzdach, in einer Laube oder ähnlich nicht möglich wären und sogar in einigen Fällen günstige Ergebnisse erzielen können.

Arten der Zucht. Die Arten der Aufzucht lassen sich im wesentlichen auf zwei zurückführen:

1. den Raupen werden von den Zweigen abgelöste Blätter gegeben: Zucht auf Hürden;

2. es werden an den Zweigen sitzende Blätter verfüttert: Zucht auf Reitern oder Böcken (pezzoni oder cavalloni), auch ökonomische Zucht genannt.

Notwendiges Gerät. Dieses ist für beide Methoden verschiedenartig.

Aufzucht in Hürden, zu Gestellen angeordnet (Abb. 1). Wenn man den einzelnen oder auch nur den ersten Stadien zerschnittene Blätter verfüttert, so müssen die Raupen über ebene Unterlagen verteilt werden, die wie mehrere Etagen in Zwischenräumen von 25—30 cm übereinander gelagert werden können. Kleinere Zwischenräume würden eine gute Durchlüftung verhindern. Für die

Verteilung der Nahrung und das Wechseln der Unterlagen ist es zweckmäßig, daß die Etagen des Gestelles beweglich sind. Die Etagen sind manchmal aus Holzbrettern gemacht. Hierzu ist aber nicht zuraten, weil dadurch der Luftaustausch in unmittelbare Nähe der Raupen verringert wird und es sich schwieriger gestaltet, die großen und manchmal reichlichen Mengen von Exkrementen und die Reste von nicht gefressenen Blättern fortzuschaffen. Daher bestehen die Unterlagen meist aus einem rechtwinkligen Holzrahmen, der ein Metallnetz oder ein Geflecht aus Rohr oder ähnlichem Material trägt. Auf das Metallnetz oder auf das Geflecht müssen Blätter gelegt werden, die aus gewöhnlichem und billigem, durchlochtem gelbem Strohpapier bestehen. Auf diese werden die Raupen und die Maulbeerblätter gebracht. Es ist sehr vorteilhaft, die Raupen nicht auf zu engem Raum zu halten, da ein Gedränge der Raupen eine der wichtigsten Ursachen für Mißerfolg in der Aufzucht sind. Die benötigte Zuchtfläche ist selbstverständlich nach dem Alter der Raupen ganz verschieden; in der Praxis rechnet man bei diesem System 60 m² für spinnreife Raupen, die sich aus einer Unze (30 g) Samen entwickelt haben.

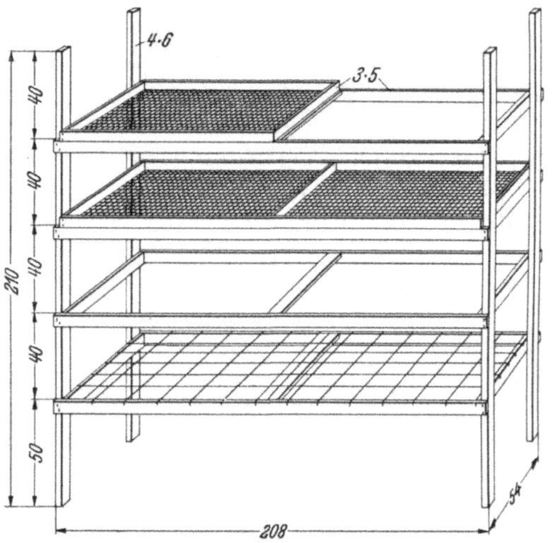


Abb. 1. Normal-Zuchtgestell. Auf den obersten Rahmen ist links eine Zuchthürde von 1 m Länge und 60 cm Tiefe aufgelegt; darunter eine durchgehende Hürde von 2 m Länge; der unterste Rahmen des Gestelles ist mit Längs- und Querdrähten bespannt zur Auflage des Zuchtpapiers. — Nach B. Carstens.

Die Aufzucht mit Zweigen oder die ökonomische Zucht. Diese Methode, die in Friaul entstanden ist, verbreitet sich immer weiter vor allem wegen ihrer wirtschaftlichen und technischen Vorzüge. Sie kann allerdings bloß im letzten Raupenstadium und nur selten auch im 4. Stadium angewandt werden, während in den ersten Stadien die Raupen immer auf Hürden mit einzelnen und zerschnittenen Blättern aufzuziehen sind. Die Exkremente fallen alle zu Boden, ohne in Berührung mit den Raupen zu bleiben, und die Durchlüftung in dem Geflecht von Zweigen ist reichlich. Da bei dieser Methode die Zubereitung der Blätter wegfällt und die Auswechslung der Unterlage weniger oft notwendig ist, werden die Handhabungen weitgehend vermindert. Hinsichtlich der Anordnung der Zweige unterscheidet man bei dieser Methode:

a) das System ,,a pezzone", b) das System ,,a cavallone".

a) Beim System ,,a pezzone" werden die Zweige über horizontalen Rahmen aus rohem Holz vereint, wobei sie sich in verschiedener Weise miteinander verflechten; die Rahmen werden entweder von unten gestützt oder an der Zimmerdecke mit Eisendraht aufgehängt. Bei diesem System reduziert sich die benötigte Zuchtfläche für die Raupen einer Unze auf 40 m², also auf zwei Drittel derjenigen beim Hürdensystem.

b) Bei dem System der ,,cavallone" benutzt man statt horizontaler Rahmen schiefstehende, die sich auf dem Fußboden aufstützen (Abb. 2). Man kann sie einzeln verwenden oder paarweise, so daß sich eines an das andere anlehnt mit der Oberfläche nach schräg oben.

Zuchträume. Die Räume für die Seidenraupenzucht heißen in Italien

„bigattiere", in Frankreich „magnanerie". Sie müssen eine denkbar gute Durchlüftung gewährleisten. Diese wird geregelt außer durch Fenster durch geeignete Luftschächte; andererseits ist jedoch ein direkter Luftzug für die Raupen zu vermeiden. Die Zuchträume müssen einen Kamin besitzen, damit man heizen kann, falls die Außentemperatur unter 20° C sinkt (die günstige Zuchttemperatur liegt zwischen 20 und 22° C). Niemals dürfen die Räume feucht sein.

Nun gibt es in Bauernhäusern nicht immer Räume, die eigens zu diesem Zweck gebaut sind; so müssen denn die Raupen in den Wohnräumen aufgezogen werden, wozu sich am besten die Küchen eignen. Dort werden auch gewöhnlich die Raupen während der ersten Stadien gehalten. Während des letzten Stadiums kann man — besonders bei der ökonomischen Methode — die Raupen auf dem Heuboden halten oder unter einfachen Markisen als Schutzdach.

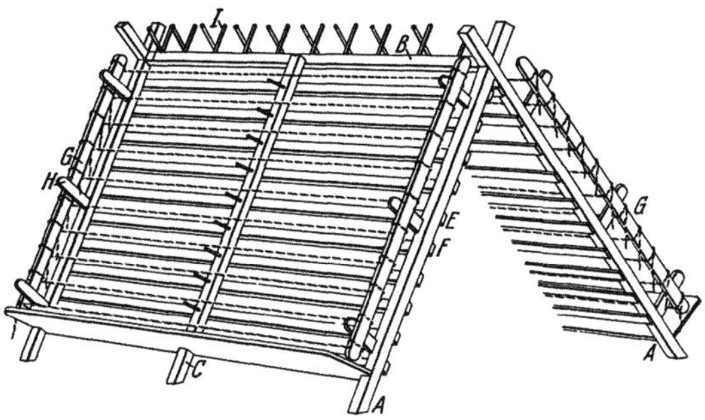

Abb. 2. Zuchtrahmen zu einem Reiter zusammengestellt. Aus Acqua (1930).

Praktische Handgriffe während der Aufzucht. Sobald die Räupchen ausschlüpfen, müssen sie in Temperaturen gebracht werden, die tiefer liegen als die bei der Bebrütung. Während der Zucht muß man folgendes beachten:

a) eine ständige und regelmäßige Nahrungsbeschaffung nicht nur tagsüber, sondern auch während der Nacht; die Zuteilung der Blätter muß nach Alter und Zahl der Raupen reguliert werden, vor allem aber nach der herrschenden Temperatur. Die Blätter welken rasch, um so schneller, je jünger und je kleiner sie geschnitten sind; außerdem werden sie leicht von den Raupen zertreten. Da sie in diesem Zustand nicht mehr genommen werden, ist es notwendig, häufig (in den ersten Stadien alle 2—3 Stunden) aber dafür weniger Nahrung zuzugeben. Während des letzten Stadiums reicht man die Blätter entsprechend dem Verbrauch. Die den Raupen verabfolgten Blätter müssen trocken und frei von Staub oder anderen schädlichen Substanzen sein;

b) die Ventilation des Raumes; die Raupen brauchen viel Luft;

c) die Regelung der Temperatur. Es wurde schon gesagt, daß das Temperaturoptimum für die Aufzucht 20—22° C beträgt. In tieferer Temperatur werden die Raupen unlustig, träge und verweigern schließlich die Nahrung; höhere Temperaturen schwächen die Raupen und begünstigen die Entstehung von Schlaffsucht und Gelbsucht; diese Nachteile lassen sich zum Teil durch gute Durchlüftung und reichlichere Nahrung wieder ausgleichen;

d) die Vorschriften der Hygiene. Es wurde schon gesagt, daß die Räume und Zuchtgeräte vor der Aufzucht desinfiziert werden müssen; aber auch während der Zucht ist auf Sauberkeit zu achten und besonders dann, wenn Krankheiten auftreten. In solchem Fall sind kranke und tote Raupen von den Unterlagen zu entfernen und einzugraben oder zu verbrennen, um die Ausstreuung von Keimen zu verhüten.

Es wurde schon erwähnt, daß die Raupen außer im 5. Stadium bei der Darreichung ganzer Zweige nicht alles Laub fressen und daß sie eine stattliche Menge von Exkrementen liefern, wodurch ein Auswechseln der Unterlage notwendig wird.

Auswechseln der Unterlage. Dieses geschieht zuweilen so, daß man mit der Hand die Raupen beiseite setzt, alle Abfälle entfernt und die Tiere wieder auf die Hürden setzt. Diese Behandlung aber stört und schädigt die Entwicklung und Gesundheit der Raupen. Deshalb nimmt man zu einem leichten Kunstgriff Zuflucht. Gewöhnlich morgens legt man über die Raupen Blätter durchlöcherten Papiers, das in geeigneter Form im Handel zu haben ist (Abb. 3). Die Größe der Löcher entspricht der je nach dem Stadium verschiedenen Größe der Larven. Auf diesen Papierblättern breitet man frisches Laub aus. Nunmehr kriechen die Raupen, angelockt durch die frische Nahrung, durch die Löcher hindurch und erscheinen

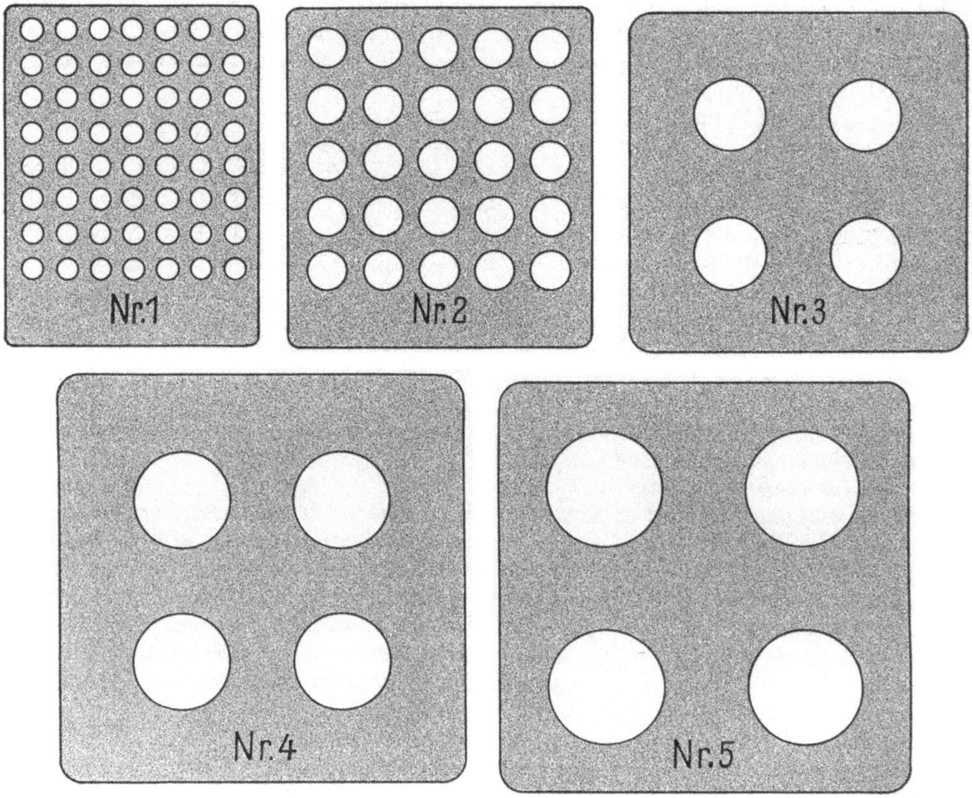


Abb. 3. Durchlöchertes Papier für die Aufzucht vom ersten (Nr. 1) bis zum fünften (Nr. 5) Stadium. Aus Acqua (1930).

an der Oberfläche (Abb. 4). Die Papierblätter werden darauf hochgehoben, ohne die Larven zu berühren und, nachdem der Abfall weggeschafft worden ist, von neuem auf die Hürden aufgelegt. Diese Handhabung wird so oft wie nötig wiederholt.

Wenn in einer Aufzucht eine Epidemie von Schlaffsucht, Gelbsucht oder Kalksucht auftritt, so muß man die Unterlagen mehr als einmal täglich wechseln. In solchen Fällen ist es gut, die Unterlagen und die Papierblätter zu verbrennen oder zu vergraben und mit ihnen die toten oder kranken Raupen, die auf diesen zurückgeblieben sind. Unter normalen Bedingungen werden die Unterlagen in die Dunggrube geworfen oder auch den Rindern als Futter gegeben. — Diese Methode ist auch dazu geeignet, die Raupen entsprechend ihrem Wachstum auf größere Flächen zu verteilen. Die Papierblätter werden voneinander entfernt niedergelegt, und Maulbeerblätter auch in die Zwischenräume gebracht.

Die Raupen kommen bei der Nahrungssuche dazu, diese ursprünglich freien Räume zu besetzen und sorgen so selbst für ihre weitere Ausbreitung. An Stelle des durchlöcherten Papiers lassen sich auch Netze benutzen, die den beim Fischfang üblichen ähnlich sind. Diese Methode ist zwar gut, aber weniger häufig in Anwendung. Da das durchlöcherte Papier sehr billig ist, kann es nach jeder Zucht verbrannt werden, besonders wenn es von kranken Raupen beschmutzt wurde.

Bemerkung. Während der Vorbereitung zur Häutung und während dieser selbst dürfen die Raupen nicht berührt werden. Die bevorstehende Häutung wird nacheinander angekündigt durch verminderte Freßlust, durch Vergrößerung der Brustregion, durch das Aufhören der Nahrungsaufnahme, durch das Emporrichten der vorderen Körperhälfte und durch die Unbeweglichkeit der Raupe. Bei der Methode, die Blätter an den Zweigen zu belassen, kommt es manchmal vor, daß sich eine große Anzahl von Ästen ansammelt, die keine Blätter mehr tragen. Dann ist es zweckmäßig, diese fortzutragen. Weiterhin spannt man über der Masse der entlaubten Zweige Schnüre und befestigt an diese frische, belaubte Zweige. Wenn alle Raupen auf die neuen Äste übergegangen sind, befestigt man die Schnüre an ihren Enden und läßt alle alten Zweige fallen.

Abb. 4. Die Raupen kommen durch die Löcher des Papiers nach oben auf das frische Futter. — Nach dem Kammerer-Film.

Das Einspinnen. Abgesehen von durch Rasse, Temperatur, genügender oder mangelhafter Ernährung bedingten Schwankungen zeigen die Raupen zwischen dem 7. und 10. Tage des 5. Stadiums deutliche Anzeichen dafür, daß sie gegen das Ende der Raupenzeit und den Anfang des Puppenstadiums angelangt sind. Man sagt daher: die Raupen sind reif. Sie hören allmählich mit Fressen auf, sie werden alabasterartig durchscheinend, verlassen die Maulbeerblätter und schicken sich an, einen Platz zum Spinnen der Kokons zu suchen. Um den Kokon zu bauen, bedarf die Raupe eines nahen, festen Gegenstandes, welcher ihr erlaubt, nach allen Richtungen hin den Seidenfaden anzuheften, welcher das Gerüst, das Netz („spelaia" genannt) bilden soll, zwischen dem sie den Kokon spinnen wird, der sie ganz isoliert und einhüllt. Zu diesem Zwecke eignen sich verschiedene Dinge, besonders trockenes Pflanzenmaterial, wie dünne Äste und der Blätter beraubte Stiele. Die Vereinigung dieser Zweige und Äste wird in Italien als „bosco" (Spinnreiser) bezeichnet. Diese können direkt auf den Hürden oder sonstigen Zuchtgestellen angebracht werden, und zwar bei dem 1. Anzeichen der Spinnreife der Larven, welche in diesem Fall von sich aus hinaufkriechen. Man kann auch die Spinnreiser abseits aufstellen, man muß dann die spinnreifen Raupen ablesen und sie dort hinbringen[1].

[1] Bemerkung des Übersetzers: Zum Einspinnen werden auch vielfach mit gutem Erfolg Spinnrahmen mit eingehobelten parallelen Holzleisten oder solche mit Drahtmaschen (2—3 cm Maschenweite) benutzt.

Wenn die Reiser aus Material gearbeitet sind, das — wie grüne Äste oder Zweige — für die Larve nicht geeignet ist, oder wenn das Bündel zu locker oder zu dicht ist, so zögern die Larven, den Kokon zu spinnen, verlieren aber beträchtliche Mengen an Seide; außerdem werden dann Kokons mit fehlerhaften Stellen gebaut, wodurch der Wert und die Ergiebigkeit an Seide beim Abhaspeln vermindert werden. Die Ergiebigkeit an Seide einer Partie Kokons errechnet sich aus der Anzahl Kilogramm, die notwendig ist, um 1 kg Rohseide zu erhalten. Im Mittel beträgt der Satz 3 kg trockener Kokons. Auch während des Überganges auf die Spinnreiser ist es notwendig, auf die Temperatur zu achten. 23—25° C erlauben ein schnelles und kontinuierliches Verfertigen der Kokons; man muß sich hüten, Türen und Fenster zu schließen, weil sonst die Durchlüftung vermindert wird, da die Erneuerung der Luft genau so notwendig wie für die Larven ist. Abgeschlossene und stickige Luft begünstigen das Auftreten von Krankheiten, die auch in dieser Periode beträchtlichen Schaden herbeiführen können.

Das Abpflücken der Kokons von den Reisern macht man 8—10 Tage nach dem Beginn des Einspinnens, um einerseits allen Raupen Zeit zu geben, die Kokons vollständig zu spinnen und um andererseits zu verhüten, daß die Puppen sich in Schmetterlinge verwandeln, welch letztere durch den Kokon hindurchkriechen und ihn für die normale Verarbeitung in den Spinnereien ungeeignet machen.

### Das Abtöten durch Hitze und das Trocknen der Kokons.

Um das Ausschlüpfen der Schmetterlinge zu verhüten, das je nach Rasse und Temperatur zwischen dem 12. und 15. Tag geschehen würde, tötet man die Puppen dadurch ab, daß man sie hohen Temperaturen aussetzt. Die Methode, die Puppen mit Dampf von kochendem Wasser abzutöten, ist fast völlig verlassen und durch den Gebrauch von heißer Luft ersetzt worden. Im Handel gibt es geeignete Apparate, „Exsikkatoren", die im allgemeinen aus einem Kasten mit einem Boden aus Metallnetz oder mit einem reichlich durchlöcherten Boden bestehen, durch den ein etwa 80—90° C heißer Luftstrom hindurchgeht. Höhere Temperaturen sind nicht ratsam, weil sie von schädlicher Wirkung für die Seide sein können. In den neuzeitlichen Exsikkatoren erfolgt zugleich mit dem Abtöten der Puppen das handelsübliche Trocknen der Kokons, weil in ihnen dieser natürliche Vorgang beschleunigt wird. Hierbei wird durch die Verdampfung von Wasser das ursprüngliche Gewicht der lebenden Kokons auf ungefähr ein Drittel reduziert. Es gibt Tötungsvorrichtungen und Exsikkatoren in allen Größen, solche die nur für wenige Kilogramm geeignet sind und solche für Dutzende von Zentnern am Tag. Bis jetzt ausgeführte Versuche, die Hitze durch giftige Gase zum Abtöten der Kokons zu ersetzen, haben keine praktischen Ergebnisse gezeitigt.

### Der Verkauf von Kokons.

Nicht alle Kokons einer Aufzucht sind tadellos („reali"), manche sind unregelmäßig und schadhaft („realini"), in anderen wieder ist das Insekt gestorben, bevor der Kokon vollständig fertig war; diese gehören zum Ausschuß („scarto"). Zuweilen verfertigen zwei, selten noch mehr Raupen einen Kokon (Doppelkokons „bozzoli doppi" oder „doppioni"). Die Kokons können gemischt oder nach Absonderung der schlechten verkauft werden. Der Verkauf geschieht auf zwei Arten: als frische und als trockene Kokons.

a) Der Verkauf frischer, lebender Kokons erfolgt nach Gewicht, wobei die Qualität der Kokons und die Beschaffenheit der Seide den Wert wenig beeinflussen. Zur Zeit der Kokonernte eröffnen sich in den Produktionszentren Kokonmärkte, auf denen täglich die Preise festgesetzt werden.

b) Der Verkauf getrockneter Kokons kann nach Gewicht erfolgen, und zwar in größerer Annäherung an den wirklichen Wert. Der Preis von 1 kg Kokon steht nämlich im Verhältnis zu der Rohseidenmenge, die man aus ihm gewinnen kann. Der Preis wird auf der Basis 4 : 1 festgelegt, d. h. 4 kg Kokons sollen 1 kg Rohseide ergeben. Wenn sie mehr abgeben, wird mehr bezahlt und umgekehrt.

## Bivoltine und zweite Aufzuchten.

Bivoltine. Erwähnt wurde schon, daß es von der Seidenraupe jährliche und bi- bzw. polyvoltine Rassen gibt. Jedoch ist der Voltinismus weniger als eine Rasseneigentümlichkeit anzusehen, sondern vielmehr als eine Tendenz aller Rassen, mehrere Generationen im Jahre zu erzeugen, eine Tendenz, die bei den einzelnen Rassen mehr oder weniger deutlich ist. Der Voltinismus wird nämlich stark von Umweltbedingungen und einem Komplex noch unbekannter Faktoren beeinflußt. In Europa sind die Rassen annual, die eingeführten Bivoltinen tendieren in die gleiche Richtung, deshalb eignen sie sich wenig für 2. Zuchten, und außerdem liefern solche Rassen, wenigstens bei uns, seidenarme und daher wenig taugliche Kokons.

Zweite Aufzuchten. Solche können im Juli—August oder Herbst mit annualen Rassen ausgeführt werden, und zwar durch Anwendung eines Kunstgriffes, welcher die Eier hindert, in die Winterruhe einzutreten, und sie zwingt, die Räupchen wie bei bivoltinen Rassen wenige Tage nachher auskriechen zu lassen. Die frischgelegten Eier des Seidenspinners sind gelb und saftig. Falls sie befruchtet sind, werden sie bei annualen Rassen nach zwei oder drei Tagen grau, wobei der Farbwechsel sicher die Entstehung eines Embryos anzeigt. Dieser bleibt jedoch auf einer sehr frühen Entwicklungsstufe stehen. Jede embryogenetische Tätigkeit ruht für etwa 10 Monate, das Ei tritt in die „Zwischenpause“ („diapausa“) ein. Erst beim Wiederansteigen der Temperatur setzt die Entwicklung erneut ein, und es verwandelt sich der Embryo in die junge Larve. Bei den polyvoltinen Rassen bleiben die Eier der direkt aufeinanderfolgenden Generationen auch nach erfolgreicher Befruchtung gelb, die Embryonalentwicklung erfolgt ohne Unterbrechung bis zur Geburt, welche 8—15 Tage nach der Eiablage stattfindet.

Vorzeitiges Ausschlüpfen der Raupen. Wenn die Eier annualer Rassen noch gelb sind und man sie dann Reizen mechanischer (Reibung), physikalischer (elektrischer) oder chemischer (Eintauchen in Säuren) Natur aussetzt, so vollzieht sich die Embryonalentwicklung ohne Unterbrechung; die Eier verhalten sich also wie solche bivoltiner Rassen. In der Industrie findet die Methode Anwendung, bei der die Eier in verdünnte Salzsäure eingetaucht werden (2 Teile Salzsäure vom spez. Gewicht 1,18 und 1 Teil Wasser). Um vollständige Geburten und gesunde Raupen zu erhalten, muß sich die Dauer dieser Behandlung nach der Rasse und der Temperatur des Salzsäurebades richten (12—18 Minuten bei 25—30° C).

## Erzeugung von Seidensamen.

Wir haben eingangs vom „Seidensamen“ als einem fertigen und im Handel käuflichen Produkt gesprochen. Wir wollen eine kurze Skizze der Herstellungstechnik entwerfen, welche eine Reihe von äußerst sorgfältigen Handhabungen erfordert, die ja auf einen in der Entwicklung begriffenen Organismus anzuwenden sind. Man sucht die besten Lebensbedingungen für die Seidenraupen zu verwirklichen, damit die Vorgänge der Oogenese und der Spermatogenese sich in Individuen bester physiologischer Disposition vollziehen.

Die Aufzucht zur Fortpflanzung. Die Aufzucht der Raupen — es handelt sich immer um reine Rassen — wird Reproduktionszucht genannt und muß mit besonderer Sorgfalt durchgeführt werden. Einige Regionen sind hierzu besser als andere geeignet, und zwar sind es hügelige Gegenden und Bezirke im Mittelgebirge mit reichlicher Luftzirkulation, auch sind nahe dem Meere gelegene Gebiete günstig. Die für die Reproduktionszucht besten Gebiete Italiens sind die Marken und die Abruzzen, in Frankreich das Departement Var. Man muß über den Gang der Aufzucht Bericht führen und scheidet solche Partien von der Zucht aus, in denen sich unter den Raupen Sterblichkeit zeigte. Die Kontrolle über die Sterblichkeit wiederholt sich zur Zeit der Kokonernte. Die zur Reproduktion zugelassenen Kokons werden in besondere Räumlichkeiten gebracht. Aus ihnen werden die besseren herausgesucht, während die minderwertigen, die schadhaften und solche, die sich von dem Rassentyp entfernen, ausgeschieden werden. Je nachdem, ob man den Samen reiner Rassen oder solchen von Kreuzungen erzeugen will, geht man in verschiedener Weise vor.

Erzeugung von Eiern reiner Rassen. Die zur Reproduktion ausgewählten Kokons werden auf Rahmen verschiedener Konstruktion gebracht, und zwar in dünner Schicht, damit sie sich nicht überhitzen, die Atmung ungestört stattfinden und das Ausschlüpfen der Schmetterlinge ungehindert erfolgen kann. Die Schmetterlinge läßt man ohne weiteres zur Kopulation zu.

Erzeugung von Eiern durch Kreuzungen. Der größte Teil des heutzutage erzeugten Samens stammt von Kreuzungen, die aus der Befruchtung zwischen einem Weibchen einer europäischen Rasse und dem Männchen einer chinesischen Rasse oder umgekehrt entstehen. Hierzu ist es also notwendig, zwei reine Rassen aufzuziehen. Nachdem die Kokons der beiden Rassen säuberlich getrennt worden sind, läßt man nicht einfach alle Falter schlüpfen, weil dann leicht zwei reziproke Kreuzungsprodukte und diese zufällig in ungleichen Verhältnissen entstehen. Daher läßt man von einer Rasse vorzugsweise die Weibchen, von der anderen die Männchen schlüpfen. Dieses ist möglich, weil man mittels besonderer Apparate, „ginecrini“ genannt, die weiblichen Kokons von den männlichen trennen kann, da die ersteren schwerer sind als die letzteren. Trotzdem ist eine völlige Trennung nicht möglich, da sich von den männlichen Kokons die schwereren und von den weiblichen die leichteren miteinander vermischen. Um die Kopula zwischen Schmetterlingen derselben Rasse zu verhüten, ist eine ständige Überwachung der Rahmen notwendig, auf denen die Kokons aufbewahrt werden, oder man muß sie völlig einzeln in besonderen Behältnissen, den „Isolatoren“, aufheben, in denen die Falter ohne Gefahr einer gegenseitigen Kopulation verweilen können. Diese letztere Methode ist sicherer und praktischer. In der Regel schlüpfen die Falter in den ersten Morgenstunden aus. Nachdem die Züchter die Schmetterlinge von den Rahmen oder den Isolatoren entfernt haben, bringen sie sie auf eine in geeigneter Weise ausgebreitete Leinwand. Die Begattung erfolgt ziemlich bald. Sie dauert natürlicherweise mehrere Stunden, sie wird aber in der Zucht nach 1—2 Stunden unterbrochen, da diese Zeit für die Befruchtung der Weibchen ausreichend ist. Die Männchen können mehrere Weibchen befruchten, in der Praxis 2—3, falls man zwischen zwei Begattungen eine Ruhepause einschiebt. Die Zimmertemperatur darf nicht unter, wohl aber über 20° betragen. Eine tiefe Temperatur steht einer Befruchtung ebenso entgegen wie der Eiablage, welche unter normalen Umständen unmittelbar nach der Kopula beginnt und etwa 24 Stunden dauert.

Unter den Faltern wiederholt sich vor der Kopulation die Auswahl, wie sie schon unter den Larven und den Kokons getroffen wurde. Man scheidet von der Fortpflanzung alle die aus, die sich nicht als gesund erweisen. Dieser Auslese durch die alle schwachen und anomalen Individuen von der Fortpflanzung ausgeschlossen werden, hat man den Namen „Physiologische Zuchtwahl" gegeben. Diese ist aber keineswegs genügend, um sicher zu sein, daß die abgelegten Eier frei von Krankheiten sind. Vor allem ist es notwendig, sich vor einer Infektion mit Pebrine zu schützen, die, wie schon erwähnt, eine „erbliche" Krankheit ist.

Mikroskopische Zuchtwahl. Die Prüfung über die Infektion mit Pebrine geschieht durch mikroskopische Untersuchung des Weibchens, das die Eier gelegt hat (seltener auch des Männchens). Je nach dem Ergebnis behält man das Gelege oder wirft es fort. Selbstverständlich ist es in solchen Fällen notwendig, daß man die Gelege und die zugehörigen Falter individualisieren kann. Zwei Methoden gibt es, die Eier ablegen zu lassen und sie zu sammeln:

a) das Industriesystem,

b) das Zellensystem.

Beim Industriesystem kann man sich einen ungefähren Einblick in den Gesundheitszustand oder den mehr oder weniger starken Befall mit Pebrine einer größeren Menge von Faltern machen. Mit dem Zellensystem lassen sich alle Gelege individualisieren, und es ist für jedes einzelne möglich festzustellen, ob es von gesunden oder kranken Tieren stammt. Bei der Industriemethode verteilt man die weiblichen Schmetterlinge nach der Begattung auf einer horizontalen Leinwand, läßt sie die Eier ablegen und, bevor man sie entfernt, untersucht man Stichproben von ihnen, um festzustellen, ob sie mit Pebrine infiziert sind oder nicht.

Beim Zellensystem, das durch italienisches Gesetz für die Seidensamenproduktion vorgeschrieben ist, werden die Weibchen nach vollzogener Begattung lebend und im allgemeinen von dem Männchen getrennt, in sog. Zellen, d. h. in kleinen Säckchen aus Pergamentpapier eingeschlossen. Diese sind wegen der Bewegung des Schmetterlings geräumig und außerdem wegen des notwendigen Luftaustausches fein durchlöchert. In ihnen legen die Schmetterlinge ihre Eier ab und nach Abgabe der letzten oder noch besser nach dem Tode und Eintrocknen der Falter schreitet man zur mikroskopischen Untersuchung. Wird die Anwesenheit von Pebrinekörperchen festgetellt, so wird die Zelle mit den Eiern vernichtet. Diese Methode gestaltet die Gewinnung von Seidensamen natürlich kostspieliger.

Das Ablösen und Waschen der Eier. Der Seidensamen wird heutigentags größtenteils nach Gewicht gehandelt. Dem Gewicht des Samens entsprechen in Abhängigkeit von Rasse oder Kreuzungsart, von Örtlichkeit oder von den Methoden der Aufzucht bestimmte Erträge an Kokons. Notwendig ist es, daß der in den Handel gebrachte Samen aus lebenden und gesunden Eiern besteht, trotzdem sich in den Gelegen mitten zwischen befruchteten Eiern unbefruchtete oder abgestorbene befinden. Aus diesen und anderen Gründen müssen die Eier von der Leinwand oder den Zellen abgelöst werden, wobei man zugleich die guten von den toten und leeren trennt. Das Ablösen der Eier erfolgt sehr leicht mittels eines Wasserbades, das den natürlichen Klebstoff auflöst, der das Ei umgibt und es an der Leinwand oder auf dem Papier befestigt.

Sämtliche Eier werden weiterhin wiederholt mit Wasser gewaschen. Hierbei sinken die lebenden Eier auf den Boden des Gefäßes, während die Mehrzahl der toten oder eingetrockneten auf dem Wasser schwimmen. So wird die Trennung leicht. Die Menge der Eier wird in dünner Schicht auf Leinwand oder Fließpapier ausgebreitet und an der Luft trocknen gelassen. Eine letzte Reinigung führt man mittels kleiner Ventilatoren durch. Wichtig ist es zu bemerken, daß diese Behandlungen gegen Ende des Sommers oder zu Anfang des Herbstes erfolgen müssen und daß das benötigte Wasser die gleiche Temperatur wie die Umgebung haben soll. Es muß nämlich verhütet werden, daß durch einen Wechsel der physikalischen Bedingungen, insbesondere der Temperatur, ein Teil der Eier dazu angeregt wird, die Embryonalentwicklung fortzusetzen, was erst im folgenden Frühjahr der Fall sein darf. Während des Ruhestadiums ertragen es die Eier ohne Schaden, für einige Stunden in Wasser eingetaucht zu sein.

Das Aufbewahren des Samens. Die Eier der annualen Rassen, die zu Beginn des Sommers gelegt wurden, werden erst im nächsten Frühjahr zur Bebrütung gebracht. Es ist daher notwendig, für ihre Aufbewahrung während des Sommers, des Herbstes und des Winters zu sorgen. Im Sommer ist die Temperatur mindestens zwischen 20 und 25° C zu halten. Im Herbst ist sie allmählich zu senken, so daß sie gegen Ende November oder Anfang Dezember 10° C erreicht. Beim Eintritt des Winters, oder genauer gegen Ende Dezember oder Anfang Januar wird die Temperatur, in der sich die Eier befinden, auf 3° C erniedrigt, die dann $2\frac{1}{2}$—3 Monate beibehalten wird. Es steht fest, daß auch bei anderen als den angegebenen Temperaturen die Eier lebend bleiben und im Frühjahr normale Geburten ergeben. Die Praxis hat aber gelehrt, daß beim Einhalten dieser Temperaturen die Zahl der Eier, die in normaler Zahl zum Ausschlüpfen kommen, am größten ist. In diesem Fall geht die Anzahl der nicht voll entwicklungsfähigen Eier auf 2—3% zurück. Außerdem hat die tiefe und gleichmäßige Temperatur einen regulierenden Einfluß auf die Entwicklung bei der Bebrütung, so daß alle Räupchen innerhalb 2—4 Tage auskriechen.

Während die Aufbewahrung der Eier im Sommer und Herbst sich sehr einfach in luftigen und gutgelegenen Räumlichkeiten machen läßt, wenn man bloß dafür sorgt, bei etwaigen frühzeitigen Frösten den Ofen anzuzünden, so gebraucht man für die Aufbewahrung im Winter Eisschränke oder besser Kältekammern. Solche Kammern sind Zimmer verschiedener Größe, in denen sich mit Eis gefüllte Metallkästen befinden. Man muß dafür sorgen, daß in diesen Kühlräumen ein ständiger, aber mäßiger Luftaustausch stattfindet, und daß mittels absorbierender Substanzen, wie gebranntem Kalk, ein Übermaß an Feuchtigkeit verhütet wird. In den Kühlräumen wird der Seidensamen in dünnen Schichten aufgehoben, denn auch in dieser Periode finden die Lebensvorgänge, insbesondere die Atmung, ihren Fortgang, wenn auch mit stark verminderter Intensität. In gut ausgerüsteten Anlagen gibt es eine Vorkammer mit einer Temperatur, die zwischen der des Kühlraumes und der der Außenwelt liegt und in der man den Samen 6—7 Tage lang läßt, bevor man ihn zur Bebrütung oder zum Transport abgibt.

Der Versand des Samens. Der Samen wird in Rahmen aus Holz oder Gaze verschickt. Diese Rahmen sind zweckmäßig auf eine Entfernung von etwa $\frac{1}{2}$ cm durch an den Ecken befestigten Füßchen voneinander getrennt und werden in ein Holzkästchen mit durchlöcherten Wänden eingeschlossen. Zwischen den Rahmen und die Wände des Kästchens kann man leichtes Packmaterial hineinbringen, aber alles derart, daß die Luft frei zirkulieren kann. Die Beförderung geschieht in Schnellzügen, damit die Eier möglichst kurze Zeit auf Reise sind. Auf die Kästchen klebt man einen Zettel mit der Anweisung, den Samen vor Hitze und Feuchtigkeit zu schützen. Es ist gut, in das Kästchen einen Zettel zu legen, worauf angegeben ist: der Tag, an dem die Eier aus dem Kühlraum entfernt wurden, und die Temperatur, bei der sie aus der Überwinterung herausgenommen wurden, und die, der sie bis zum Augenblick des Abtransportes ausgesetzt waren.

# Namen- und Sachverzeichnis.

Die schrägen Zahlen verweisen auf die Nummern der Abbildungen, die anderen Zahlen geben die Seiten an.

Wissenschaftliche Gattungs- und Artnamen sind gesperrt.

GPSR Compliance

*The European Union's (EU) General Product Safety Regulation (GPSR) is a set of rules that requires consumer products to be safe and our obligations to ensure this.*

*If you have any concerns about our products, you can contact us on ProductSafety@springernature.com*

In case Publisher is established outside the EU, the EU authorized representative is:

Springer Nature Customer Service Center GmbH
Europaplatz 3
69115 Heidelberg, Germany

**Batch number: 10683525**

Printed by Printforce, the Netherlands